高职高专“十三五”规划教材

计算机应用基础

(含实训指导)

主　编　牛合利　张乐乐

副主编　董晶晶　范鲁娜

参　编　邢　星　王丽敏　殷玲玲　王　敏　樊园园

黄娜娜　吴凌云　李　哲　田雅涵　刘宝兵

西安电子科技大学出版社

内 容 简 介

本书分为三个模块，主要介绍计算机基础知识和 Windows 7 操作系统基本应用、常用办公软件(Word 2010、Excel 2010、PowerPoint 2010 软件)的操作技能以及网络基础(Internet 的基本应用)。本书采用项目教学、任务引领的模式编写而成。

本书可作为高职院校计算机通识课程的教材，也可作为信息社会计算机能力培养及提高的培训教材。

图书在版编目(CIP)数据

计算机应用基础：含实训指导 / 牛合利，张乐乐主编. —西安：西安电子科技大学出版社，2019.8

ISBN 978-7-5606-5415-7

Ⅰ. ① 计… Ⅱ. ① 牛… ② 张… Ⅲ. ① 电子计算机—高等职业教育—教材 Ⅳ. ① TP3

中国版本图书馆 CIP 数据核字(2019)第 167706 号

策划编辑 秦志峰 杨丕勇

责任编辑 秦志峰

出版发行 西安电子科技大学出版社(西安市太白南路 2 号)

电　　话 (029)88242885 88201467 　邮　　编 710071

网　　址 www.xduph.com 　电子邮箱 xdupfxb001@163.com

经　　销 新华书店

印刷单位 陕西天意印务有限责任公司

版　　次 2019 年 8 月第 1 版 　2019 年 8 月第 1 次印刷

开　　本 787 毫米×1092 毫米 1/16 　印 张 24.25

字　　数 569 千字

印　　数 1～3000 册

定　　价 58.00 元

ISBN 978-7-5606-5415-7/TP

XDUP 5717001-1

如有印装问题可调换

前　言

为了贯彻教育部《关于全面提高高等职业教育教学质量的若干意见》以及《国家长期教育改革和发展规划纲要(2010—2020)》精神，根据高等职业院校学生的培养目标和学习特点，编者广泛查阅计算机应用及信息处理的相关资料，并总结多年教学经验，确定了本书编写的总体思路，即参照教育部提出的“计算机教学基本要求”和“办公软件应用国家职业标准”，结合企事业员工培训特点，立足“必需、实用”，基于“优化、整合”的思路构建内容体系和结构体系，力求编写一本实用性强、实用价值高的教材，为高等职业院校学生和企事业单位员工提供一个教学与培训结合的载体。

本书在内容编排上以理论适度、重在应用为原则，案例丰富、操作步骤清晰，实用性强。本书分为 3 个模块、8 个项目，共 47 个任务。其中，模块一介绍了计算机基础知识、Windows 7 操作系统基本应用，便于学生了解微型计算机软硬件知识和掌握 Windows 7 操作系统的基本操作；模块二介绍了常用办公软件 Office 2010(Word、Excel、PowerPoint)的操作方法，满足读者在不同职业岗位上对常用办公软件基本应用的需求；模块三介绍计算机网络(Internet)的基础知识和基本应用，满足读者日常网络基本应用的需求。

“项目导向、任务引领”是本书编写的主要特色。在教学内容设计上，本书由浅入深。如办公软件 Office 2010(Word、Excel、PowerPoint)部分内容的设计从基本应用到高级应用再到实战演练，每个项目都以任务为引领，通过实际应用案例，按照项目目标—项目描述—项目实施—项目总结—项目实战来展开，在完成项目的过程中讲授相关的操作技能。

本书由河南艺术职业学院牛合利、张乐乐担任主编，董晶晶和范鲁娜担任副主编。其中，王敏、殷玲玲、吴凌云编写了项目一和项目二，邢星、董晶晶、 张乐乐编写了项目三和项目四，樊园园、王丽敏、李哲编写了项目五和项目六，范鲁娜、田雅涵、刘宝兵编写了项目七，牛合利、黄娜娜编写了项目八。

由于编者水平有限，书中难免有不当之处，恳请广大同行和读者批评指正。

编　者

2019 年 6 月

前　言

目　　录

模块一　计算机基础

模块二　常用软件

模块三　网 络 基 础

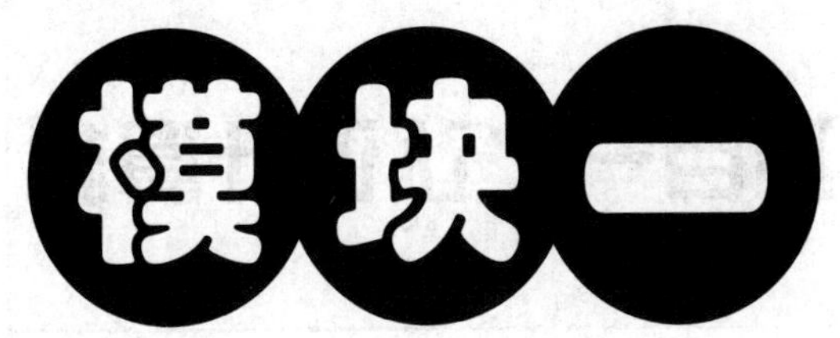

计算机基础

本模块首先介绍了计算机的发展历程、应用领域、分类和特点，重点讲解了计算机硬件系统和软件系统的组成，学习内容还涉及计算机进位计数制的计算方法；其次介绍了 Windows 7 操作系统，包括文件管理、控制面板设置等，使用户能够熟练运用 Windows 7 操作系统进行复制、移动、搜索、重命名、添加字体、输入法与日期管理等日常操作。

项目一 认识计算机

由于计算机可以快速准确地处理各种复杂信息，是办公自动化最重要的工具。通过本项目的学习，可以了解计算机的发展历程、应用领域、分类和特点，掌握计算机硬件系统和软件系统的组成以及计算机进位计数制的计算方法，从而提高对学习计算机知识重要性的认识，为完成后续项目打下良好的基础。

项目目标

- 了解计算机的分类、特点及应用领域。
- 了解计算机的基本结构。
- 掌握计算机的进位计数制。

项目描述

王同学在中学阶段就接触过计算机，但不是很全面，他想更全面地了解并掌握计算机的基础知识，从而为后续计算机相关内容的学习奠定基础。

项目实施

任务一 计算机的发展与应用

在人类文明发展的历史长河中，计算工具经历了从简单到复杂、从低级到高级的发展过程。如绳结、算筹、算盘、计算尺、手摇机械计算机、电动机械计算机、电子计算机等，它们在不同的历史时期发挥了各自的作用。

1. 第一台计算机的出现

第一台电子计算机ENIAC(电子数字积分计算机)于1946年2月诞生于美国的宾夕法尼亚大学。ENIAC是第二次世界大战爆发后强大的计算需求下的产物，其主要作用是帮助军方计算弹道轨迹。

ENIAC的主要元件是电子管，每秒能完成5000次加法，比当时最快的计算工具快300倍。ENIAC占地170平方米，使用了1500个继电器和18800个电子管，重达30多吨，耗电150千瓦/时，价值40万美元。第一台电子计算机EAIAC的照片如图1-1所示。

图 1-1　第一台电子计算机 ENIAC

2. 计算机的发展历程

从 1946 年第一台计算机诞生到现在，计算机的发展突飞猛进，经历了电子管、晶体管、中小规模集成电路和大规模/超大规模集成电路四个阶段。计算机的体积越来越小，功能越来越强，价格越来越低，应用越来越广，具体指标如表 1-1 所示。

表 1-1　计算机发展的四个阶段

	第一代计算机(1946—1959 年)	第二代计算机(1959—1964 年)	第三代计算机(1964—1972 年)	第四代计算机(1972 年至今)
物理器件	电子管	晶体管	中小规模集成电路	大规模、超大规模集成电路
内存储器	汞延迟线	磁芯存储器	半导体存储器	半导体存储器
外存储器	穿孔卡片、纸带	磁带	磁带、磁盘	磁盘、磁带、光盘等大容量存储器
运算速度(指令数每秒)	几千条	几万至几十万条	几十万至几百万条	上千万至万亿条

(1) 第一代计算机是电子管计算机。这个时期的计算机的特点是体积庞大、运算速度低、成本高、可靠性较差、内存容量小，主要用于军事和科学研究工作。

(2) 第二代计算机是晶体管计算机。与第一代计算机相比，晶体管计算机体积小、成本低、功能强、可靠性高。与此同时，计算机软件也有了较大的发展，出现了监控程序并发展成为后来的操作系统，高级程序设计语言 Basic、FORTRAN 和 COBOL 的推出使编写程序的工作变得更为方便并实现了程序兼容，同时使计算机工作的效率大大提高。除了科学计算外，计算机还用于数据处理和事务处理。图 1-2 为世界上第一台晶体管计算机的照片，它由 800 个晶体管组成。

图 1-2　第一台晶体管计算机

(3) 第三代计算机是小规模集成电路(Small Scale Integrated circuits，SSI)和中规模集成电路(Medium Scale Integrated circuits，MSI)计算机。所谓集成电路，是用特殊的工艺将完整的电子线路制作在一个半导体硅片上形成的电路。与晶体管计算机相比，集成电路计算机的体积、重量、功耗都进一步减小，运算速度、逻辑运算功能和可靠性都进一步提高。这一时期的计算机同时向标准化、多样化、通用化、机种系列化发展。如图 1-3 所示的 IBM360 系列是最早采用集成电路的通用计算机，也是影响最大的第三代计算机。

图 1-3　第一台集成电路计算机 IBM360

(4) 第四代计算机是大规模集成电路(Large Scale Integrated circuits，LSI)和超大规模集成电路(Very Large Scale Integrated circuits，VLSI)计算机。计算机重量和耗电量进一步减少，

计算机性能价格比基本上以每 18 个月翻一番的速度上升，符合著名的摩尔定律。在这一阶段软件工程的概念开始提出，操作系统向虚拟操作系统发展，各种应用软件产品丰富多彩，大大扩展了计算机的应用领域。IBM 4300 系列、3080 系列、3090 系列和 9000 系列是这一时期的主流产品。大规模集成电路板如图 1-4 所示。

图 1-4　大规模集成电路板

(5) 第五代计算机——智能计算机。到目前为止，各种类型的计算机都遵循美国数学家冯·诺依曼提出的存储程序的基本原理进行工作。随着计算机应用领域的不断扩大，冯·诺依曼型计算机的工作方式逐渐显露出局限性，所以科学家提出了制造非冯·诺依曼式计算机。正在开发研制的第五代计算机——智能计算机，将具有自动识别自然语言、图形、图像的能力，还具有理解和推理的能力，具有知识获取、知识更新的能力。

3. 计算机的应用领域

1946 年计算机问世之初，主要用于数值计算，“计算机”也因此得名。现如今的计算机几乎和所有学科相结合，在经济社会的各方面起着越来越重要的作用。计算机网络在交通、金融、企业管理、教育、邮电、商业等各个领域得到了广泛应用。

(1) 科学计算。科学计算主要是使用计算机进行数学方法的实现和应用。今天，计算机“计算”能力的提高推进了许多科学研究的进展，如著名的人类基因序列分析计算、人造卫星的轨道测算等。国家气象中心使用计算机，不但能够快速、及时地对气象卫星云图数据进行处理，而且可以根据对大量历史气象数据的计算进行天气预测。在网络运用越来越深入的今天，“云计算”也将发挥越来越重要的作用。所有这些在没有使用计算机之前是根本不可能实现的。

(2) 数据/信息处理。数据/信息处理也称为非数值计算。随着计算机科学技术的发展，计算机的“数据”不仅包括“数”，而且包括其他更多的数据形式，如文字、图像、声音等。计算机在文字处理方面已经改变了纸和笔的传统应用，它所产生的数据不但可以被存储、打印，还可以进行编辑、复制等。这是目前计算机应用最多的一个领域。

(3) 过程控制。过程控制是指利用计算机对生产过程、制造过程或运行过程进行检测与控制，即通过实时监控目标对象的状态，及时调整被控对象，使被控对象能够正确地完成生产、制造或运行。过程控制广泛应用于各种工业环境中，这不只是控制手段的改变，而且拥有众多优点：第一，能够替代人在危险、有害的环境中作业；第二，能在保证同样质量的前提下连续作业，不受疲劳、情感等因素的影响；第三，能够完成人所不能完成的有高精度、高速度、时间性、空间性等要求的操作。

(4) 计算机辅助。计算机辅助是计算机应用的一个非常广泛的领域。几乎所有过去由人进行的具有设计性质的过程都可以让计算机帮助实现部分或全部工作。计算机辅助 (或称为计算机辅助工程) 主要有：计算机辅助设计、计算机辅助制造、计算机辅助教育、计算机辅助技术、计算机仿真模拟等。

(5) 网络通信。计算机技术和数字通信技术发展并相互融合产生了计算机网络。通过计算机网络，把多个独立的计算机系统联系在一起，把不同地域、不同国家、不同行业、不同组织的人们联系在一起，缩短了人们之间的距离，改变了人们的生活和工作方式。通过网络，人们坐在家里通过计算机便可以预订机票、车票，可以购物，从而改变了传统服务业、商业单一的经营方式。通过网络，人们还可以与远在异国他乡的亲人、朋友实时地传递信息。

(6) 人工智能。人工智能 (Artificial Intelligence，AI)是用计算机模拟人类的某些智力活动。利用计算机可以进行图像和物体的识别，模拟人类的学习过程和探索过程。人工智能研究期望赋予计算机以更多人的智能，如机器翻译、智能机器人等都是利用计算机模拟人类的智力活动。人工智能是计算机科学发展以来一直处于前沿的研究领域，其主要研究内容包括自然语言理解、专家系统、机器人、定理自动证明等。目前，人工智能已应用于机器人、医疗诊断、故障诊断、计算机辅助教育、案件侦破、经营管理等诸多方面。

(7) 多媒体应用。多媒体是包括文本(Text)、图形(Graphics)、图像(Image)、音频(Audio)、视频(Video)、动画(Animation)等多种信息类型的综合。多媒体技术是指人和计算机交互地进行上述多种媒介信息的捕捉、传输、转换、编辑、存储、管理，并由计算机综合处理为表格、文字、图形、动画、音频、视频等视听信息有机结合的表现形式。多媒体技术拓宽了计算机的应用领域，使计算机广泛应用于商业、服务业、教育、广告宣传、文化娱乐、家庭等方面。同时，多媒体技术与人工智能技术的有机结合还促进了虚拟现实(Virtual Reality)、虚拟制造(Virtual Manufacturing)技术的发展，使人们可以在计算机模拟的环境中感受真实的场景，通过计算机仿真制造零件和产品，感受产品各方面的功能与性能。

(8) 嵌入式系统。并不是所有计算机都是通用的。有许多特殊的计算机用于不同的设备中，包括大量的消费电子产品和工业制造系统，都是把处理器芯片嵌入其中，完成特定的处理任务，这些系统称为嵌入式系统。如数码相机、数码摄像机以及高档电动玩具等都使用了不同功能的处理器。

任务二　计算机的分类

随着计算机技术和应用的发展，计算机的家族庞大、种类繁多，可以按照不同的方法对其进行分类。

1. 按计算机处理的数据分类

按处理数据的类型分类，计算机可以分为模拟计算机、数字计算机、数字和模拟计算机(混合计算机)。

(1) 模拟计算机。模拟计算机的主要特点是：参与运算的数值由不间断的连续量(称为模拟量)表示，其运算过程是连续的。模拟量以电信号的幅值来模拟数值或某物理量的大小，如电压、电流、温度等都是模拟量。模拟计算机常以绘图或量表的形式输出。模拟计算机由于受元器件质量的影响，其计算精度较低，应用范围较窄，目前已很少生产。

(2) 数字计算机。数字计算机的主要特点是：参与运算的数值用离散的数字量表示，其运算过程按数字位进行计算，处理之后仍以数字形式输出到打印纸上或显示在屏幕上。数字计算机由于具有逻辑判断等功能，是以近似人类大脑的“思维”方式进行工作的，所以又被称为“电脑”。

(3) 数字和模拟计算机(混合计算机)。它集数字计算机与模拟计算机的优点于一身，可以接受模拟量或数字量的运算，最后以连续的模拟量或离散的数字量输出结果。

2．按计算机的用途分类

按计算机的用途分类可以分为通用计算机和专用计算机。

(1) 通用计算机。通用计算机能适用于一般科学运算、学术研究、工程设计和数据处理等广泛用途的计算，通用性强，如 PC(Personal Computer，个人计算机)。通常所说的计算机均指通用计算机。

(2) 专用计算机。专用计算机则配备有解决特定问题的软件和硬件，能够高速、可靠地解决特定问题，如飞机的自动驾驶仪、坦克火控系统中用的计算机都属于专用计算机。

3．按计算机的性能、规模和处理能力分类

这是最常见的分类方法，所依据的性能主要包括体积、字长、运算速度(处理数据的快慢)、存储容量(能记忆数据的多少)、外部设备和软件配置等。按照计算机的运算速度、存储容量、功能强弱、软硬件配置等多方面的综合性能指标，可以将计算机分为巨型计算机、大中型计算机、小型计算机、微型计算机、工作站和服务器。

(1) 巨型计算机。巨型机最初用于科学和工程计算，早期只用于政府部门和国防科技领域。自 20 世纪 90 年代中期，巨型机的应用领域开始扩展，从传统的科学和工程计算领域扩展到事务处理、商业自动化等领域。

巨型机运算速度快、存储容量大、结构复杂、价格昂贵，主要用于尖端科学研究领域。我国研制成功巨型机有银河Ⅰ型亿次机、银河Ⅱ型十亿次机、银河Ⅲ型百亿次机以及天河一号千亿次巨型机。天河一号千亿次巨型计算机照片如图 1-5 所示。

图 1-5　天河一号千亿次巨型机

(2) 大中型计算机。大中型计算机体积大、速度快、通用性强，具有很强的综合处理能力，价格比较贵，如图 1-6 所示。

在军事上，大中型计算机主要应用在快速判断目标和辅助决策，在高速自动化指挥控制系统、导弹技术以及核武器、航天工具等装备设计和模拟等方面都是主力；在民用方面，大中型计算机应用逐渐广泛，已深入机械、气象、电子、人工智能等诸多领域。

(3) 小型计算机。与大中型计算机相比，小型计算机性能适中、价格相对比较便宜、易于使用和管理、维护也较容易，如图 1-7 所示。小型机用途非常广泛，既可用于科学计算、数据处理，也可用于生产过程自动控制和数据采集及分析处理。

图 1-6　大中型计算机

图 1-7　小型计算机

(4) 微型计算机。微型计算机也叫做微机，是当今使用最普及、产量最大的一类计算机，因其小、巧、轻、使用方便、价格便宜，其应用范围极广，从太空中的航天器到家庭生活，从工厂的自动化控制到办公软件，遍及商业、服务业、农业等社会各个领域。微型计算机的出现，促使计算机真正成为大众化的信息处理工具。微型计算机可以按照结构和性能划分为单片机、单板机、个人计算机等几种类型。

① 单片机。把微处理器、一定容量的存储器以及输入/输出接口电路等集成在一个芯片上，即构成了单片机。可见单片机仅是一片特殊的、具有计算功能的集成电路芯片。单片机体积小、功耗低、使用方便，但存储容量较小，一般用作专用机或用来控制高级仪表、家用电器等。

② 单板机。把微处理器、存储器以及输入/输出接口电路等安装在一块印制电路板上，就成为单板计算机(单板机)。一般在这块板上还有简易键盘、液晶和数码管显示器以及外存储器接口等。单板机价格低廉且易于扩展，广泛用于工业控制、微型机教学和实验，或作为计算机控制网络的前端执行机。

③ 个人计算机。个人计算机也就是 PC，可以分为台式微机和便携式微机。台式微机可以将全部设备放置在桌面上，又称为桌面型计算机，如图 1-8 所示。

便携式微机包括笔记本计算机(见图 1-9)、平板电脑(见图 1-10)以及掌上电脑(见图 1-11)，其体积更小、重量更轻，可以随身携带。

图 1-8　台式计算机

图 1-9　笔记本计算机

图 1-10　平板电脑

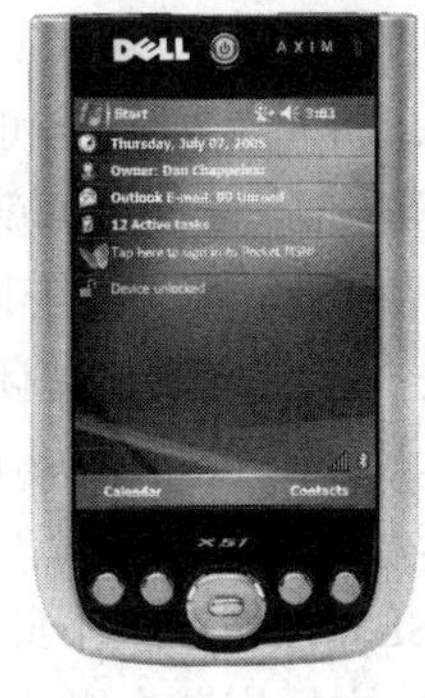

图 1-11　掌上电脑

(5) 工作站。工作站是介于小型机和微型机之间的一种高档微机，通常配有大容量的存储器和大屏幕的显示器，具有较高的运算能力、较强的网络通信能力、操作便利、人机界面友好的特点，在工程设计领域得到广泛使用。SUN、HP 等公司都是著名的工作站生产厂家。

(6) 服务器。服务器是一种可供网络用户共享的高性能计算机。它一般具有大容量的存储设备和丰富的外部接口，运行网络操作系统。由于要求较高的运行速度，为此很多服务器都配置了双 CPU。服务器常用于存放各类资源，常见的资源服务器有 DNS(域名)服务器、E-mail(电子邮件)服务器、Web(网页)服务器等。图 1-12 为服务器机房。

图 1-12　服务器机房

任务三　微型计算机的硬件系统

计算机的硬件系统是由各种电子线路、器件以及机械装置所组成，是看得见、摸得着的实物部分，它是计算机工作的物质基础。微型计算机的基本硬件设备包括主机、输入设备和输出设备三大部分。

主机部件包括主板、CPU、内存条、硬盘、声卡、显卡、网卡、光驱等；输入设备将数据输入给主机，常用的输入设备有键盘、鼠标、扫描仪等；输出设备将主机的处理结果以适当的形式输出，常用的输出设备有显示器、音箱、打印机和绘图仪等。

1．主机内部部件

(1) 机箱。机箱从外形上可以分为卧式机箱和立式机箱。当前，立式机箱居多。由于不同厂家生产的机箱在外形和颜色上都有区别，所以计算机主机机箱不是统一的。但是无论如何变化，在机箱上，都有电源开关、电源指示灯、硬盘指示灯和复位按钮。

电源开关：用于开启和关闭计算机。在很多机箱上都会标有“POWER”字样。

电源指示灯：当按下电源开关后，电源指示灯会亮，表明计算机已经通电。

硬盘指示灯：当硬盘在读写数据时，硬盘指示灯会亮，表明硬盘正在工作。

复位(RESET)按钮：按下此按钮，计算机会在不关闭电源的前提下重新启动。

(2) 主板。主板安装在微机机箱内，是长方形的集成电路板。主板主要由 CPU 插座、内存插槽、扩展插座(又叫做扩展槽)、电源转换器件、芯片组、外设接口等组成，如图 1-13 所示。在主板上可以安装 CPU、内存、声卡、网卡、显示卡、硬盘、光驱等硬件和设备。CPU 插座是用来安装处理器的地方；内存插槽是主板上用来安装内存的地方；PCI(Peripheral Component Interconnect)总线插槽是由 Intel 公司推出的一种局部总线。它为显卡、声卡、网卡、电视卡、Modem 等设备提供了连接接口。主板的作用是通过系统总线插槽和各种外设接口将微机中的各种部件紧密地联系在一起。

图 1-13　主板

(3) CPU。CPU(Central Processing Unit)即中央处理单元，也称为微处理器，是整个微机系统的核心部件。CPU 由运算器和控制器组成。运算器主要完成各种算术运算和逻辑运算；控制器不具有运算功能，它是微机系统的指挥中心，它按照程序指令的要求，有序地向各个部件发出控制信号，使微机有条不紊地运行。图 1-14 所示为 CPU 及插座。

图 1-14　CPU 及插座

CPU 是微型计算机的核心，它的性能决定了整个计算机的性能。衡量 CPU 的性能指标主要有主频和字长。

① 主频是指微处理器的时钟频率，在很大程度上决定了微处理器的运行速度。主频越高，处理速度越快。主频通常以 MHz(兆赫)为单位来度量，目前主流 CPU 时钟频率高达 3.6 GHz(3.6×10^3 MHz)。

② 字长是指 CPU 执行一次操作所能处理的最大二进制位数。CPU 的字长有 8 位、16 位、32 位和 64 位。字长越长，运算精度越高，处理能力越强，目前主流 CPU 都使用 64 位字长。

(4) 内存。内存(见图 1-15)又称为主存，一般由半导体存储器组成，它的存取速度比较快，内存可以逐步扩充，内存和 CPU 合称为主机。内存可以分为随机存储器和只读存储器。

① 随机存储器(RAM)用于存储当前正在运行的程序、各种数据及其运行的中间结果，数据可以随时读入和输出。由于信息是通过电信号写入这种存储器的，因此这些数据不能永久保存，在计算机断电后，RAM 中的信息会丢失。

图 1-15　内存条

② 只读存储器(ROM)中的信息只能读出而不能随便写入，也称为固件。ROM 中的信息是厂家在制造时用特殊方法写入的，用户不能修改，断电后信息不会丢失。ROM 中的信息一般都是比较重要的数据和程序，如微机的开机自检程序等。

(5) 外存储器。外存储器又称为辅助存储器(辅存)，用于保存微机的永久性数据。外存储器主要有硬盘存储器、光盘存储器和移动存储器。

① 硬盘存储器。硬盘是微机中最重要的外部存储设备，硬盘一般固定在计算机的主机箱内，如图 1-16 所示。目前的硬盘从几十个 GB 到 TB。使用硬盘时，应保持良好的工作环境、适宜的温度和湿度，注意防尘、防震，并且不要随意拆卸。

图 1-16　硬盘

② 光盘存储器。光盘存储器是由光盘驱动器和光盘组成的。光盘驱动器可分为可刻录光盘驱动器和只读光盘驱动器。光盘驱动器按照数据传输率可分为单倍速、双倍速、4 倍速、8 倍速、16 倍速、24 倍速、32 倍速、48 倍速、52 倍速等。单倍速的速率为 150 KB/s，其他倍速和单倍速是倍率关系。例如，双倍速的速度为 300 KB/s 左右。数据传输率越高，数据的读取速度越快。目前微型计算机一般使用的是 48 倍速以上的光盘驱动器。如图 1-17 所示。

图 1-17　光盘驱动器

根据光盘的性能不同，光盘分为只读性光盘、一次性写入光盘、可擦写光盘和数字多功能盘。

a. 只读性光盘(CD-ROM)：CD-ROM 由厂家写入程序或数据，出厂后用户只能读取，不能再写入和修改存储内容。

b. 一次性写入光盘(CD-R)：CD-R 允许用户一次写入多次读取。由于信息一旦被写入光盘便不能更改，因此用于长期保存资料和数据等。

c. 可擦除光盘(CD-RW)：CD-RW 集成了软磁盘和硬磁盘的优势，既可以读数据，也可以将记录的信息擦去再重新写入。它的存储扩展能力大大超过了软磁盘和硬磁盘。

d. 数字多功能盘(DVD)：DVD(Digital Versatile Disc)集计算机技术、光学记录技术和影视技术等为一体，其目的是满足人们对大存储容量、高性能存储媒体的需求。

③ 移动存储器。目前，常用的移动存储器有移动硬盘和闪存。

a. 移动硬盘，顾名思义是以硬盘为存储介质，强调便携性的存储产品，它的特点是容量大、传输速度快、使用方便。因为采用硬盘为存储介质，所以移动硬盘的数据读写模式与标准 IDE 硬盘是相同的。移动硬盘多采用 USB、IEEE1394 等传输速度较快的接口，可以用较高的速度与系统间进行数据传输。目前移动硬盘的最大容量可达 4TB。

b. 闪存又叫作 U 盘，它采用一种新型的 EPROM 存储单元，具有内存可擦、可写、可编程的优点，还具有体积小、重量轻、读写速度快、断电后资料不丢失等特点，所以被广泛应用。闪存的接口一般为 USB 接口，目前最大容量可达 4TB。

图 1-18　显卡

(6) 显示卡。显卡又称为图形加速卡，如图 1-18 所示，其主要作用是控制计算机图形输出，它工作在 CPU 和显示器之间，是微型计算机主机与显示器连接的桥梁。显示器只有在显卡及其驱动程序的支持下才能显示出色彩艳丽的图形。

(7) 声卡。声卡(见图 1-19)是多媒体微机中不可缺少的部件。声卡提供了录制、编辑和回放数字音频以及进行 MDI 音乐合成的功能，玩游戏、播放音乐影像等都需要声卡的支持。

图 1-19　声卡

2. 输入设备

常用的输入设备主要有键盘、鼠标、扫描仪等。

(1) 键盘。键盘(见图 1-20)是微机系统的一个重要的输入设备，也是人机交互的一个主要媒介。通过键盘，可以将信息输入到计算机的存储器中，从而向计算机发出命令和输入数据。如果不安装键盘，连加电自检程序都不能过。目前，键盘已达到标准化，除笔记本外，一般 PC 用户使用的是 104 键的键盘。键盘上的按键大致可以分为 4 个区域：字符键区、功能键区、编辑键区和数字键区，具体可见本项目“实战 2”。

图 1-20　键盘

(2) 鼠标。鼠标是微机重要的输入设备，通过一条电缆线连接到计算机上。鼠标可以方便、准确地移动光标进行定位，是 Windows 系统界面中必不可少的输入设备。从工作原理上来分，目前使用最多的是机械鼠标和光电鼠标。机械鼠标的寿命短、精度差，但价格低廉。光电鼠标通过内部的红外光发射和接收装置来确定鼠标的位置，需要使用一块专用的鼠标垫。光电鼠标具有精度高、寿命长等优点，但价格高于机械鼠标。

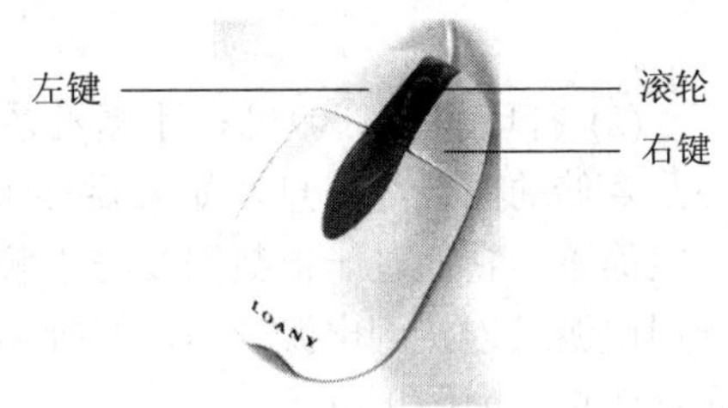

图 1-21　鼠标

(3) 扫描仪。扫描仪是一种光电一体化设备，属于图形式输入设备，如图 1-22 所示。人们通常将扫描仪用于各种形式的计算机图像、文稿的输入，进而实现对这些图像形式信息的显示、编辑、存储和输出。目前，扫描仪广泛应用于出版、广告制作、多媒体、图文通信等领域。

图 1-22　扫描仪

扫描仪的主要性能指标是分辨率、灰度级和色彩数。

分辨率表示扫描仪对图像细节的表现能力，通常用每英寸上扫描图像所包含的像素点表示，单位为 dpi(dot per inch)。目前扫描仪的分辨率为 300～1200 dpi。

灰度级表示灰度图像的亮度层次范围，级数越多说明扫描仪图像的亮度范围越大，层次越丰富。目前大多数扫描仪的灰度级为 1024 级。

色彩数表示色彩扫描仪所能产生的颜色范围，通常用每个像素点上颜色的数据位数(bit)表示。

图形输入设备除扫描仪之外，还有数码相机、摄像机等。现在又出现了语音和手写输入系统，可以让计算机从语音的声波和文字的形状中领会到含义。

3. 输出设备

常用的输出设备有显示器、打印机、音箱和绘图仪。

(1) 显示器。显示器是微机不可缺少的输出设备，用户通过它可以很方便地查看输入计算机的数据和图片等信息。所有显示器都有一个电源开关和一组用于调整屏幕明暗度和对比度的控制开关。显示器按照显像管的工作原理分类，主要分为阴极射线管显示器和液晶显示器，如图 1-23 所示。分辨率是衡量显示器性能优劣的指标之一，分辨率越高，显示的图片越清晰。

(a) 阴极射线管显示器

(b) 液晶显示器

图 1-23　显示器

(2) 打印机。打印机是计算机系统最常用的输出设备。无论是在计算机上编辑的文档还是存储的图像等信息，如果要打印到纸上保存，就离不开打印机。打印机与计算机的连接很简单。它通过一根数据线与电脑主机机箱后面的并行接口(LPTI 接口)连接，并且通过一根电源线连接到电源插座。当前常见的打印机主要有点阵式打印机、喷墨式打印机和激光打印机，如图 1-24 所示。

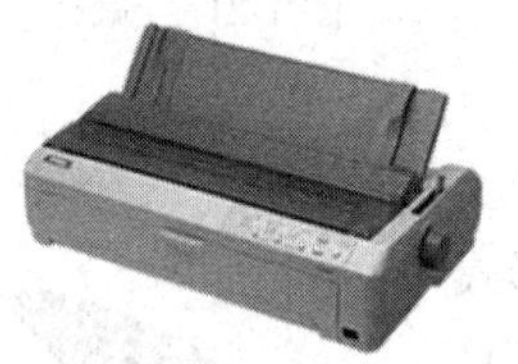

(a) 点阵式打印机

(b) 喷墨打印机

(c) 激光打印机

图 1-24　打印机

① 点阵式打印机。点阵式打印机也称为针式打印机，是一种机械式打印机，其工作方式是利用打印头内的点阵撞针撞击在色带和纸上，常用的针式打印机的打印头有 24 根针。

点阵式打印机的优点是可以使用多种纸型，耐用、价格较低，耗材(主要是打印纸和色带)价格低廉，这种打印机适合打印一般的文字信息和报表等。其缺点是打印时产生的噪声较大，分辨率较低，速度慢，不适合打印大量的文件以及打印质量要求过高的场合。

② 喷墨式打印机。喷墨式打印机是非击打式打印机，近几年发展速度非常快。喷墨式打印机没有打印头，通过喷墨管将墨水喷到打印纸上而实现字符或图形的输出。喷墨式打印机的工作方式有固体喷墨和液体喷墨两种，当前市场上的主流产品都是液体喷墨打印机。

喷墨式打印机的优点是打印时无噪声，其打印速度介于点阵式打印机和激光打印机之间，价格较低，很适合家庭使用。其缺点是耗材较贵。

③ 激光打印机。激光打印机也属于非击打式打印机，其主要部件是感光鼓，感光鼓中装有碳粉，打印时，感光鼓接收激光束，产生电子以吸引碳粉，再印到打印纸上。

激光打印机的优点是打印时噪声小、速度快，可以打印高质量的文字和图形，但价格较高，打印成本高。

任务四　微型计算机的软件系统

从系统组成上看，一个完整的计算机系统包括硬件系统和软件系统两部分。计算机硬件系统是指那些由电子元器件和机械装置组成的“硬”设备，如键盘、显示器、主板等，它们是计算机能够工作的物质基础。计算机软件系统是指那些能在硬件设备上运行的各种程序、数据和有关的技术资料，如 Windows 系统、数据库管理系统等。

1．系统软件

系统软件是指管理、控制和维护计算机的各种软件，目前常见的系统软件包括操作系统、各种语言处理程序、数据库管理系统等。

(1) 操作系统。操作系统是最底层的系统软件，是每台计算机必配的系统软件。操作系统为用户提供了一个使用计算机的基础平台。操作系统实际上是一组程序，它能对计算机系统中的软硬件资源进行有效的管理和控制，合理地组织计算机的工作流程，为用户提供一个使用计算机的工作环境，起到了用户和计算机之间的接口作用。

目前广泛使用的操作系统有 DOS、Windows、Linux 和 Unix 操作系统。

DOS(Operating System)即磁盘操作系统，属于单用户、单任务磁盘操作系统。最具代表性的是微软公司推出的 MS-DOS，版本从 1.0 发展到 6.22。在 DOS 操作系统下，用户利用键盘输入命令指挥计算机工作。DOS 操作系统已经基本淘汰，现在大多数人都通过 Windows 操作和使用计算机，但初始化计算机时一般仍然使用 DOS 操作系统。

Windows 操作系统是微软公司为 PC 开发的一种窗口操作系统，它为用户提供了友好的界面，通过鼠标的操作就可以指挥计算机工作。目前，Windows 操作系统在各种微机上广泛使用。

(2) 程序设计语言。程序设计语言是人与计算机之间交换信息的工具，一般分为机器语言、汇编语言和高级语言。

① 机器语言：是最底层的语言，是计算机能够直接识别和执行的语言。每一条机器指令都是由 0、1 两种代码组成的。这种机器语言是属于硬件的，不同的计算机硬件，其机器语言是不同的。由于机器语言是直接针对硬件的，它的执行效率比较高。但是机器语言编写难度比较大，容易出错，而且程序的直观性比较差，不易移植。

② 汇编语言：为了便于识别记忆，人们利用助记符(帮助记忆的英文缩写符号)代替机器语言中的指令代码，汇编语言和机器语言是一一对应的。由于汇编语言采用了助记符形式，故它比机器语言直观，并且容易理解和记忆。用汇编语言编写的程序要依靠计算机的翻译程序(汇编程序)翻译成机器语言后方可执行。汇编语言和机器语言都是面向机器的语言，一般称之为低级语言。

③ 高级语言：起始于 20 世纪 50 年代中期，它与人们日常熟悉的自然语言更接近，可读性强，编程方便。高级语言的显著特点是独立于具体的计算机硬件，通用性和可移植性好。目前常用的高级语言，有 C、C++、Visual Basic(VB)、Delphi(可视化 Pascal)、Java 等。用任何一种高级语言编写的程序，都要通过编译程序或解释程序翻译成机器语言，才能被计算机所识别和执行。

2. 应用软件

应用软件是专业人员为各种特定的应用目的而编制的程序，解决各种实际问题。由于计算机应用的日益普及，各个领域的应用软件也很多。

(1) 办公自动化软件。最常用、最典型的是微软公司的 Microsoft Office 软件包，因其功能强大、使用方便，已成为人们日常工作和生活不可缺少的帮手。Microsoft Office 套件有以下重要组件：

Word：文字处理软件，用于制作文字、表格以及图文混排的文档。

Excel：电子表格软件，用于制作各种数字报表和进行数据分析。

PowerPoint：文稿演示软件，用于制作多媒体幻灯片和投影片。

Outlook：信息管理软件，可管理电子邮件、安排工作日程、建立通讯簿等。

Access：数据库管理软件，用于创建和维护数据管理系统。

FrontPage：用于创建、编辑和发布网页的应用程序。

PhotoDraw：照片和图像的编辑工具。

(2) 管理类软件。例如：一个单位的账目管理软件、图书管理软件、销售管理软件等。

(3) 辅助设计和辅助教学软件。例如：AutoCAD 及各种 CAI 软件等。

任务五 计算机内部信息的表示

1. 基本概念

(1) 位。位(bit)是计算机所能表示的最基本的数据单元。二进制的一位称为 1 bit，它的值为 0 或 1。

(2) 字节。一个字节由 8 位二进制数字组成(1 Byte=8 bit)。字节是信息组织和存储的基本单位，也是计算机体系结构的基本单位。

(3) KB、MB、GB、TB。计算机的存储器(内存和外存)通常是以字节数来表示它的容量。

KB(千字节) 1 KB = 1024 B = 2^{10} B。

MB(兆字节) 1 MB = 1024 KB = 2^{20} B。

GB(吉字节) 1 GB = 1024 MB = 2^{30} B。

TB(太字节) 1 TB = 1024 GB = 2^{40} B。

(4) 字长。字长是 CPU 内每个命令所包含的二进制的位数。8 位计算机字长为 8 位，16 位计算机(286 型)字长为 16 位，386/486 型计算机字长为 32 位。Pentium 计算机字长为 64 位，而外部交换字长仍然是 32 位，所以称为准 32 位。字长是衡量计算机运算能力的主要技术指标。字长越长，容纳位数越多，速度越快，精度越高。

2. 计算机内的信息表示

在计算机内部，无论是指令还是数据，都是以二进制位代码的形式出现的，即便是图形、声音等这样的信息，也必须转换成二进制代码的形式。

(1) 计算机二进制信息表示的优越性：

① 可行性：若用十进制，需用 0、1、2、3、4、5、6、7、8、9 等不同的 10 个基数，用电子技术实现这 10 种状态很困难。而用二进制，只需用 0、1 两个基数来表示两个状态，在硬件实现上最为容易。例如，电灯的亮和灭、晶体管的导通和截止等即可用 0 和 1 表示。

② 可靠性：二进制数只有两个状态，数字的转移和处理不易出错，可以提高计算机的

可靠性。

③ 简单性：二进制运算法则简单。例如，二进制的加法、乘法法则都只用三个，运算法则少，使计算机运算器的结构大大简化。

④ 逻辑性：二进制仅有的两个符号 0、1 正好与逻辑代数的两个值“真”、“假”相对应，从而为计算机实现逻辑运算和逻辑判断提供了方便。

(2) 进位计数制。信息在计算机内部是用二进制数表示的，计算机常用的数制还有十进制、八进制和十六进制。按进位的原则进行计数的方法，称为进位计数制。

① 十进制数(D)。十进制是最基本的计数形式，是人们最熟悉的进制。十进制规则是：每一位数都使用 0～9 共十个数码，进位规则是逢十进一，数的位权是 10 的整数幂。例如：

$$(286.54)_{10}=2\times10^2+8\times10^1+6\times10^0+5\times10^{-1}+4\times10^{-2}$$

② 二进制(B)。二进制是计算机中使用的基本数制，在计算机中，存储、处理和传输的数据信息都使用二进制数。二进制规则是：每一位数使用 0、1 共两个数码，进位规则是逢二进一，数的位权是 2 的整数幂。例如：

$$(1010.1001)_2=1\times2^3+0\times2^2+1\times2^1+0\times2^0+1\times2^{-1}+0\times2^{-2}+0\times2^{-3}+1\times2^{-4}$$

③ 八进制(O)。八进制规则是：每一位数使用 0～7 共八个数码，进位规则是逢八进一，数的位权是 8 的整数幂。例如：

$$(274.53)_8=2\times8^2+7\times8^1+4\times8^0+5\times8^{-1}+3\times8^{-2}$$

④ 十六进制(H)：十六进制规则是：每一位数使用 0～9、A、B、C、D、E、F 共十六个数码，进位规则是逢十六进一，数的位权是 16 的整数幂。例如：

$$(38A.5F)_{16}=3\times16^2+8\times16^1+10\times16^0+5\times16^{-1}+15\times16^{-2}$$

二进制、八进制、十六进制和十进制的对应关系如表 1-1 所示。依此对应关系，可以方便地把二进制转换为八进制和十六进制。

表 1-1　各种进制的对应关系

十进制	二进制	八进制	十六进制
0	0000	0	0
1	0001	1	1
2	0010	2	2
3	0011	3	3
4	0100	4	4
5	0101	5	5
6	0110	6	6
7	0111	7	7
8	1000	10	8
9	1001	11	9
10	1010	12	A
11	1011	13	B
12	1100	14	C
13	1101	15	D
14	1110	16	E
15	1111	17	F

从表中可以看出，采用不同的数制表示同一个数时，基数越大，则使用的位数越少。比如十进制数 15，需要 4 位二进制数来表示，而只需要 2 位八进制数来表示，也只需要 1 位十六进制数来表示。这也是为什么在程序的书写中一般采用八进制或十六进制表示数据的原因。在数制中有一个规则，就是 N 进制一定遵循“逢 N 进一”的进位规则，如十进制就是“逢十进一”，二进制就是“逢二进一”。

(3) 简单的数制转换。非十进制转换为十进制：按权展开相加法，二、八、十六进制的数字，只要将各位数字与它的权相乘，其积相加，和为该进制数的十进制数。例如：

$$(110.11)_2 = 0\times 2^0 + 1\times 2^1 + 1\times 2^2 + 1\times 2^{-1} + 1\times 2^{-2} = (6.75)_{10}$$

$$(3506.2)_8 = 6\times 8^0 + 0\times 8^1 + 5\times 8^2 + 3\times 8^3 + 2\times 8^{-1} = (1862.25)_{10}$$

$$(0.2A)_{16} = 2\times 16^{-1} + 10\times 16^{-2} = (0.1640625)_{10}$$

② 十进制转换为二进制：将十进制转换为二进制时，可将此数分为整数部分和小数部分分别转换，然后再拼起来即可实现。

a. 十进制整数转换为二进制：采用除 2 取余法，用十进制整数连续除以 2，直至余数变为 0 为止。将这些余数倒着编排所形成的数即为该十进制数的二进制形式。

例如：将$(57)_{10}$转换为二进制数：

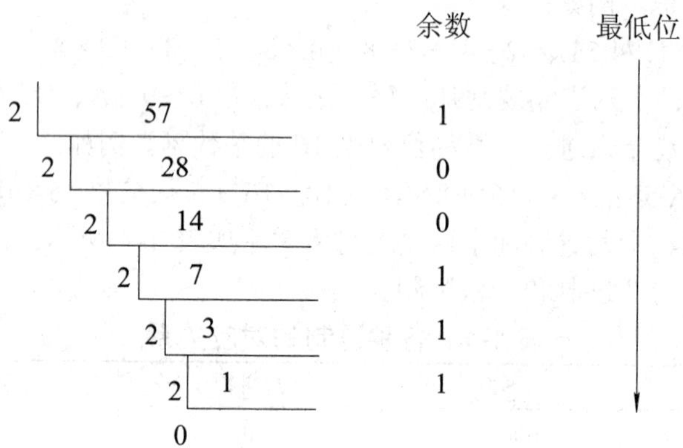

所以，$(57)_{10}=(111001)_2$。

b. 十进制小数准换为二进制：采用乘 2 取整法，用十进制小数连续的乘以 2，直到小数部分为 0 或达到所要求的精度为止(小数部分可能永不为 0)，将得到的整数顺序编排即组成二进制的小数部分。

例如：将$(0.3125)_{10}$转换成二进制数。

	整数	最高位
0.3125 × 2		↓
0.625	0	
× 2		
0.25	1	
× 2		
0.5	0	
× 2		
0	1	

所以，$(0.3125)_{10} = (0.0101)_2$。

③ 二进制转换为八进制或十六进制：以小数点为界，整数部分从右向左每三(四)位为一组，最后不足三(四)时，左边添零补足；小数部分从左向右每三(四)位为一组，最后不足三(四)位，右边添零补足，然后每一组分别用一位八(十六)进制数表示。

例如：将$(1011010.10)_2$转换成八进制和十六进制。

$\underline{001}\,\underline{011}\,\underline{010}.\underline{100}$

1　3　2　.　4

所以，$(1011010.10)_2=(132.4)_8$。

$\underline{0101}\,\underline{1010}.\underline{1000}$

5　A　.　8

所以，$(1011010.10)_2=(5A.8)_{16}=(132.4)_8$。

④ 八进制或十六进制转换为二进制：将每位八(十六)进制数用每三(四)位二进制数表示。

例如：将$(F7.28)_{16}$ 转换为二进制数。

F　7　.　2　8

1111　0111　.0010　1000

所以，$(F7.28)_{16} = (11110111.00101)_2$。

例如：将$(25.63)_8$ 转换为二进制数。

2　5　.　6　3

010　101　.　110 011

所以，$(25.63)_8 = (10101.110011)_2$。

任务六　计算机病毒

在这个互联网高速发展的时代，大量数据在不断地产生和应用，网络安全的重要性不断显现，各种病毒和木马肆意横行，每天都有成千上万的电脑被感染，从而造成或大或小的损失。所以对病毒及木马有一个直观的了解对当今的计算机使用人群非常重要。

1. 计算机病毒的定义

在《中华人民共和国计算机信息系统安全保护条例》中明确定义：病毒指“编制者在计算机程序中插入的破坏计算机功能或者破坏数据，影响计算机使用并且能够自我复制的一组计算机指令或者程序代码”。

计算机病毒与医学上的“病毒”不同，计算机病毒不是天然存在的，是人们利用计算机软件和硬件所固有的脆弱性编制的一组指令集或程序代码。它能潜伏在计算机的存储介质(或程序)里，条件满足时即被激活，通过修改其他程序的方法将自己的病毒代码拷贝或者可能演化的形式依附在其他程序中，从而感染其他程序，对计算机资源进行破坏。所谓的病毒就是人为造成的，对其他用户的危害性很大。

2. 常见的计算机病毒

(1) 系统病毒。系统病毒的前缀为 Win32、PE、Win95、W32、W95 等。这些病毒的一般共有特性是可以感染 windows 操作系统的*.exe 和 *.dll 文件，并通过这些文件进行传播。如 CIH 病毒。

(2) 蠕虫病毒。蠕虫病毒的前缀是：Worm。这种病毒的共有特性是通过网络或者系统漏洞进行传播，很大部分的蠕虫病毒都有向外发送带毒邮件、阻塞网络的特性，比如冲击波(阻塞网络)、小邮差(发带毒邮件)等。

(3) 脚本病毒。脚本病毒的前缀是 Script。脚本病毒的共有特性是使用脚本语言编写，通过网页进行传播的病毒，如红色代码(Script.Redlof)。脚本病毒的前缀还有：VBS、JS(表明是何种脚本编写的)等，如欢乐时光(VBS.Happytime)、十四日(JS.Fortnight.c.s)等。

(4) 宏病毒。其实宏病毒是也是脚本病毒的一种，由于它的特殊性，因此在这里单独算成一类。宏病毒的前缀是 Macro，第二前缀是 Word、Word 2010、Excel、Excel 2010 其中之一。凡是只感染 Word 2010 及以前版本 Word 文档的病毒采用 Word 2010 作为第二前缀，格式是：Macro.Word 97；凡是只感染 Word 97 以后版本 WORD 文档的病毒采用 Word 作为第二前缀，格式是：Macro.Word。该类病毒的共有特性是能感染 Office 系列文档，然后通过 Office 通用模板进行传播，如著名的美丽莎(Macro.Melissa)。

(5) 后门病毒。后门病毒的前缀是 Backdoor。该类病毒的共有特性是通过网络传播，给系统开后门，给用户电脑带来安全隐患。

(6) 病毒种植程序病毒。这类病毒的共有特性是运行时会从体内释放出一个或几个新的病毒到系统目录下，由释放出来的新病毒产生破坏。如冰河播种者(Dropper.BingHe2.2C)、MSN 射手(Dropper.Worm.Smibag)等。

(7) 破坏性程序病毒。破坏性程序病毒的前缀是 Harm。这类病毒的共有特性是本身具有好看的图标来诱惑用户点击，当用户点击这类病毒时，病毒便会直接对用户计算机产生破坏。如：格式化 C 盘(Harm.formatC.f)、杀手命令(Harm.Command.Killer)等。

(8) 玩笑病毒。玩笑病毒的前缀是：Joke。也称恶作剧病毒。这类病毒的共有特性是本身具有好看的图标来诱惑用户点击，当用户点击这类病毒时，病毒会做出各种破坏操作来吓唬用户，其实病毒并没有对用户电脑进行任何破坏。如：女鬼(Joke.Girl ghost)。

(9) 捆绑机病毒。捆绑机病毒的前缀是 Binder。这类病毒的共有特性是病毒作者会使用特定的捆绑程序将病毒与一些应用程序如 QQ、IE 捆绑起来，表面上看是一个正常的文件，当用户运行这些捆绑病毒时，表面上会运行这些应用程序，然后隐藏运行捆绑在一起的病毒，从而给用户造成危害，如捆绑 QQ(Binder.QQPass.QQBin)、系统杀手(Binder.killsys)等。

(9) 木马病毒。木马程序(Trojan Horse Program)通常称为木马、恶意代码等，是指潜伏在电脑中，可受外部用户控制以窃取本机信息或者控制权的程序。木马指的是特洛伊木马，英文叫做“Trojan horse”，其名称取自希腊神话的特洛伊木马记。

木马病毒通过一段特定的程序(木马程序)来控制另一台计算机。木马通常有两个可执行程序：一个是客户端，即控制端；一个是服务端，即被控制端。植入被种者电脑的是“服务器”部分，而所谓的“黑客”正是利用“控制器”进入运行了“服务器”的电脑。运行了木马程序的“服务器”后，被种者的电脑就会有一个或几个端口被打开，黑客可以利用这些打开的端口进入电脑系统，安全和隐私也就全无保障了。木马程序设计者为了防止木马病毒被发现，一般会采用多种手段隐藏木马。木马的服务一旦运行并被控制端连接，其控制端将享有服务端的大部分操作权限，例如给计算机增加口令，浏览、移动、复制、删除文件，修改注册表，更改计算机配置等。

随着病毒编写技术的发展，木马程序对用户的威胁越来越大，尤其是一些木马程序采用了极其狡猾的手段来隐蔽自己，使普通用户很难在电脑中毒后发觉。

3. 计算机病毒的防范

(1) 不要随意打开来历不明的邮件。现在许多木马都是通过邮件来传播的，当用户收到来历不明的邮件时请不要打开，应尽快删除。同时要加强邮件监控系统，拒收垃圾邮件。

(2) 不要随意下载来历不明的软件。最好是在一些知名的网站下载软件，不要下载和运行那些来历不明的软件。在安装软件之前最好用杀毒软件查看是否含有病毒，然后才进行安装。

(3) 及时修补漏洞和关闭可疑的端口。一些木马都是通过漏洞在系统上打开端口留下后门，以便上传木马文件和执行代码，在把漏洞修补上的同时，需要对端口进行检查，把可疑的端口关闭。

(4) 尽量少用共享文件夹。如果必须共享文件夹，则最好设置账号和密码保护。Windows系统默认情况下将目录设置成共享状态，这是非常危险的，最好取消默认共享。

(5) 运行实时监控程序。在上网时最好运行反木马实时监控程序和个人防火墙，并定时对系统进行病毒检查。

(6) 经常升级系统和更新病毒库。经常关注微软和杀毒软件厂商网站上的安全公告，这些网站通常都会及时地将漏洞、木马和更新公布出来，并在第一时间发布补丁和新的病毒库等。

项目总结

通过本项目的学习，我们了解了计算机的分类、特点及应用领域，了解了计算机系统的基本结构，掌握了计算机的各种进位计数制及它们之间的相互转换。

项目实战

实战 1　认识计算机硬件

1. 操作步骤

(1) 打开微机主机箱，对机箱内的主要部件(主板、CPU、内存、硬盘、显示卡、声卡、软驱、光驱)进行识别。

(2) 将主板上 CPU 插座的手柄拉起，拆下 CPU，重新启动计算机，观察机器启动情况。

(3) 将主板上的 CPU 插座的手柄拉起，将 CPU 的缺口标记对准插座上的缺口标记，并对准插针；然后放入 CPU，用手轻轻按下手柄，当手柄处于水平位置时将 CPU 牢牢锁住。

(4) 拆下内存条(注意：要拨开内存条插槽两端的卡销，才能拆下内存条)，重新启动计算机，观察启动情况，然后安装内存条。安装内存条前先将主板上内存插槽两端的卡销掰开，然后用双手握住内存的两端，同时向插槽插入，当内存条的下端完全进入到插槽后，说明内存条安装正确。

(5) 拆下硬盘，观察计算机的启动效果。

(6) 拆下光驱之后，观察计算机启动效果。

(7) 分别拆下显卡、声卡，观察效果。目前的显卡基本都采用 AGP 插槽，主板上只有一个，颜色多为深褐色，非常容易辨认。声卡多采用 PCI 插槽，也是目前主板上提供最多的插槽。

2. 结论

(1) 拆下 CPU，重新启动计算机，电源指示灯亮，但是计算机不启动。说明 CPU 是计算机的核心部件，没有 CPU，计算机便无法工作。

(2) 安装上 CPU，拆下内存条，重新启动计算机，计算机有响声报警，而且不工作。说明没有内存条，程序无处存放，计算机无法工作，内存是计算机的必选设备。

(3) 拆下硬盘，计算机正常自检后，屏幕提示无启动设备，但插入软盘系统盘后，机器便可以启动，说明硬盘是计算机的可选设备。

(4) 拆下光驱、声卡之后，计算机正常启动，说明这些都是可选设备。

(5) 拆下显卡，不能启动，并出现“嘟嘟”的蜂鸣声，说明计算机只有配备了显卡，才能显示出图像。

实战 2　指 法 练 习

1. 键盘分区

键盘分区如图 1-25 所示。

图 1-25　键盘分区

2. 键盘中常用键位的功能

常用的键盘布局如图 1-25 所示，分为主键盘区、功能键区、编辑键区(控制键区)和数字键区(状态指示区)。

(1) 主键盘区。主键盘区是键盘的主要部分，这部分与通常的打字机相同，包括 26 个英文字母 A～Z 键、10 个数字 0～9 键及其他符号键。除此之外，计算机键盘还有下列附加功能键。

空格键：当按下此键时，输入一个空格，光标后移一个字符位。

换挡键【Shift】：按下此键不放，可以切换大小写字母的输入状态。若再按数字键，则可以将数字键上方的符号输入。

控制键【Ctrl】：这个键不能单独起作用，总是与其他键同时使用。例如：按下【Ctrl】+【Alt】+【Delete】可以热启动。

转换键【Alt】：它也不能单独起作用，总是与其他键配合使用。

大写字母锁定键【Caps Lock】：该键可将字母 A～Z 锁定为大写状态，而对其他键无影响。当处于大写锁定状态时，按住【Shift】键又会将大写状态转换回小写状态。

回车键【Enter】：在文字编辑时使用这个键，可将当前光标移至下一行首。在命令状态下使用时，可用来告诉计算机开始执行下一个命令。

退格键【Backspace】：用它可以删除当前光标前的字符，并将光标左移一个位置。

跳格键【Tab】：该键用来将光标右移到下一个跳格位置，一般为 8 个字符间隔。

(2) 功能键区。为了给操作计算机提供方便，键盘上特意设置了几个功能键 F1～F12，它们的具体功能由操作系统或应用程序来定义，一般【F1】键作为帮助键。

释放键【Esc】：按此键退出当前操作或程序。

屏幕打印键【Print Screen】：在 DOS 状态下，同时按下【Shift】键和【Print Screen】键，将会把屏幕上显示的内容打印出来。在 Windows 状态下，按【Print Screen】键可以将屏幕上的全部内容“照像”，并装入剪切板。

屏幕锁定键【Scroll Lock】：按下此键屏幕停止滚动，直到再次按此键为止。

暂停键【Pause】：在 DOS 下，按【Pause】键可以暂停当前操作。若同时按下【Ctrl】键和【Pause】键则可以中止程序的执行。

(3) 编辑键区。编辑键区有：

插入键【Ins】：用来转换插入和改写状态。

删除键【Del】：用来删除当前光标位置的字符。当一个字符被删除后，光标右侧的所有字符被左移一个位置。

【Home】键：按此键时光标移到本行的行首。

【End】键：按此键时光标移到本行中最后一个字符的右侧。

【PgUp】键和【PgDn】键：上翻一页和下翻一页。

光标移动键：当分别按←、↑、→、↓时，光标将分别按箭头所指方向移动一个位置。

(4) 数字键区。按下【Num Lock】键，键盘右上角的指示灯亮，此时为数字状态，这时键的功能为输入数字和运算符号。当再按一下【Num Lock】键时，指示灯灭，这时为光标控制状态，功能与光标移动键相同。

3．输入练习

输入如下内容：

15687+24555×98654/9256-4562

655ijekl&rtmkl#oipu

euitym@sina.com

M: Kate， look! The passengers are coming from the plane，and there’s Susan.

F: Which one?

M: The tall one next to the windows.

F: The one with the suitcase?

项目二　使用 Windows 7 操作系统驾驭计算机

2009 年微软推出 Windows 7 操作系统，使 XP 成为过去的经典，Windows 7 成为现在的经典。Windows 7 是真正的 x64，其在对硬件要求、兼容性、稳定性以及安全性上都较上一个版本 XP 有了长足的进步，完全适合学校与家庭等普通办公要求。

本项目通过对 Windows 7 操作系统、文件管理、控制面板等的介绍，使用户能够熟练运用 Windows 7 操作系统，能够进行文件管理、磁盘管理等复杂操作，以及复制、移动、搜索、重命名、添加字体、输入法与日期管理等日常操作。

项目目标

- 熟练掌握 Windows 7 的基本操作。
- 熟练掌握 Windows 7 中文件管理和磁盘管理。
- 熟练掌握文件的创建、查看、复制、移动、删除、搜索、重命名、加密等操作。
- 掌握 Windows 7 中资源管理器的使用。

项目描述

小张刚刚买了一台新的微型计算机，接通电源，计算机进入了 Windows 7 操作系统，要想熟练地驾驭计算机就要从 Windows 7 操作系统入手 。

项目实施

任务一　认识 Windows 7 操作系统

【任务内容】安装 Windows7 系统的方法；认识 Windows 7 系统的桌面、任务栏、开始菜单。

1. Windows 7 操作系统安装配置推荐

CPU：2 GHz 及以上的多核处理器。Windows 7 包括 32 位及 64 位两种版本，安装 64 位操作系统必须使用 64 位处理器，兼容情况如表 2-1 所示。

表 2-1　处理器与系统兼容情况

系统 \ 处理器	32 位处理器	64 位处理器
安装 32 位系统	允许	允许
安装 64 位系统	不允许	允许

内存：4 GB 及以上，最低允许 2 GB。

硬盘：20 GB 以上可用空间，不要低于 16 GB。

显卡：有 WDDM1.0 驱动的支持 DirectX 9 以上级别的独立显卡。

其他硬件：DVD R/RW 驱动器或者 U 盘等其他储存介质(安装使用)。

Windows 7 系统 32 位版本的硬件需求与 Windows Vista Premium Ready PC 等级相同，但 64 位版的硬件需求相当高。微软已经为 Windows 7 发布了 Windows 7 Upgrade Advisor。

Windows 7 包含 6 个版本。这 6 个版本分别为 Windows 7 Starter(初级版)、Windows 7 Home Basic(家庭普通版)、Windows 7 Home Premium(家庭高级版)、Windows 7 Professional(专业版)、Windows 7 Enterprise(企业版)和 Windows 7 Ultimate(旗舰版)，如表 2-2 所示。

表 2-2　Windows 7 产品系列

名　称	内 容 简 介
Windows 7 Starter (初级版)	Windows 7 Starter 是微软针对 netbook 即轻便和低配置的笔记本电脑设计的，该版本的功能最少，对 Aero 特效功能进行了精简，同时也不支持 64 位支持，不过它可以执行任何 Windows 任务。该系统不能对桌面背景进行更换，而且没有 Windows 媒体中心和移动中心等一些功能。它主要通过系统集成或者 OEM 计算机上预装获得，同时系统对计算机的硬件也有一定的限制
Windows 7 Home Basic (家庭普通版)	Windows 7 Home Basic 算是简化的家庭版，有无限应用程序，增强视觉体验了，但是没有完整的 Aero 玻璃窗口效果。支持高级网络(ad-hoc 无线网络和互联网连接支持 ICS)、支持多显示器，有移动中心(Mobility Center，没有 Windows 媒体中心，缺乏 Tablet 支持，没有远程桌面，不支持应用主题，只能加入不能创建家庭网络组(Home Group)等
Windows 7 Home Premium (家庭高级版)	Windows 7 Home Premium 在普通版上新增 Aero Glass 高级界面、高级窗口导航、改进的媒体格式支持、媒体中心和媒体流增强(包括 Play To)、多点触摸、更好的手写识别等功能。主要是面向家庭用户，以满足家庭娱乐需求为设计出发点，但是不支持 Windows 域、Windows XP 模式、多语言等功能
Windows 7 Professional (专业版)	Windows 7 Professional 替代 Windows Vista 下的商业版，主要面向爱好者和小企业用户，满足基本的办公开发需求，它支持加入管理网络(Domain Join)、高级网络备份等数据保护功能、位置感知打印技术(可在家庭或办公网络上自动选择合适的打印机)、加密文件系统、演示模式(Presentation Mode)、Windows XP 模式等功能。拥有 64 位系统，可以支持更大内存(192 GB)

续表

名　称	内 容 简 介
Windows 7 Enterprise (企业版)	Windows 7 Enterprise 是面向企业市场的高级版本，提供一系列企业级增强功能，满足企业数据共享、管理、安全等需求。包含 Branch 缓存、Direct Access、BitLocker 、AppLocker 、Virtualization Enhancements(增强虚拟化)、Management(管理)、Compatibility and Deployment(兼容性和部署)以及 VHD 引导支持等功能
Windows 7 Ultimate (旗舰版)	Windows 7 Ultimate(旗舰版)面向高端用户和软件爱好者，拥有 Windows 7 家庭高级版和 Windows 7 专业版的所有功能，当然硬件要求也是最高的。其与企业版基本是相同的产品，仅仅在授权方式及其相关应用及服务上有区别

2．安装 Window 7 操作系统

方法一：

(1) 在 Windows 系统下，放入购买的 Windows 7 光盘，运行 SETUP.EXE，选择“安装 Windows”。

(2) 输入在购买 Windows 7 时得到的产品密钥(一般在光盘上找)。

(3) 接受许可条款。

(4) 选择“自定义”或“升级”。

(5) 选择安装的盘符，如选择 C 盘，会提示将原系统移动至 Windows.Old 文件夹，确定即可(在第 5 步中选择”升级“的用户跳过此步。另外，安装在其他盘会使你的电脑变成双系统)。

(6) 到“正在展开 Windows 文件”这一阶段会重启，重启后继续安装并在“正在安装更新”这一阶段再次重启；如果是光盘用户，则会在“正在安装更新”这一阶段重启一次。

(7) 完成安装。

方法二：

(1) 按方法一中第(1)步进行。

(1) 在 BIOS 中设置光驱启动，选择第一项即可自动安装到硬盘第一分区。有隐藏分区的品牌机建议手动安装。

(3) 按方法一中第(3)步进行。

(4) 按方法一中第(4)步进行。

(5) 选择安装盘符，如 C 盘，选择后如果已经备份个人数据，建议单击“格式化安装”。

(6) 开始安装。

3．Windows 7 的启动与退出

计算机开机后，进入 Windows 7 的开机界面，如图 2-1 所示。选择用户并输入密码后按回车键即可进入 Windows 7 桌面，如图 2-2 所示。

单击 Windows 任务栏左侧的图标，如图 2-3 所示，然后单击【关机】按钮即可退出 Windows 7 系统。

图 2-1 开机界面

图 2-2　Windows 7 桌面

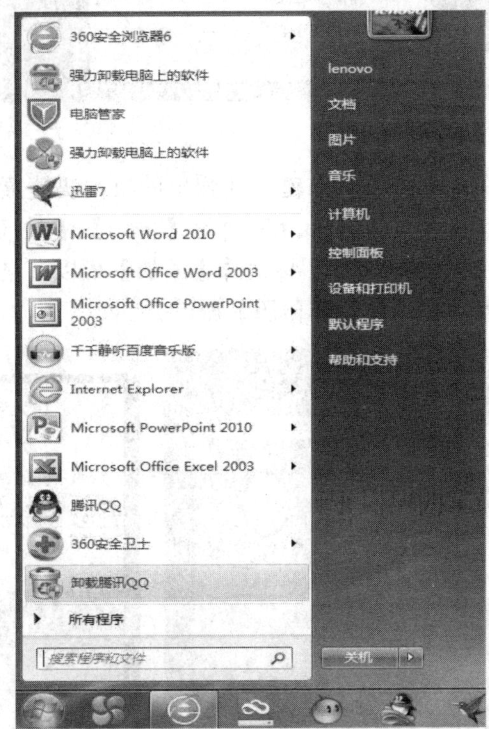

图 2-3　Windows 7 退出

Windows 7 的桌面环境

4. Windows 7 的桌面与图标

“桌面”是我们使用计算机工作的环境界面，主要由图标、任务栏和自定义的小工具等构成，其上的图标是系统中各应用程序的快速启动按钮，双击它们可以启动相应的应用程序。通过桌面的【个性化设计】对话框可以设置桌面的相关属性，如改变桌面背景、改变图标样式、设置屏幕保护、任务栏状态以及外观效果等。

(1) 排列桌面图标。在桌面空白处单击鼠标右键，弹出桌面快捷菜单如图 2-4 所示。移动鼠标指向【查看】选项，在弹出级联菜单中，单击【大图标】、【小图标】、【中等图标】选中图标显示类型，选择【显示桌面图标】可在桌面见到图标；选择【自动排列图标】，当图标发生改变时将自动完成图标的排列；移动鼠标指向【排序方式】选项，在弹出的级联菜单中，单击【名称】、【大小】、【项目类型】、【修改日期】可设定图标显示时的排列依据。

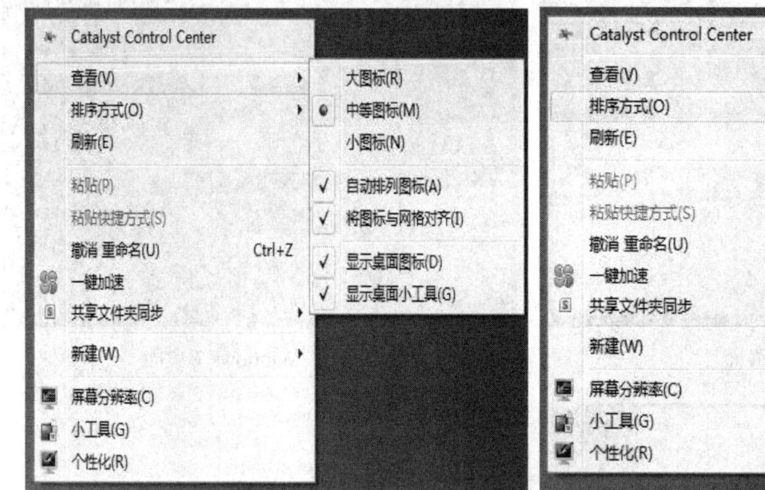

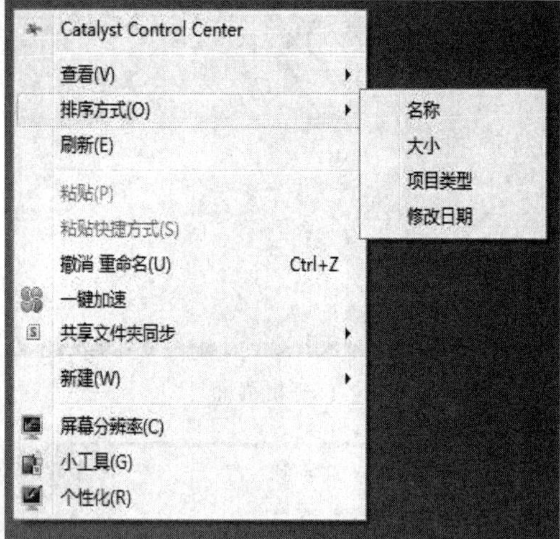

图 2-4　排列图标

(2) 桌面小工具的设置。在桌面空白处单击鼠标右键，在弹出的桌面快捷菜单中左键单击【小工具】命令，打开【小工具】对话框，里面有【时钟】、【日历】、【天气】、【CPU 仪表盘】等小工具，如图 2-5 所示，右键单击相应的图标选择【添加】可以在桌面上添加相应的小工具窗口，如图 2-6 所示的是悬浮在桌面的【日历】窗口。

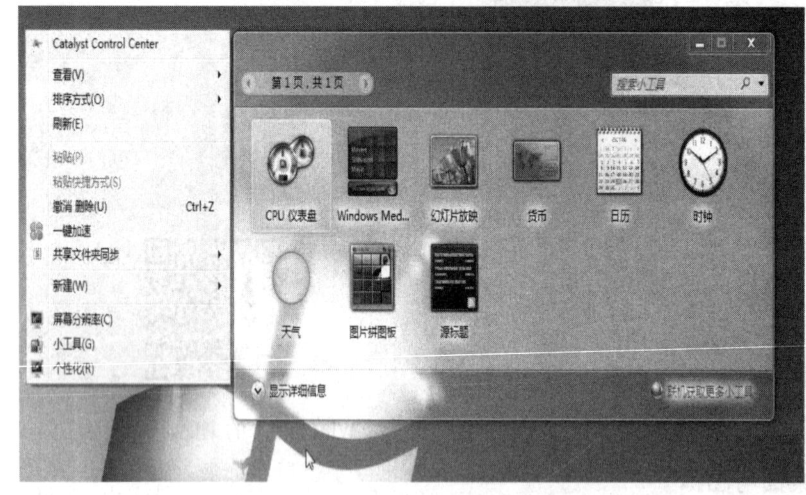

图 2-5　小工具设置　　　　图 2-6　日历窗口

(3) 自定义图标。在桌面上单击鼠标右键，在弹出的桌面快捷菜单中左键单击【个性化】命令，打开【个性化】对话框，如图 2-7 所示。单击【更改桌面图标】选项，打开【桌面图标设置】对话框，如图 2-8 所示，利用复选框可以设定相应图标是否出现在桌面上，起到是否隐藏系统图标的作用。

选择窗口中显示的桌面上的某个图标，例如选中【计算机】，单击【更改图标】按钮，在打开的图标预览框里选中一个图标如图 2-9 所示，单击确定按钮。也可以单击【浏览】按钮，应用列表以外的其他图标文件替代原有的图标。

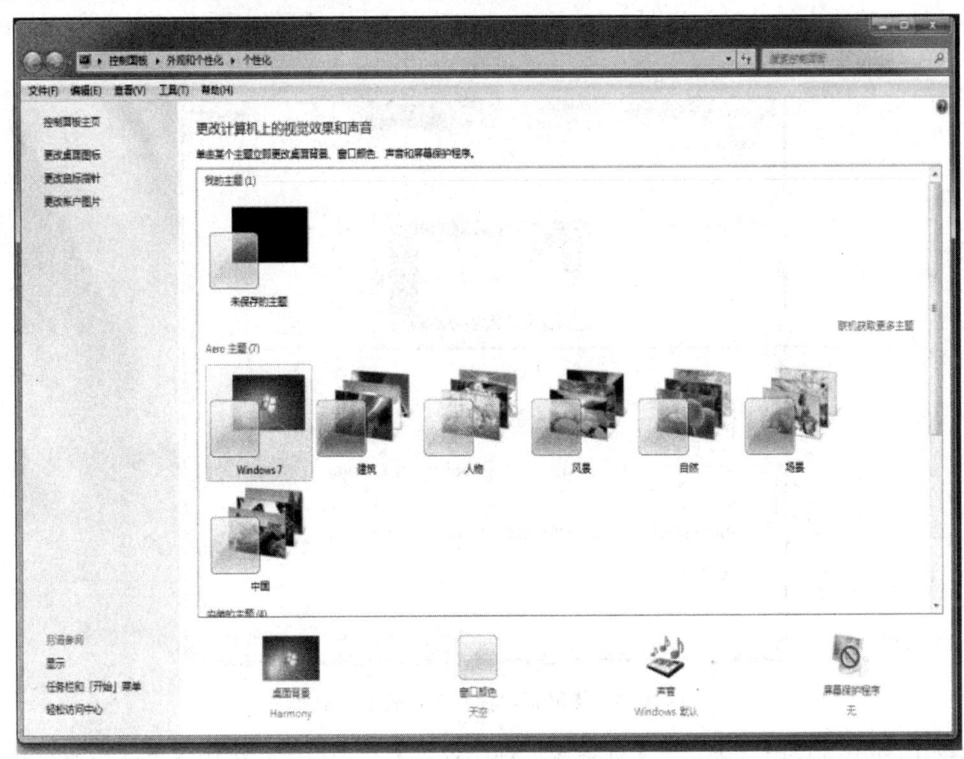

图 2-7　【个性化】对话框

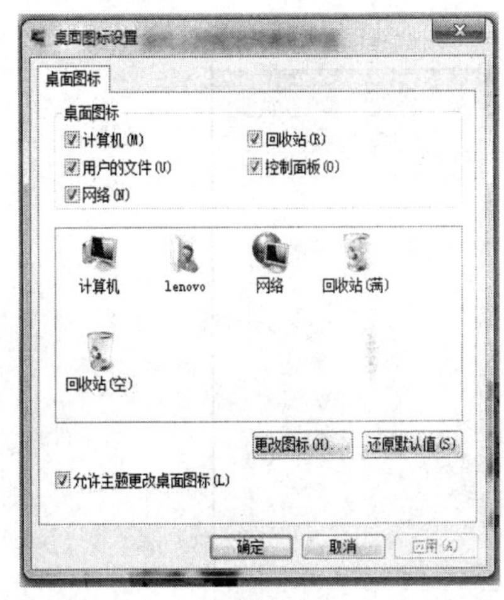

图 2-8　【桌面图标设置】对话框

图 2-9　【更改图标】对话框

(4) 更换桌面背景。在【个性化】对话框中直接选择【更改计算机上的效果和声音】窗口中的某个主题立即设定桌面背景，也可以单击【桌面背景】按钮，弹出【桌面背景】对话框，然后设定图片位置，选择相应列表中的图片，或者单击【浏览】按钮，查找本地计算机上的其他图片文件，单击【保存修改】按钮，即可更换桌面背景。

(5) 设置屏幕保护与电源使用方案。

① 设置屏幕保护。在【个性化】对话框中单击【屏幕保护程序】按钮，打开【屏幕保护程序设置】对话框，展开屏幕保护程序列表选择“气泡”屏幕保护程序，设定程序启动的延时时间等待为 6 分钟，如图 2-10 所示，单击 确定 ，屏幕在无人工作状态 6 分钟后，将会出现气泡保护状态。

图 2-10　【屏幕保护程序设置】对话框

② 设置电源使用方案。在【屏幕保护程序设置】对话框中，单击【更改电源设置】选项，可以进行“创建电源计划”“选择关闭显示器时间”“更改计算机睡眠时间”等的设置，如图 2-11 所示。

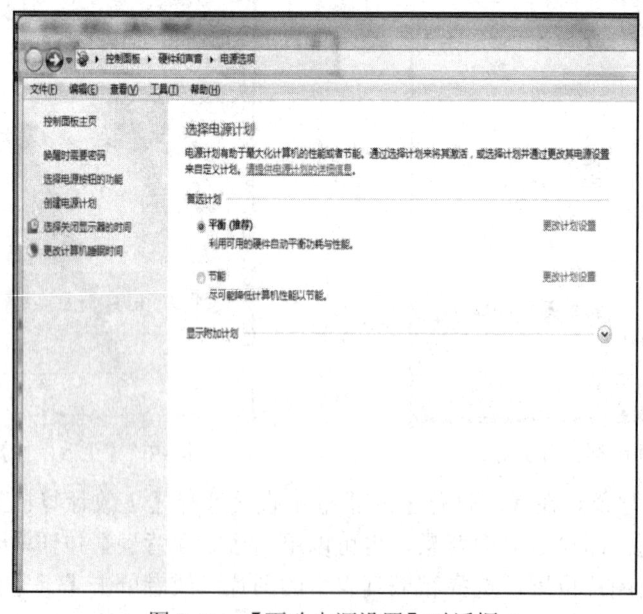

图 2-11　【更改电源设置】对话框

(6) 设置窗口外观与屏幕分辨率。

① 设置窗口外观。在【个性化】对话框中单击【窗口颜色】按钮，打开【窗口颜色和外观】对话框，选择颜色，再单击左下角的【高级外观设置】选项，如图 2-12 所示，设置桌面、窗口等对象的外观风格、色彩方案以及字体大小等。

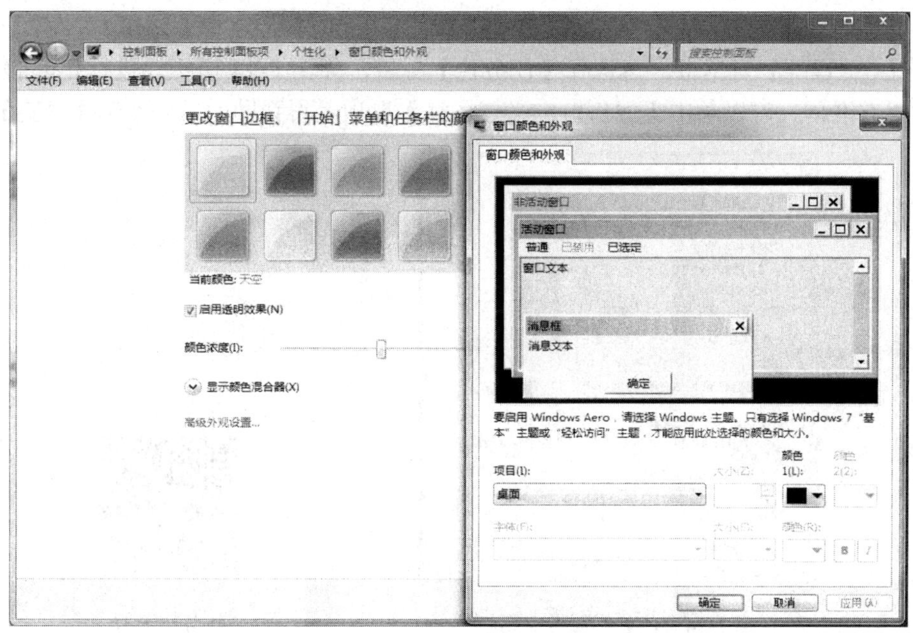

图 2-12　【窗口颜色和外观】对话框的【高级外观设置】

② 设置屏幕分辨率。在【个性化】对话框中，单击窗口左下角的【显示】选项，打开【显示】对话框，再单击【调整分辨率】选项，打开【屏幕分辨率】对话框，如图 2-13 所示，设置显示器的屏幕分辨率。

图 2-13　【屏幕分辨率】对话框

5. 使用任务栏和【开始】菜单

(1) 使用任务栏。Windows 任务栏位于桌面的最下方，在默认情况下，显示时钟，显示应用程序分组，隐藏不活动的图标，而且始终位于最前端。用户可以使用它上面的【开始】按钮和其他任何按钮。

在【个性化】对话框中，单击左下角的【任务栏和[开始]菜单】选项，打开【任务栏和[开始]菜单属性】对话框，再选择【任务栏】标签，如图 2-14 所示，进行相应的设置即可。如果有疑问，可以单击【如何自定义任务栏】选项获得帮助，最后单击【确定】按钮。

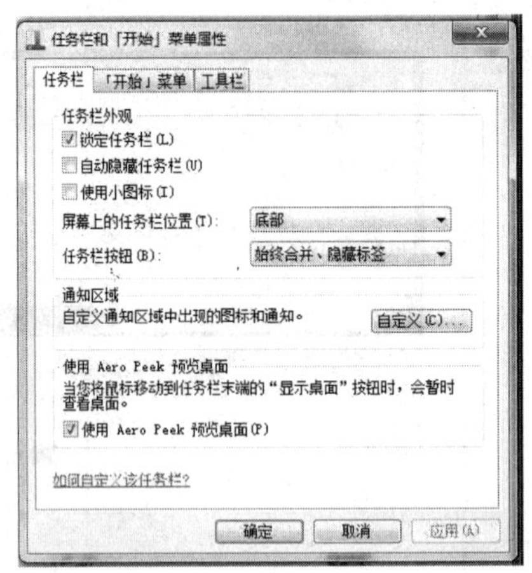

图 2-14　任务栏属性对话框

任务栏设置

(2) 使用【开始】菜单。【开始】菜单是用户使用和管理计算机的起点和大门，是最重要的操作菜单。通过它，用户几乎可以完成系统的使用、管理和维护等任何工作。

设置开始菜单。在【个性化】对话框中，单击左下角的【任务栏和[开始]菜单】选项，打开【任务栏和[开始]菜单属性】对话框，再选择【[开始]菜单】标签，如图 2-15 所示。单击【自定义】按钮进入【自定义[开始]菜单】对话框(注意：直接右键单击【 [开始]菜单】按钮，选择【属性】也可以进入此对话框)，如图 2-16 所示。在窗口中通过复选框与选项按钮组的选择可以定义【[开始]菜单】上的图标、链接以及菜单的外观和行为。如图 2-17 所示。

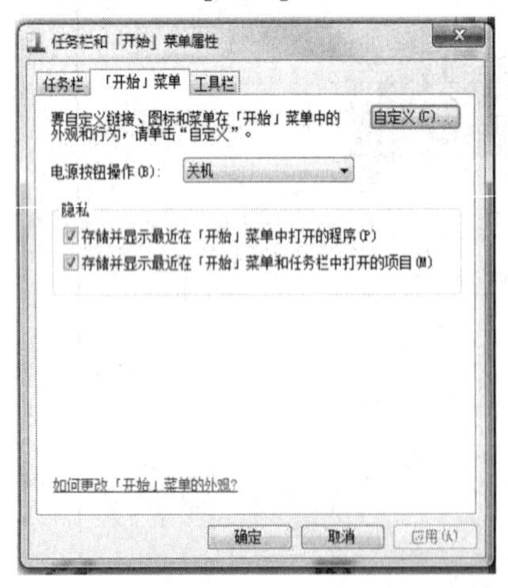

图 2-15　【任务栏和[开始]菜单属性】对话框

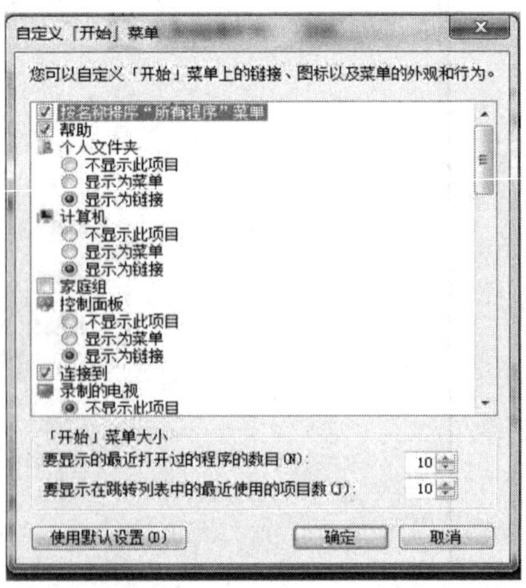

图 2-16　【自定义[开始]菜单】对话框

图 2-17　【开始】菜单

经典开始菜单

应用举例

在此对话框中还可以设置要显示的最近打开过的程序的数目，以及要显示在跳转列表中的最近使用的项目数。结束按【确定】完成设置。

任务二　管理 Windows 7 的文件与文件夹

【任务内容】认识 Windows 7 的文件与文件夹；文件与文件夹的管理。

在日常的工作、生活中，编写文件、查看文件、将文件分类存档是人们每天都要面临的问题。如何创建、打开这些文件，以及对它们进行分类管理，是我们必须要掌握的知识。

1. 新建文件和文件夹

要求：在“D 盘”新建“大学军训”和“喜欢的歌”两个文件夹，并在“喜欢的歌”文件夹中新建“大陆”“港台”文件夹。在“喜欢的歌”中创建 Word 文档，命名为“歌词”。

(1) 认识文件和文件夹。

① 文件。文件是具有某种相关信息的数据的集合。文件可以是应用程序，也可以是应用程序创建的文档，包括文件名、文件的大小、文件类型和创建时间等。特定的文件都会有特定的图标来显示这个文件的样子，但只有安装了相应的软件，才能正确显示该文件的图标。

② 文件命名。

• 文件名包括两部分：文件主名和文件扩展名，二者用圆点来分隔，扩展名用于表示文件的类型。常用扩展名见表 2-3。

• 文件名最多由 255 个字符组成，可以包含字母、数字、汉字和部分符号。不能包含<、>、/、\、*和？等非法字符。其中*和？为通配符号，*代表任意多个字符；而？代表任意一个字符，一般搜索时使用通配符号。

- 在同一存储位置，不能有文件名完全相同的文件存在。
- 文件名不区分字母的大小写。

表 2-3　常用扩展名

扩展名	意　义	扩展名	意　义
.exe	可执行文件	.sys	系统文件
.com	命令文件	.pdf	Adobe Acrobat 文件
.docx	Word 文件	.wav 或.mp3	声音文件
.dat	数据文件	.bat	批处理文件
.txt	文本文件	.html	网页文件
.jpg	图像文件	.pptx	PowerPoint 文件
.zip 或.rar	压缩文件	.xlsx	Excel 文件

③ 文件夹。文件夹是系统组织和管理文件的一种形式。在计算机的磁盘上存储了大量的文件，为了方便文件的查找、存储和管理，用户可以将文件分门别类地存放在不同的文件夹里，并且文件夹下还可以再创建子文件夹。文件夹的命名与文件命名相同，不同的是文件夹只有名称，没有扩展名。

(2) 新建文件夹。双击【计算机】，打开“D 盘”，在空白位置单击鼠标右键，在弹出的菜单中选择【新建】→【文件夹】，命名为“大学军训”；双击【计算机】，打开“D 盘”，在主菜单上单击【文件】→【新建】→【文件夹】，命名为“喜欢的歌曲”。如图 2-18 所示。

图 2-18　新建文件夹

双击“喜欢的歌曲”，在如图 2-19 所示工具栏中单击【新建文件夹】，创建名为“大陆”“港台”的文件夹。

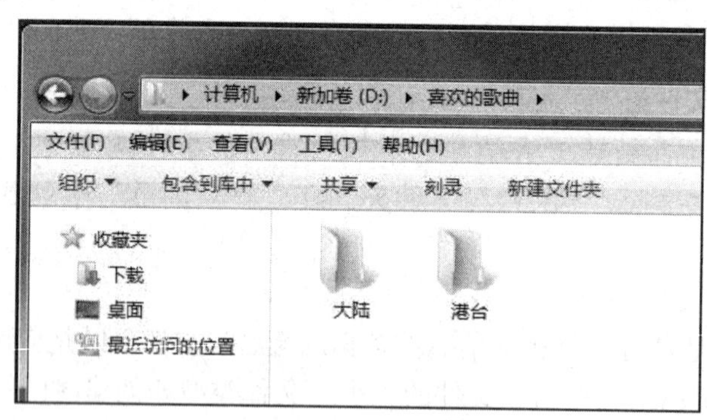

图 2-19　新建子文件夹

(3) 新建文件。双击“喜欢的歌曲”文件夹，在窗口中单击鼠标右键，在弹出的菜单中选择【新建】→【Microsoft Word 文档】，如图 2-20 所示，直接命名为“歌词”，按回车键。可以单击图 2-21 中【文件】菜单中的【重命名】或者单击图中工具栏中的【组织】里的选项【重命名】都可以重命名该文档，当然选中该文件后单击鼠标左键文件名也能实现重命名功能。注意：修改文件名时不能破坏原文件的类型。

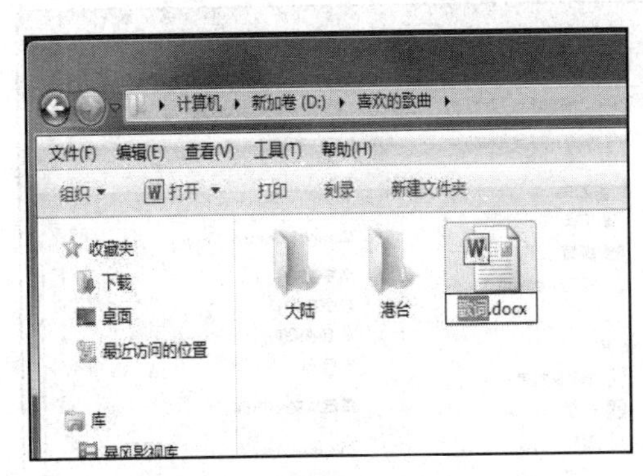

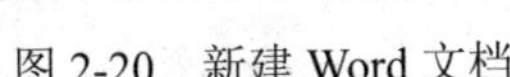

图 2-20　新建 Word 文档

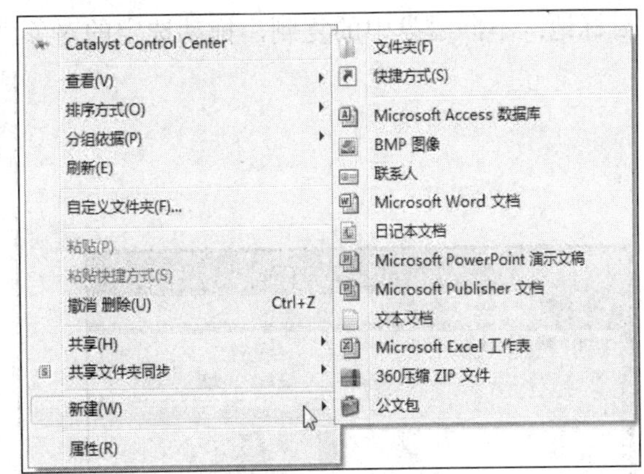

图 2-21　重命名 Word 文档

2. 选中文件和文件夹

要对文件和文件夹进行操作或者管理，首先要选中它。选中有多种情况：选中的文件和文件夹是单个还是多个；文件和文件夹排列是连续还是不连续等。

(1) 选中单个文件或文件夹。要选定单个文件或文件夹，只需用鼠标左键单击所要选定的对象即可。

(2) 选中多个连续文件或文件夹。鼠标左键单击第一个要选定文件或文件夹，按住【Shift】键，再单击最后一个文件或文件夹；或者用鼠标拖动，绘制出一个选中区，即选中多个文件或文件夹。

(3) 选中多个不连续文件或文件夹。按住 Ctrl 键，再逐个单击要选中的文件或文件夹。

(4) 选中当前窗口全部文件或文件夹。左键单击窗口中菜单【编辑】→【全选】命令，也可以单击工具栏中的【组织】里的选项【全选】命令。

3. 复制、移动文件和文件夹

要求：把【我的图片】文件夹中的文件夹和文件复制到“D 盘”的“大学军训”文件夹中；把“大学军训”文件夹移动到桌面。

(1) 明确复制和移动。复制是将所选文件或文件夹从某一磁盘(文件夹)拷贝到其他磁盘或同一磁盘的文件夹，若是同一文件夹，则需注意复制时的文件名不同；移动是将所选文件或文件夹从某一磁盘(文件夹)移动到另一磁盘(文件夹)中，原位置不保留源文件或文件夹。

(2) 复制文件或文件夹。打开【我的图片】文件夹，选中要复制的对象，如图 2-22 所示，然后鼠标右键单击所选内容，在快捷菜单中选择【复制】，打开目标文件夹 D 盘的“大学军训”，在窗口中单击鼠标右键，如图 2-23 所示，在菜单中选择【粘贴】命令即可完成复制。

其他方法：

① 使用菜单或工具栏复制。鼠标左键单击主菜单【编辑】→【复制】，或者工具栏中的【组织】里的选项【复制】命令，或者使用快捷键【Ctrl】+【C】，均可以实现复制；然后鼠标左键单击主菜单【编辑】→【粘贴】、工具栏中的【组织】里的选项【粘贴】命令，或者使用快捷键【Ctrl】+【V】均可以实现粘贴。

② 鼠标拖动复制。同一磁盘中的复制则选中对象，按【Ctrl】键再拖动选定的对象到

目标地；不同磁盘中的复制，拖动选定的对象到目标地。

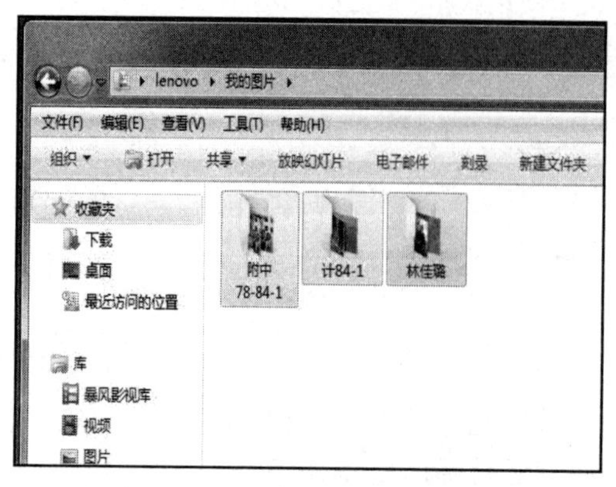

图 2-22　选中复制对象

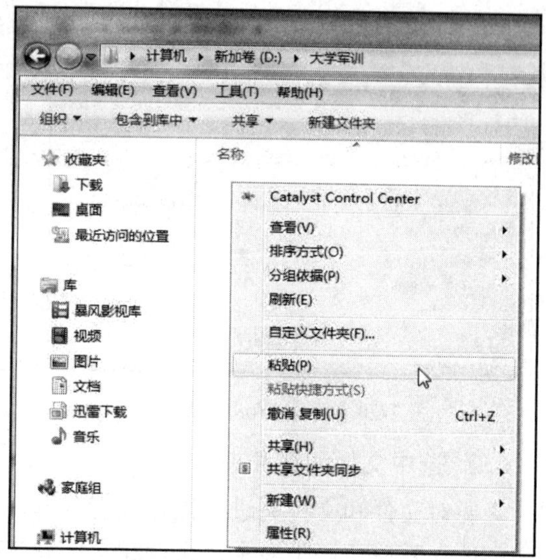

图 2-23　粘贴复制对象

(3) 移动文件或文件夹。选中要移动的对象“大学军训”文件夹，然后鼠标右键单击所选内容，在快捷菜单中选择【剪切】，返回桌面口中单击鼠标右键，菜单中选择【粘贴】命令即可完成移动。

其他方法：

① 使用菜单或工具栏移动。主菜单【编辑】→【剪切】、工具栏中的【组织】里的选项【剪切】命令，或者使用快捷键【Ctrl】+【X】，均可以实现剪切；同样，主菜单【编辑】→【粘贴】、工具栏中的【组织】里的选项【粘贴】命令，或者使用快捷键【Ctrl】+【V】均可以实现粘贴。

② 鼠标拖动。同一磁盘中的移动，直接拖动选定的对象到目标地；不同磁盘中的移动，选中对象按【Shift】键再拖动到目标地。

注意：文件夹窗口选中移动或者复制的内容后，也可以利用【编辑】菜单中的【移动到文件夹】或【复制到文件夹】选项进入相应的对话框，选择目标位置后，按【复制】或【移动】按钮来实现快速的移动或复制。

4. 重命名文件和文件夹

要求：修改军训照片的文件名，并修改文件夹“大学军训”为“2014 级新生军训照片”。

(1) 使用主菜单重命名命令。选中要更名的文件或文件夹，单击主菜单【文件】→【重命名】命令；输入新名称，如“大学军训”改为“2014 级新生军训照片”。

(2) 使用右键菜单重命名命令。选中要更名的文件或文件夹，单击鼠标右键，在弹出的菜单中选择【重命名】命令；输入新名称，如“2014 级新生军训照片”。

重命名

(3) 使用鼠标单击。选中要更名的文件或文件夹，使用鼠标连续单击两次，输入新名称即可。

5. 删除与恢复文件和文件夹

删除不需要的文件或文件夹，释放它们所占用的磁盘空间；若不小心误删了一些文件，也能够将这些误删除的文件恢复到原来位置。

要求：删除“喜欢的歌曲”中的 “歌词.docx”文件；删除“港台”“大陆”两个文件夹。恢复“大陆”文件夹；彻底删除“港台”文件夹。

(1) 删除文件或文件夹。

① 删除文件到【回收站】。选中文件“歌词.docx”，然后单击鼠标右键，在右键菜单中选择【删除】按钮。或者选中文件“歌词.docx”直接按键盘上的【Del】或【Delete】键删除文件。在弹出的【确认文件删除】对话框中选择【是】，完成删除。此时，若选择【否】则取消本次删除操作。

② 用同样的方法选中“大陆”和“港台”文件夹，删除文件夹。在弹出的【确认文件夹删除】对话框中单击【是】按钮，即在原位置把文件夹“大陆”和“港台”删除并放入回收站，如图 2-24 所示。单击【否】则放弃删除操作。

③ 删除文件和文件夹也可以利用任务窗格和拖曳法来进行。

(2) 恢复被删除的文件或文件夹。

① 打开【回收站】。在桌面上双击“回收站”图标，打开【回收站】窗口。

② 还原被删除文件。在【回收站】窗口中选中要恢复的“歌词.docx”文件，选择【文件】菜单中的【还原】，还原该文件或文件夹。还可以直接单击鼠标右键，在右键菜单中选择【还原】即可，如图 2-25 所示。

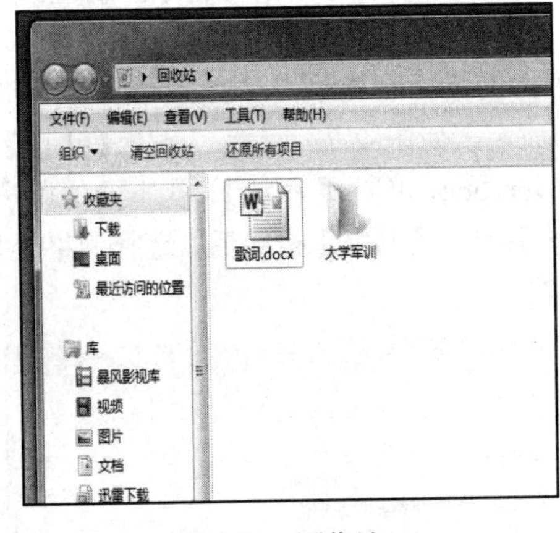

图 2-24　回收站

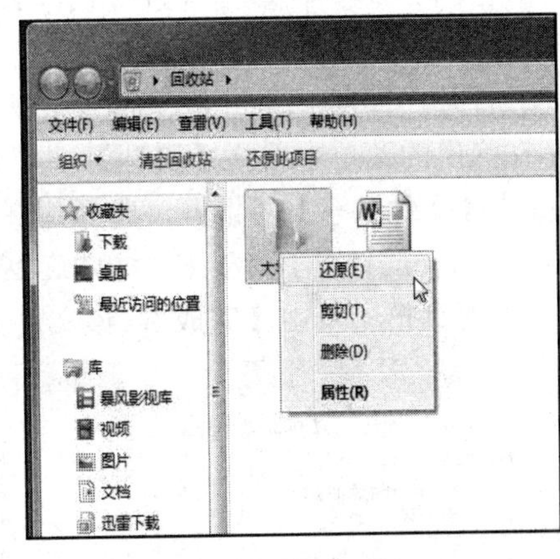

图 2-25　鼠标右键还原

(3) 彻底删除。在【回收站】中，选中“港台”文件夹，单击鼠标右键，在右键菜单中选择【删除】即可；也可选中后单击【文件】菜单中的【删除】选项实现删除。若要删除回收站中所有的文件和文件夹，则相应选择【清空回收站】即可。

6. 设置文件和文件夹的属性

要求：设置文件“歌词.docx”具有只读和隐藏两种属性，并设置隐藏文件不可见；设置“2014 级新生军训照片”文件夹具有共享属性；取消以上所设置的属性。

(1) 设置文件只读和隐藏。

① 打开“歌词.docx”所在文件夹，用鼠标右键单击“歌词.docx”，在弹出的菜单中选

择【属性】打开属性面板，勾选【只读】和【隐藏】，单击【确定】按钮，如图 2-26 所示。设置隐藏属性后，文件名以浅灰色显示。

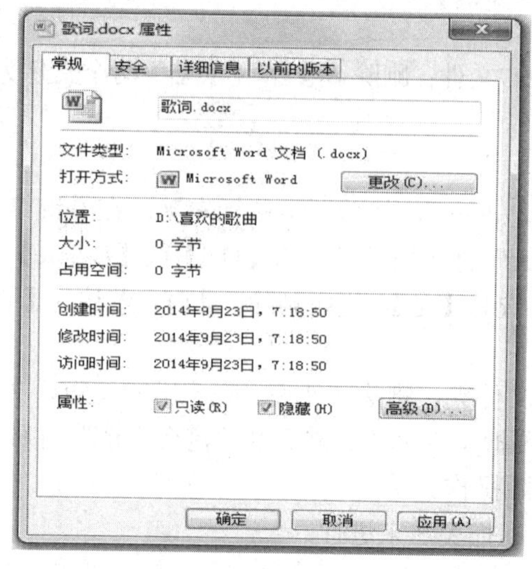

图 2-26　属性设置

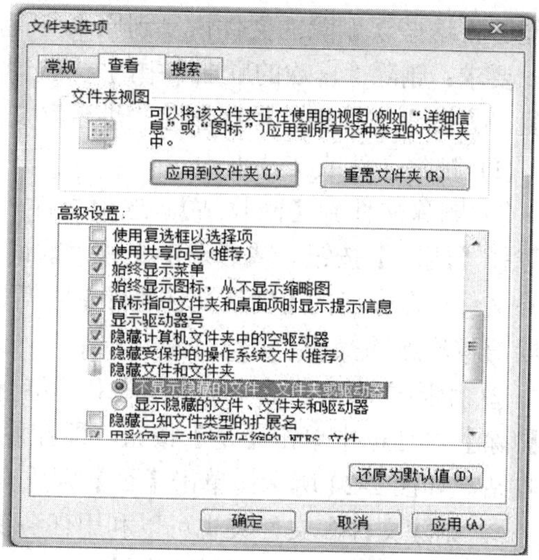

图 2-27　文件和文件夹隐藏属性设置

② 设置隐藏文件不显示。在隐藏文件所在窗口，单击主菜单【工具】→【文件夹选项】→【查看】选项卡，选择【隐藏文件和文件夹】的【不显示隐藏的文件、文件夹和驱动器】选项，如图 2-27 所示，完成后被设置隐藏属性的文件不再显示。

③ 在图 2-26 中，取消勾选【只读】、【隐藏】，即取消了文件只读与隐藏的属性。

(2) 设置文件夹共享。

① 打开“2014 级新生军训照片”所在文件夹，用鼠标右键单击“2014 级新生军训照片”，在弹出的菜单中选择【属性】→【共享】选项卡，如图 2-28 所示。单击【共享】按钮，弹出【文件共享】对话框，选择共享的用户 Everyone，单击【添加】，在下面的用户框里单击 Everyone，授予其权限，如图 2-29 所示，然后单击【共享】按钮后，选择网络类型，在弹出的对话框中单击【完成】，该文件夹即被共享。

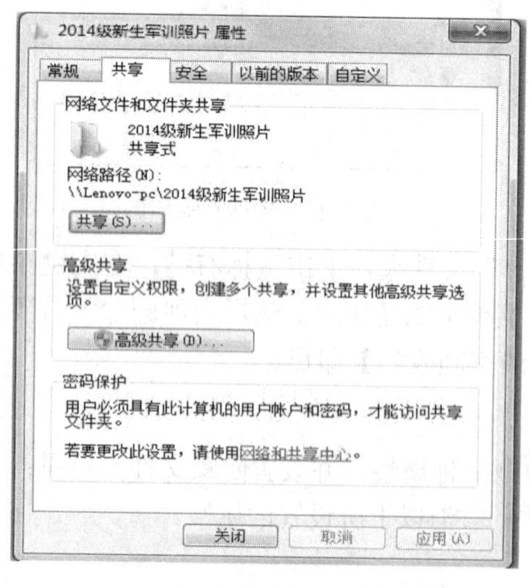

图 2-28　文件夹共享属性设置

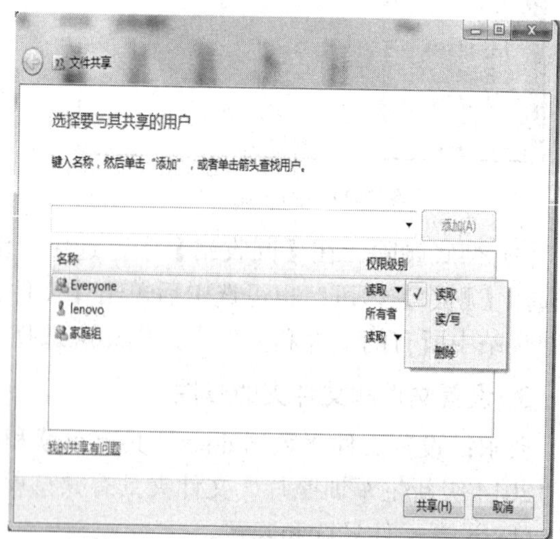

图 2-29　文件夹共享权限设置

注意：右键单击文件夹，直接选择【共享】选项也可以进入【文件共享】对话框。

② 取消共享属性设置。选中要取消共享的文件夹，在其对应的【文件共享】对话框中删除用户或者用鼠标右键直接单击该文件夹，在弹出的菜单中选择【共享】菜单的下级菜单【不共享】，如图 2-30 所示，即解除用户的共享。

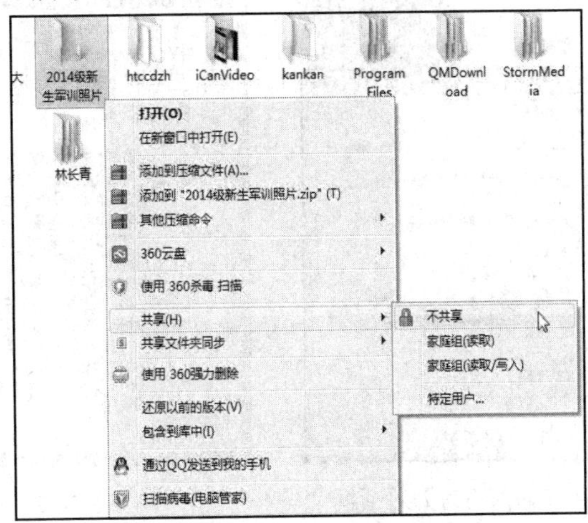

图 2-30　取消文件夹共享权限设置

任务三　使用 Windows 7 的控制面板

【任务内容】添加/删除输入法；添加/删除程序；添加新字体；格式化磁盘与磁盘碎片整理；添加/删除硬件；使用任务管理器。

控制面板是 Windows 图形用户界面的一部分，可通过【开始】菜单访问。它允许用户查看并操作基本的系统设置和控制，如添加硬件，添加/删除软件，控制用户帐户，更改辅助功能选项等。

1. 添加输入法

要求：添加“微软拼音输入法”“搜狗输入法”；删除“极品五笔”“中文繁体仓颉输入法”；设置默认输入法为“智能 ABC 输入法”。

(1) 在【开始】→【控制面板】→【控制面板】窗口中(也可以通过双击桌面上的【控制面板】快捷方式图标进入【控制面板】窗口)，单击【时钟、语言和区域设置】→【区域和语言】→【键盘和语言】→【更改键盘】→【文本服务和输入语言】对话框，如图 2-31 所示。在【常规】选项页单击【添加】按钮→【添加输入语言】对话框，选择已经安装的自己需要的输入法，如“微软拼音输入法 2003”，如图 2-32 所示，然后按【确定】按钮即可完成输入法的添加。

(2) 对于语言列表中没有的输入法，可以在百度中搜索相应的安装软件，如“搜狗输入法”，下载后直接安装即可。

(3) 在打开如图 2-31【文本服务和输入语言】对话框中，选中“极品五笔”输入法，单击【删除】按钮，完成删除输入法的操作。采用上述方法再一次删除“中文繁体仓颉输入法”。

(4) 在打开如图 2-31【文本服务和输入语言】对话框中，单击【默认输入语言】下拉按钮，在弹出的列表中选择“智能 ABC”输入法”，单击 确定 按钮即可。

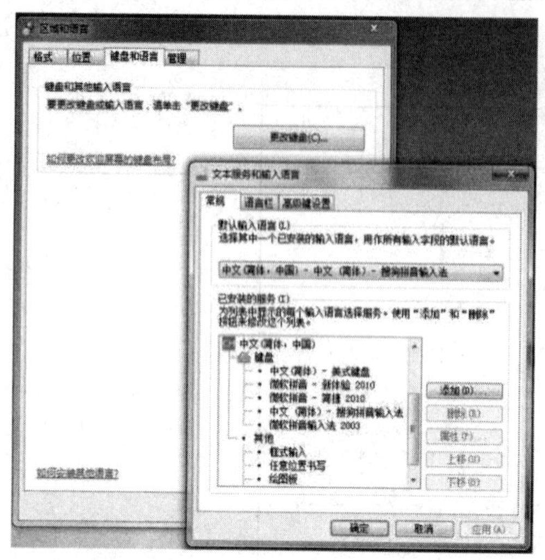

图 2-31　【文本服务和输入语言】对话框

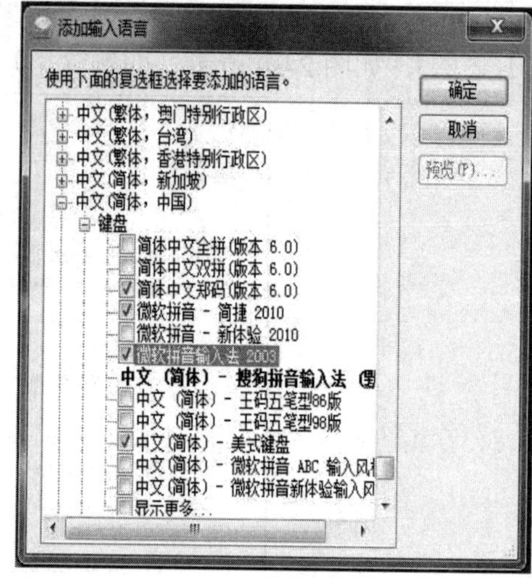

图 2-32　添加输入法

2. 添加/删除程序

要求：安装应用程序 SQL Server 2008；卸载 Windows 游戏中的“扫雷”和“空当接龙”游戏；删除“360 安全卫士”应用程序。

(1) 下载“SQL Server 2008”安装程序，双击安装文件 set.exe，按步骤进行设置即可完成安装。

(2) 在【开始】→【控制面板】→【控制面板】窗口中，单击【卸载程序】→【程序和功能】对话框，在左侧列表中选择【打开或关闭 Windows 功能】，进入【Windows 功能】对话框中，如图 2-33 所示，选择【游戏】选项，取消勾选“扫雷”和“空当接龙”，完成游戏卸载。

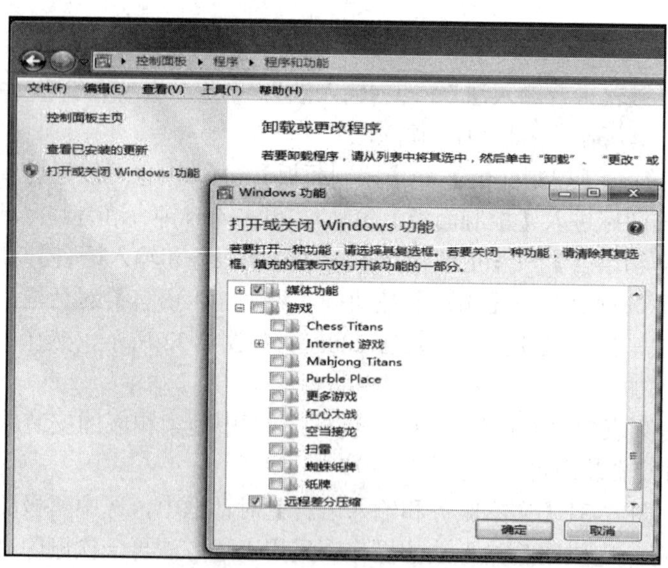

图 2-33　Windows 游戏卸载

(3) 在【程序和功能】对话框中的【卸载或更改程序】窗口中，选中列表中的【360 安全卫士】，如图 2-34 所示。单击【更改/删除】命令按钮，即完成删除操作。

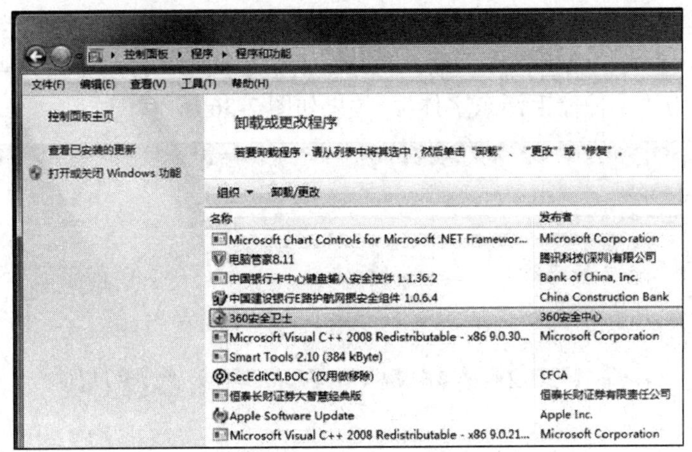

图 2-34　应用程序卸载

3. 添加新字体

要求：在 Internet 上下载一种字体，如“草檀斋毛泽东字体”，为系统添加新字体，并在 Word 中输入两句诗：“红军不怕远征难，万水千山只等闲”，应用该字体。

(1) 搜索字体。登录“百度”网站，输入“字体下载 毛泽东”，单击“百度一下”，搜索到毛泽东字体下载相关链接，单击该链接，进入下载页面进行字体下载。

(2) 解压字体。找到下载的字体压缩文件，单击鼠标右键，在弹出的菜单中选择“解压到字体”。

(3) 安装字体。

方法一：打开控制面板，单击【外观和个性化】→【字体】，打开【字体】安装对话框，将上一步解压缩的文件“草檀斋毛泽东字.ttf”复制到字体窗口中，即完成了字体的安装，如图 2-35 所示。

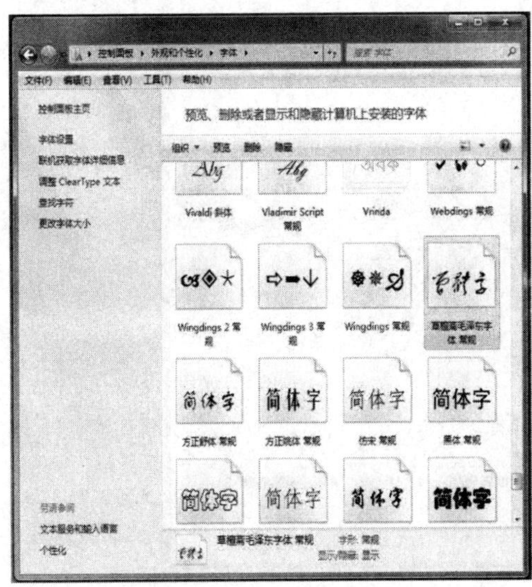

图 2-35　字体安装(1)

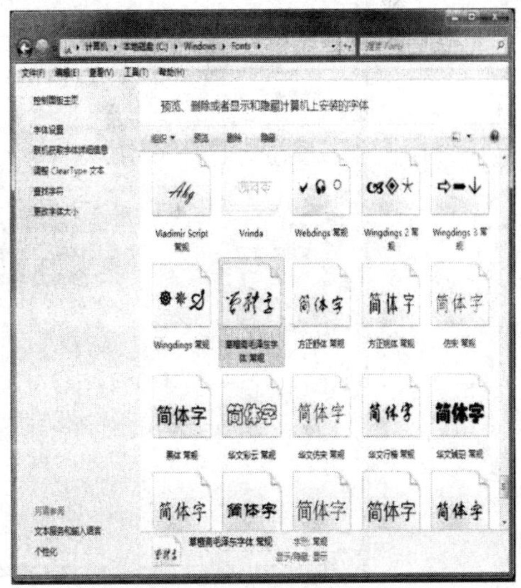

图 2-35　字体安装(2)

方法二：直接将文件“草檀斋毛泽东字.ttf”复制到文件夹 c:\\wingdows\fonts 中，完成字体的安装。

(4) 应用字体：单击【开始】→【程序】→【Microsoft Office】→【Microsoft Office Word 2010】，启动 Word 文档编辑程序，输入“红军不怕远征难，万水千山只等闲”，选中该文本，设置其字体为“草檀斋毛泽东字体”，效果如图 2-36 所示。

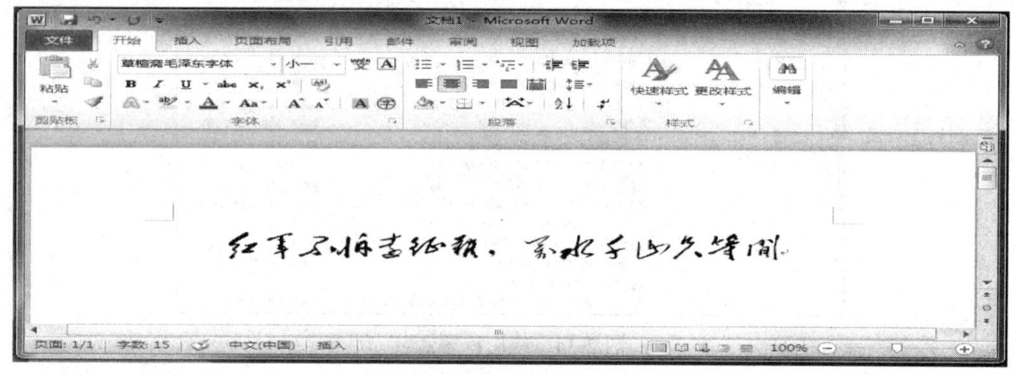

图 2-36　应用字体

4. 磁盘碎片整理

磁盘存储、删除程序，时间长了就会产生磁盘碎片，此时文件不再是顺序排放，而是有空的地方就存一部分。所以系统在读取文件时，需要花费更多的时间去查找和读取，从而减慢操作速度，而且对硬盘也有一定的损伤，因此过一段时间应该进行一次碎片整理。

(1) 磁盘碎片整理。进入磁盘碎片整理程序。单击【控制面板】→【系统和安全】→选择【管理工具】中的【对磁盘进行碎片整理】，启动【磁盘碎片整理程序】对话框，选择要整理的磁盘，然后单击【磁盘碎片整理】按钮，如图 2-37 所示。

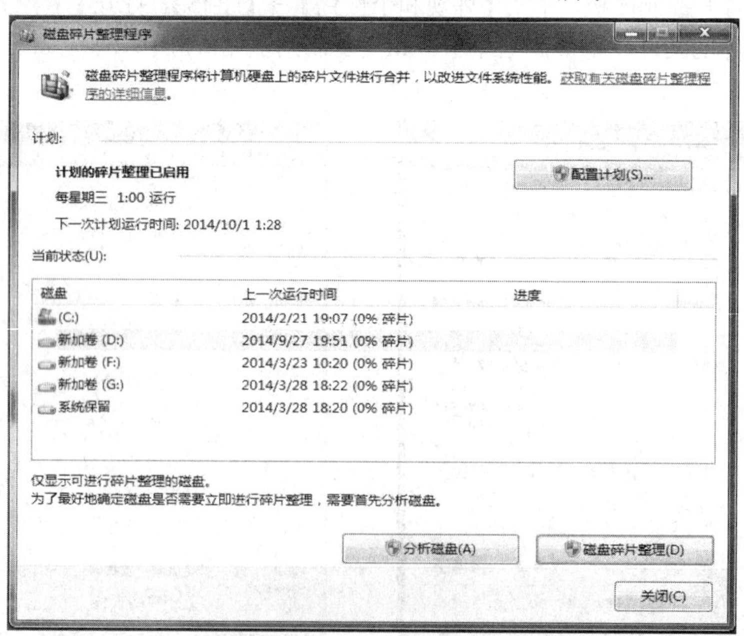

图 2-37　磁盘碎片整理程序

注意：单击【开始】→【所有程序】→【附件】→【系统工具】→【磁盘碎片整理程序】，也可以启动【磁盘碎片整理程序】对话框。

(2) 分析卷。【磁盘碎片整理程序】对话框中单击【分析磁盘】按钮，对卷进行分析。分析后弹出对话框会告知用户该卷中碎片文件和文件夹的百分比，以及建议是否进行碎片整理。

(3) 磁盘碎片整理配置计划。要安排整理碎片计划，可单击【磁盘碎片整理程序】对话框中的【配置计划】按钮，进入【磁盘碎片整理程序：修改计划】对话框，设置执行碎片整理程序的频率、日期、时间、磁盘，如图 2-38 所示，按【确定】按钮后即完成“磁盘碎片整理配置计划”的设置，计算机将按此计划自动完成对磁盘碎片的整理。

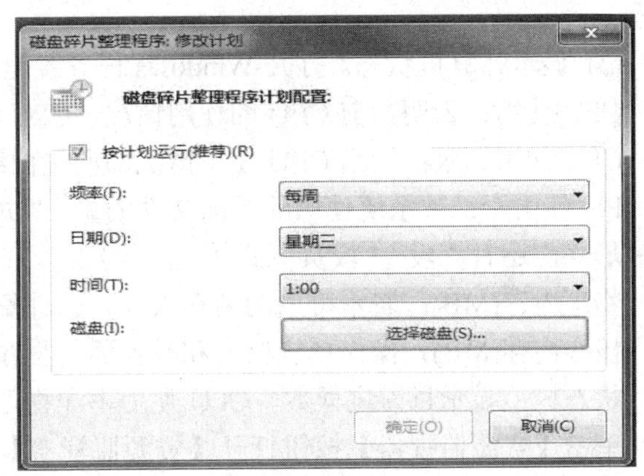

图 2-38　磁盘碎片整理配置计划

5. 使用任务管理器

在 Windows 7 系统下通过任务管理器可以很方便地对程序进行管理，利用任务管理器可以开启程序或关闭程序，了解 CPU、内存的使用情况等。

(1) 打开任务管理器。按下【Ctrl】+【Alt】+【Del】键，在打开的窗口中单击【启动任务管理器】→打开【任务管理器】对话框，但如果计算机中了病毒有可能无法通过【Ctrl】+【Alt】+【Del】组合键方式打开任务管理器。也可以选择【开始】→【运行】，然后在【运行】框中输入“taskmgr”再按回车键，单击打开菜单中的【控制面板】里的【使用任务管理器查看任务进程】，打开【Windows 任务管理器】对话框，如图 2-39 所示。

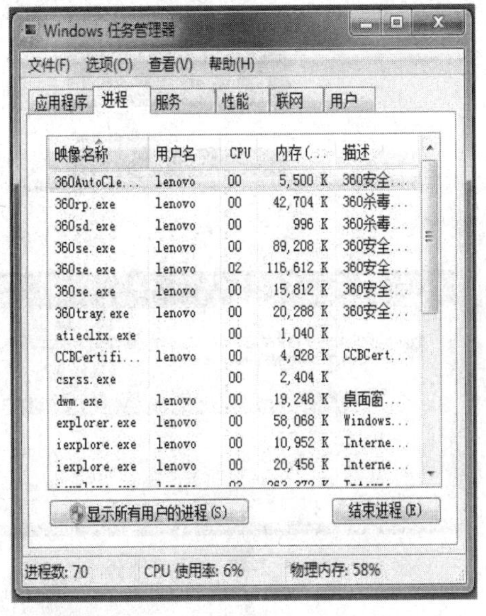

图 2-39　Windows 进程管理

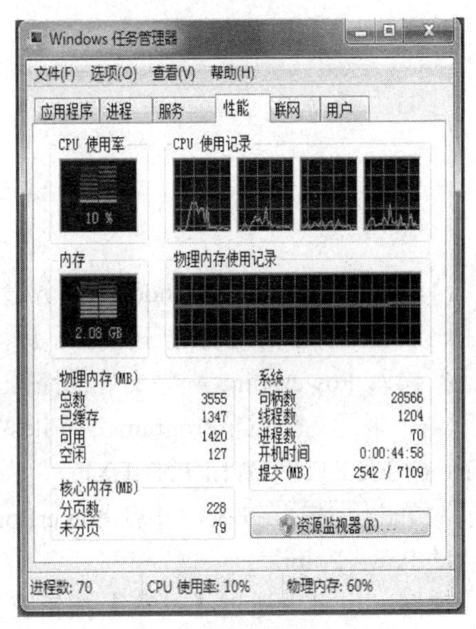

图 2-40　Windows 性能管理

(2) 关闭应用程序和进程。单击任务管理器上的【应用程序】标签，选中准备关闭的正在运行的应用程序，单击【结束任务】完成应用程序的关闭；单击任务管理器上的【进程】标签，选中需要结束的正在运行的进程，单击【结束进程】结束进程的运行，如图 2-39 所示。

(3) 显示计算机状态。打开 Windows 任务管理器，单击【性能】标签，如图 2-40 所示。

CPU 使用：表明当前 CPU 的使用情况，CPU 使用 100%表示 CPU 在满负荷工作。

CPU 使用记录：绘出 CPU 使用情况的历史曲线。

PF 使用率：被系统使用的页面文件的量。“页”是一种操作系统对文件索引和管理的一种形式，还有“段”“段页”式等。

物理内存(MB)：表示可用的内存大小，即计算机上安装的物理内存的大小。

核心内存(MB)：操作系统核心和设备驱动程序所使用的内存。

状态栏：显示目前进程数、CPU 使用率和物理内存使用率。

单击【资源监视器】按钮打开【资源监视器】窗口，可以实时看到系统的各种系统程序和应用程序使用资源情况，如图 2-41 所示。

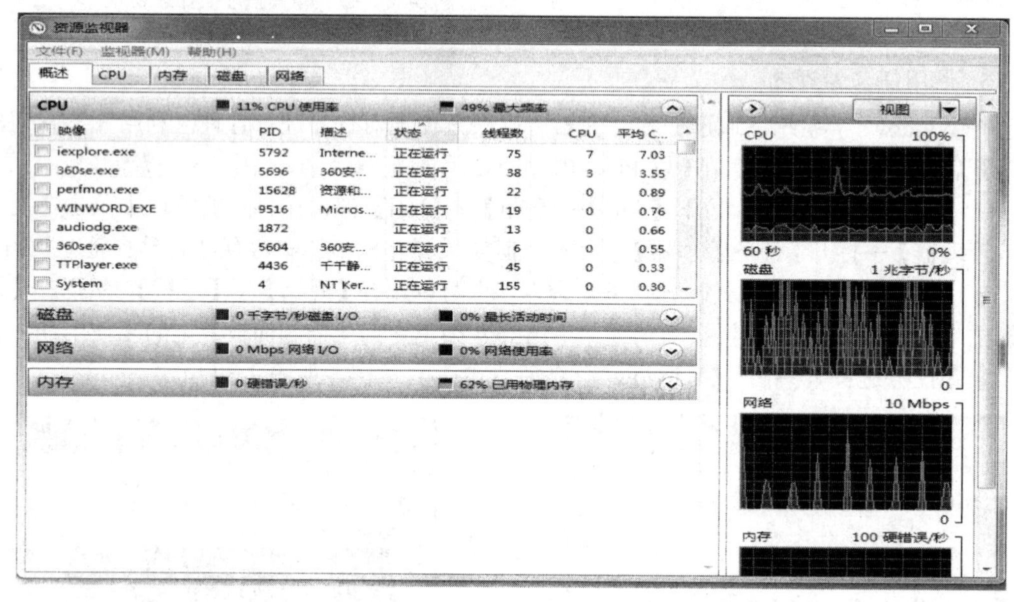

图 2-41　资源监视器

(4) 开启进程。在【Windows 任务管理器】主菜单中单击【文件】→【新建任务运行】。在打开的对话框输入 Powerpoint 程序文件的路径及程序文件名称“C:\Program Files\Microsoft Office\OFFICE11\POWERPNT.EXE”，如图 2-42 所示。单击【确定】按钮，开启 PowerPoint 进程，即启动 PowerPoint。

图 2-42　新建任务

注意：也可以通过【浏览】按钮直接到机器中查找需要运行的应用程序。

6. 设置打印机

计算机连接打印机后，只有通过添加打印机和系统驱动才能进行工作，具体做法如下：单击【开始】→【设备和打印机】，在打开的窗口选择已安装的打印机，如图 2-43 所示，如没有可选项，则只需要单击工具栏上的【添加打印机】命令，按指令完成操作即可。最后运行随机带来的打印机驱动程序，设置打印机结束。

图 2-43 设备和打印机

Windows 7 控制面板类别

项目总结

本项目由浅入深对 Windows 7 进行设置及相关操作，使我们对 Windows 7 有了更为深刻的认识，使我们能够更熟练运用 Windows 7 系统；通过对 Windows 7 文件管理、控制面板的介绍，以及对文件管理、磁盘管理等复杂操作，使我们摆脱了对 Windows 管理、维护的恐惧心理，而且对文件以及文件夹的复制、移动、搜索、重命名以至于更复杂的操作，都会得心应手，使计算机真正成为自己工作、学习、生活的帮手。

在本项目的操作过程中，还需要注意以下几点：

(1) 电脑分辨率和刷新率的设置要根据个人的显示器的尺寸来设置，一般的 17 寸显示器设置为 1024 × 768，14 寸的笔记本设置为 1280×768。另外，要注意的是电脑的刷新率设置，一般来说电脑重装了系统一般都要设置一下，不然有些会闪屏，对眼睛不利。台式电脑刷新率一般都是设置 75 或 80，笔记本设置为 60。

(2) 为了防止他人在自己离开时偷窥或者窃取自己在电脑上的秘密，可以设置屏幕保护密码，这样就可以杜绝别人来操作电脑了。

(3) 在自己的计算机中安装的一些特殊字体，编辑的文档内容只能在本地计算机中浏览，它的特殊效果才能显示出来；但这些文档一旦发送给别人浏览时，别人的计算机由于没有安装对应的特殊字体，就会被系统的缺省字体所替代，所以在编辑稿件的时候要小心使用。

(4) 在进行碎片整理前要先执行【分析】命令，需要整理时才整理，不要经常整理碎片，否则容易损坏硬盘；在碎片整理时要关闭不必要的程序，只留下系统基本程序运行，并且在整理过程中不要断电。

项目实战

实战 1　创建及修改账户

Windows 支持多用户操作，各用户之间的操作可以互不影响。不同的用户具有不同的名称和密码。输入错误的密码将不能进入 Windows 7。

要求：创建新"标准"用户账户"先生"，然后改账户名为"老先生"，设置密码为"123456"，更改图片，修改用户类型为"管理员"，设置账户为由家长控制。

操作步骤：

(1) 创建新账户。在【开始】→【控制面板】，打开【控制面板】窗口(也可以通过双击桌面上的【控制面板】快捷方式图标进入【控制面板】窗口)，选择【用户账户和家庭安全】，打开【用户账户和家庭安全】窗口，然后单击【添加或删除用户账户】，打开【管理账户】窗口，如图 2-44 所示。

图 2-44　管理账户

在【管理账户】窗口选择【创建一个新账户】，弹出一个【创建新账户】对话框，在打开的对话框中输入账户名称"先生"，类型为"标准用户　"，如图 2-45 所示，单击【创建账户】，即完成创建新用户，如图 2-46 所示。

(2) 修改账户。单击"先生"用户，进入【更改账户】窗口，如图 2-47 所示。

(3) 单击【更改账户名称】为用户更改新的名称，改名为"老先生"。

(4) 单击【创建密码】为用户创建密码，密码为"123456"。

(5) 单击【更改图片】为用户更改显示图片。

(6) 单击【更改账户类型】修改用户类型，可选择“管理员”和“标准”。

(7) 单击【设置家长控制】选一个账户由家长控制。

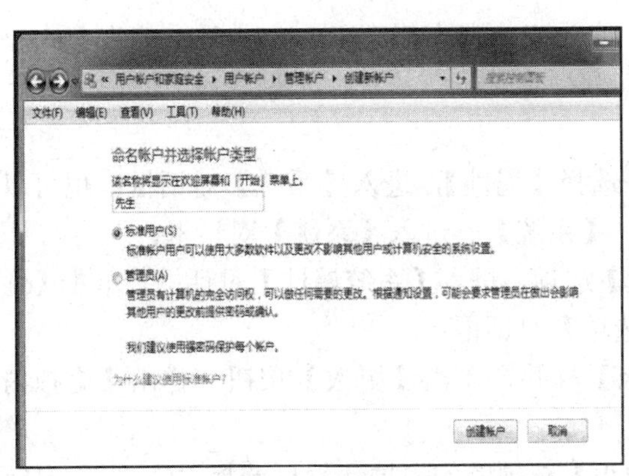

图 2-45　创建新帐户

图 2-46　新账户

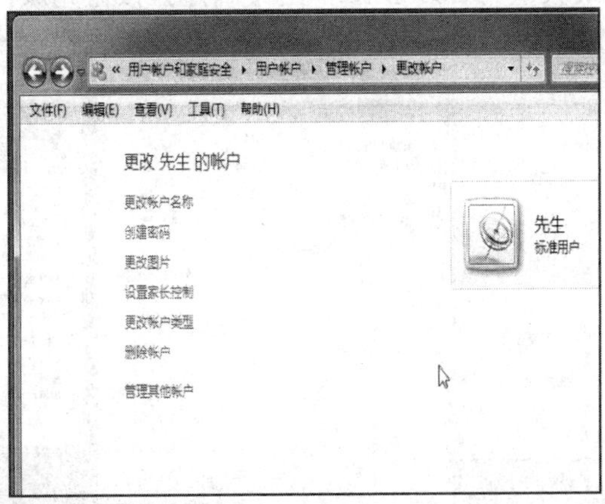

图 2-47　更改账户

注意：单击【删除账户】可删除一个账户。

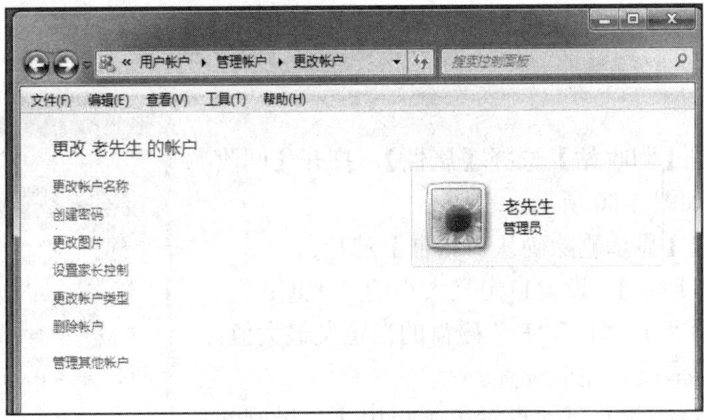

图 2-48　更改后的新账户

实战 2　自定义 C 盘的页面文件大小(虚拟内存)

要求：把 C 盘的页面文件大小(虚拟内存)自定义为最小值为 1024M，最大值为 2048M 设置。

操作步骤：

(1) 右键单击桌面上的【计算机】图标，选择【属性】，进入【系统】对话框；也可以由【控制面板】对话框选择【系统和安全】→【系统】→进入【系统】对话框。

(2) 在弹出的窗口中选择【高级系统设置】选项，进入【系统属性】对话框，单击【性能】这一栏中的【设置】按钮→进入【性能选项】对话框；

(3) 在【性能选项】对话框中选择【高级】标签，单击【更改】按钮，弹出【虚拟内存】对话框；

(4) 将【自动管理所有驱动器分页文件大小】选项的勾去掉，然后选择“C 盘”，自定义初始大小为 1024M，最大值为 2048M，单击【确定】按钮完成，如图 2-49 所示。

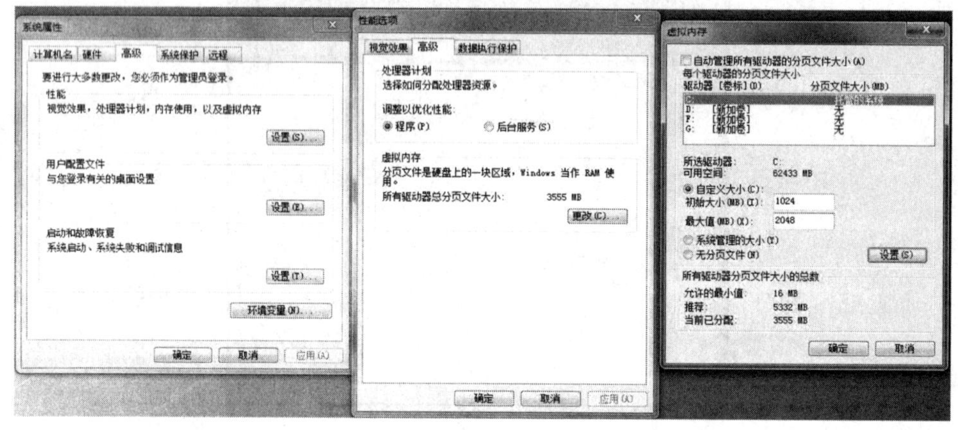

图 2-49　虚拟内存设置

实战 3　设置回收站的工作方式

操作步骤：

(1) 右键单击【回收站】选择【属性】，打开【回收站属性】面板，如图 2-50 所示；

(2) 取消勾选【显示删除确认对话框】选项；

(3) 单击【本地...】，设置自定义大小的最大值；

(4) 同样设置“D:”“E:”“F:”磁盘的自定义最大值；

(5) 单击 确定 ，完成设置。

于是实现了将回收站属性设置为不启用【显示删除确认对话框】复选框，并指定回收站在“C:”“D:”“E:”

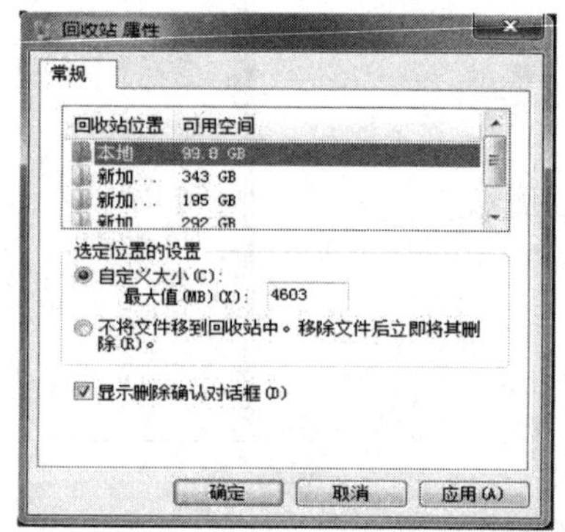

图 2-50　回收站属性

“F:”驱动器上所占用空间的最大值。

实战 4　截 屏 操 作

要求：将屏幕截图，以 jpg 格式保存到指定文件夹。

操作步骤：

(1) 选择【开始】→【程序】→【附件】，单击“截图工具”，如图 2-51 所示。

(2) 打开后，默认新建截图文件，如图 2-52 所示，鼠标为十字形，框选要截图的内容。

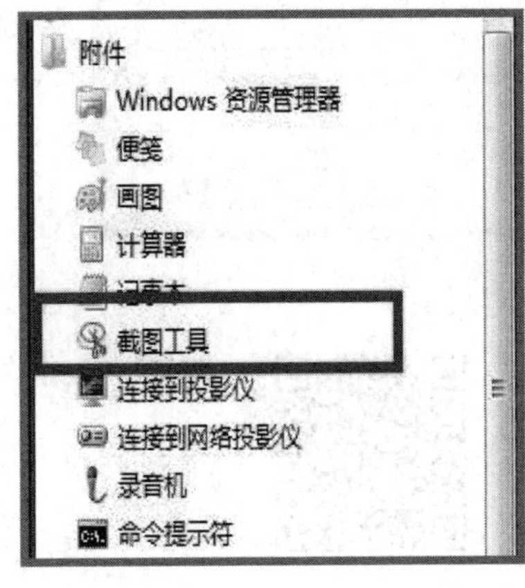

图 2-51　截图工具

截屏操作

图 2-52　截图窗口

(3) 截图后，可以在【文件】菜单处选择“保存”即可。保存窗口分别如图 2-53 和图 2-54 所示。

图 2-53　保存窗口(1)

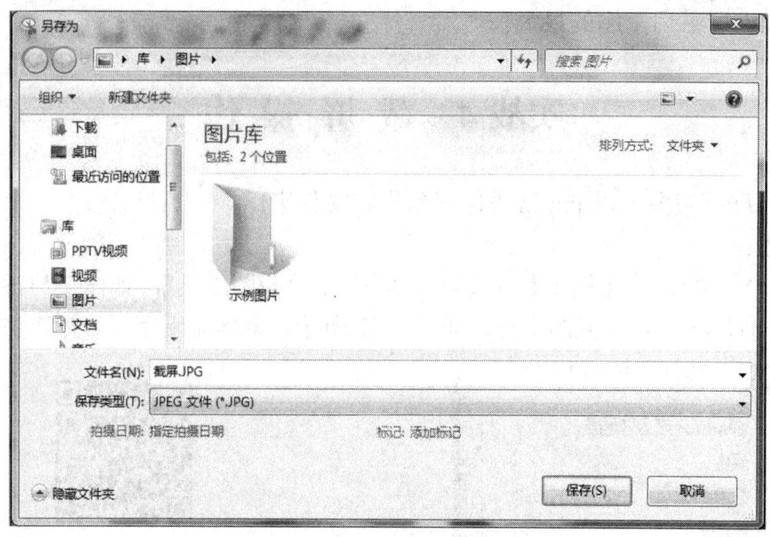

图 2-54　保存窗口(2)

使用 Windows 7 画图工具

制作跳跃文字

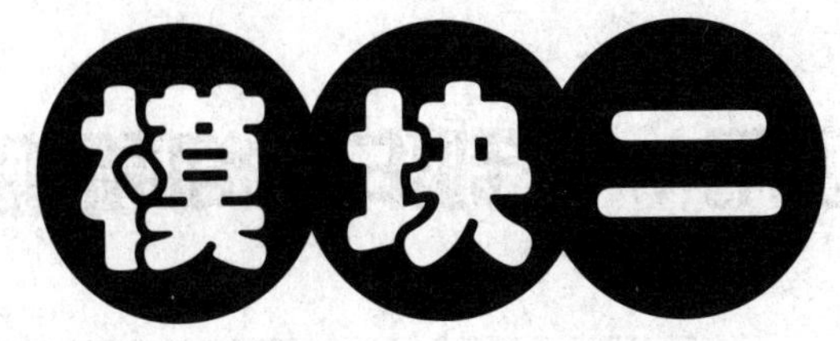

常用软件

撰写文档、统计数据和展示内容是日常工作中不可分割的部分。Microsoft Office是目前世界范围内使用者较多的常用办公软件之一，熟练操作此款软件对提高工作效率、增强竞争力具有重要意义。

本模块以实际工作案例的形式，由浅入深地讲解了 Word、Excel 和 PowerPoint 的操作方法与技巧。

项目三　Word 基本应用——制作新闻简报

Word 是美国 Microsoft 公司开发的文字处理软件，是目前世界范围内使用者较多的文字处理软件之一。Word 2010 功能非常强大，使用 Word 2010 可以编辑出专业水平的报纸、书籍和宣传手册等。

本项目通过制作一张新闻简报，讲述了如何利用 Word 2010 创建和编辑文档，如何进行字符格式、段落格式和页面格式的设置，同时为了增加文档的美观性，如何添加图片和艺术字等操作。

🕮 项目目标

➢ 熟练掌握 Word 文档的建立、保存和打印的设置。

➢ 熟练掌握 Word 文档字体、段落和页面格式的设置。

➢ 熟练掌握 Word 文档图片和艺术字的设置。

🕮 项目描述

小张刚刚加入了学院学生会宣传部，他接受的第一个项目就是为学院组织的计算机大赛撰写一篇新闻稿，并将新闻稿制作成美观的简报送给学院的各个部门。新闻简报如图 3-1 所示。

图 3-1　新闻简报

🕮 项目实施

任务一　初识 Word 2010

【任务内容】启动 Word 2010，并自定义快速访问工具栏。

1. 启动 Word 2010

Word 2010 的启动方式有通过【开始】菜单正常启动和通过桌面快捷图标启动两种。

(1) 通过【开始】菜单启动。单击 Windows 项目栏左侧的【开始】按钮，选择【程序】→【Microsoft Office】→【Microsoft Office Word 2010】，即可启动 Word。如图 3-2 所示。

(2) 通过桌面快捷图标启动，如图 3-3 所示。

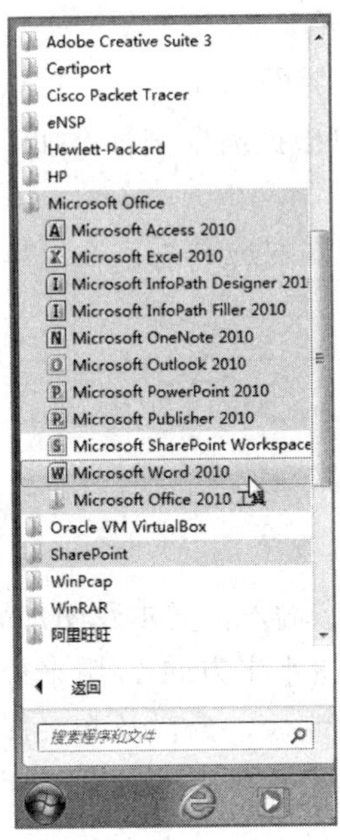

图 3-2　从“开始”菜单启动 Word

图 3-3　快捷图标启动

2. 认识 Word 2010 界面

启动 Word 2010 后，打开如图 3-4 所示的工作界面。各组成部分的名称如下：

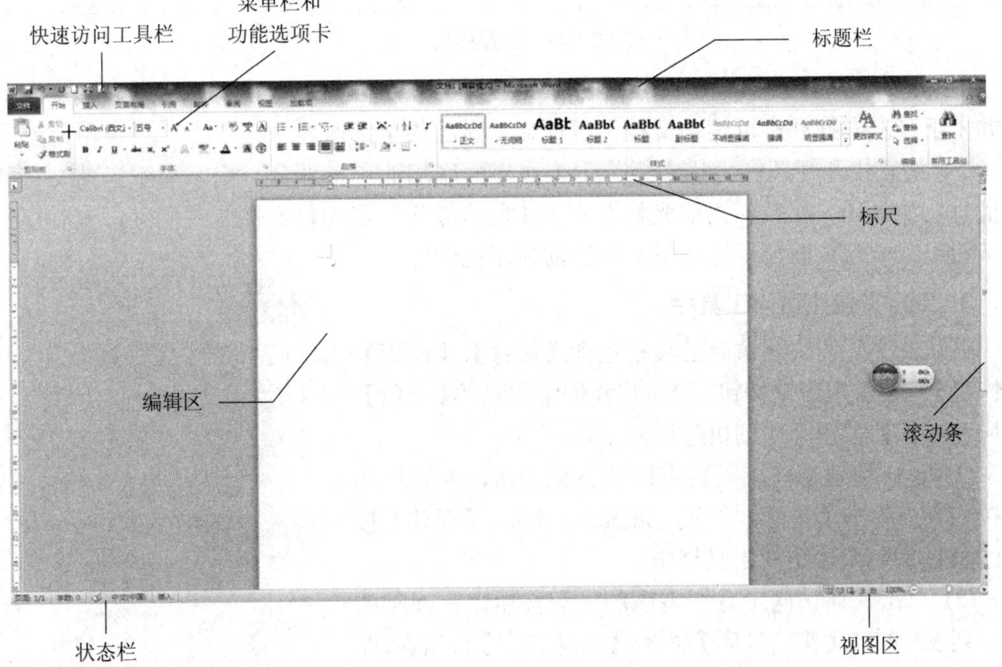

图 3-4　Word 2010 界面

(1) 标题栏。标题栏位于 Word 2010 工作界面的最上方，显示当前文档的名字。标题栏右端有“最小化”“最大化/还原”“关闭”按钮。单击不同的按钮，可以对文档窗口的大小进行相应的调整。

(2) 快速访问工具栏。快速访问工具栏位于工作界面的左上角，默认情况下包含【保存】、【撤销】、【恢复】三个常用命令按钮，用户可以根据需要进行添加。单击其中的按钮即可便捷地执行相应的操作。

(3) 菜单栏和功能选项卡。菜单栏和功能选项卡是对应关系，在菜单栏中单击相应的菜单项即会显示相应的功能选项卡，如图 3-5 所示。

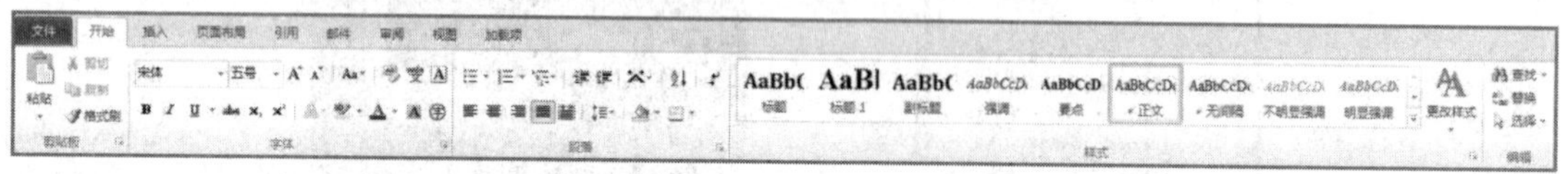

图 3-5　菜单栏和功能选项卡

(4) 编辑区。编辑区也称为工作区，用于进行文字输入、文本及图片编辑的工作区域。

(5) 标尺。标尺位于文档的左方(垂直方向)和上方(水平方向)，用来查看当前页面的尺寸和页边距。水平方向的标尺还可以用来设置段落、制表、分栏及文字移动等。默认情况下初次打开 Word 2010 界面不显示标尺，打开【视图】选项卡，选中【标尺】选项，如图 3-6 所示，工作界面就会显示出标尺。

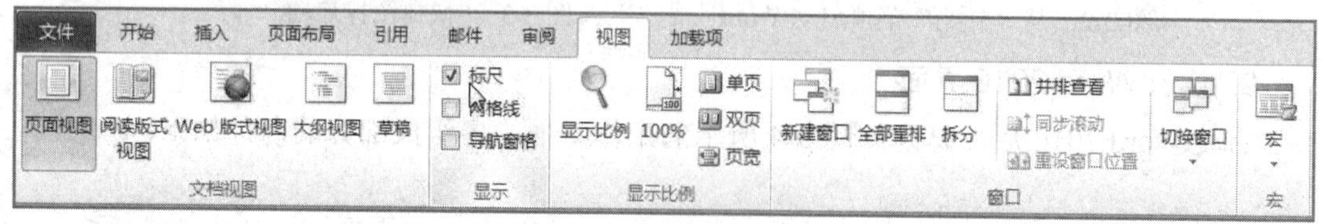

图 3-6　设置标尺选项

(6) 滚动条。滚动条位于文档的右方和下方，分别称作垂直滚动条和水平滚动条，单击并上下、左右拖动可以滚动文档，以便显示页面的全部内容。

(7) 状态栏和视图区。状态栏位于工作界面底端的左半部分，用于显示当前文档的相关信息，如页码、字数、当前光标在本页中的位置等。状态栏右侧是视图区，其中包括视图按钮组、调整页面显示比例滑块和当前显示比例等。

3. 自定义快速访问工具栏

默认情况下，快速访问工具栏包含【保存】、【撤销】、【恢复】三个常用命令按钮，现在将我们常用到的【新建】、【快速打印】按钮添加到快速访问工具栏中。

(1) 单击快速访问工具栏右侧的下翻按钮，在弹出的下拉列表中单击【新建】命令，如图 3-7 所示，【新建】按钮就添加到快速访问工具栏中。

(2) 单击快速访问工具栏右侧的下翻按钮，在弹出的下拉列表中单击【快速打印】命令，【快速打印】按钮即添加到快速访问工具栏中。

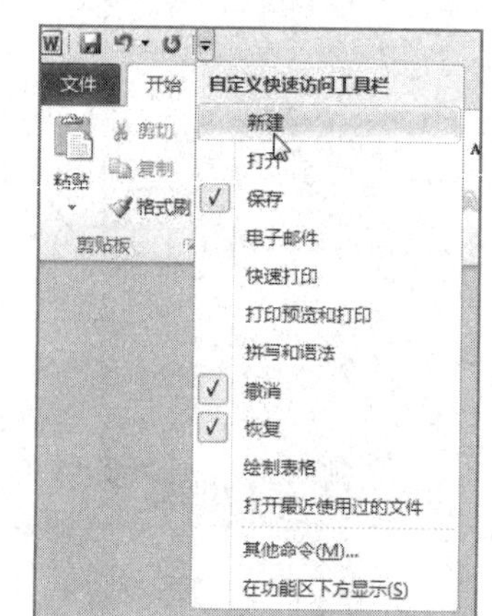

图 3-7　自定义快速访问工具栏

任务二　文档的建立与操作

【任务内容】新建 Word 文档，以“简报”命名并保存到桌面上，在该文档中输入简报内容。

1. 新建 Word 文档

(1) 启动 Word 后，系统会自动创建一个名为“文档 1”的空白文档。

(2) 也可以选择【文件】里的【新建】命令，选择【空白文档】，在右窗格下方单击【创建】按钮，如图 3-8 所示。

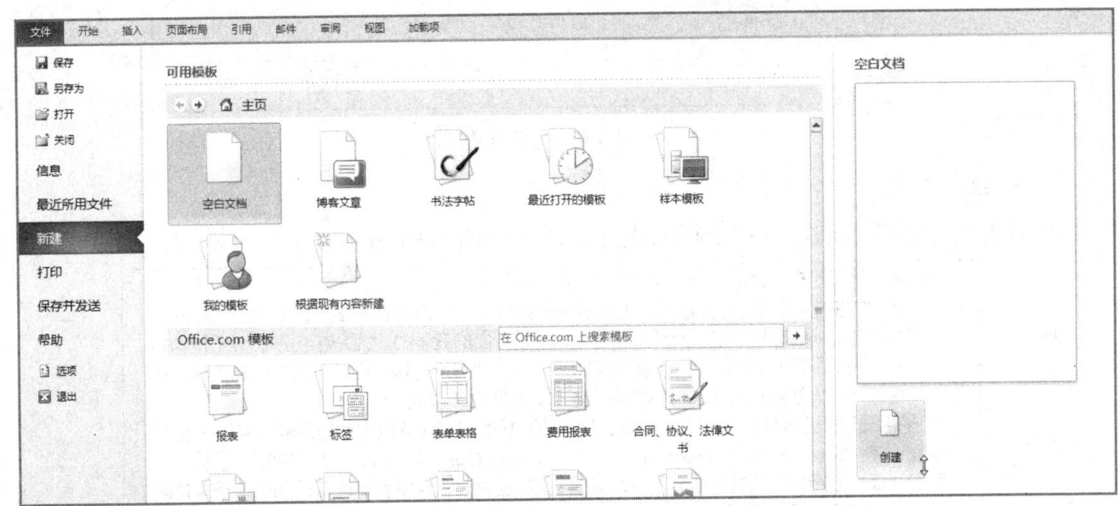

图 3-8　创建空白文档

(3) 还可以根据已有的模板创建新文档，操作步骤详见二维码内容“模板的使用”。

模板的使用

2. 以“简报”命名文档并保存到桌面

(1) 单击快速访问工具栏中的【保存】按钮。

(2) 或者单击【文件】中的保存命令，弹出【另存为】对话框，在【保存位置】下拉列表中选择文件的保存位置，在【文件名】中输入“简报”，单击 保存(S) 按钮，如图 3-9 所示。

(3) 如果对已保存的文档进行编辑，可以选择【文件】中的【另存为】命令进行保存，该方式不会替换修改前的文档，而是将修改后的文档重新保存。

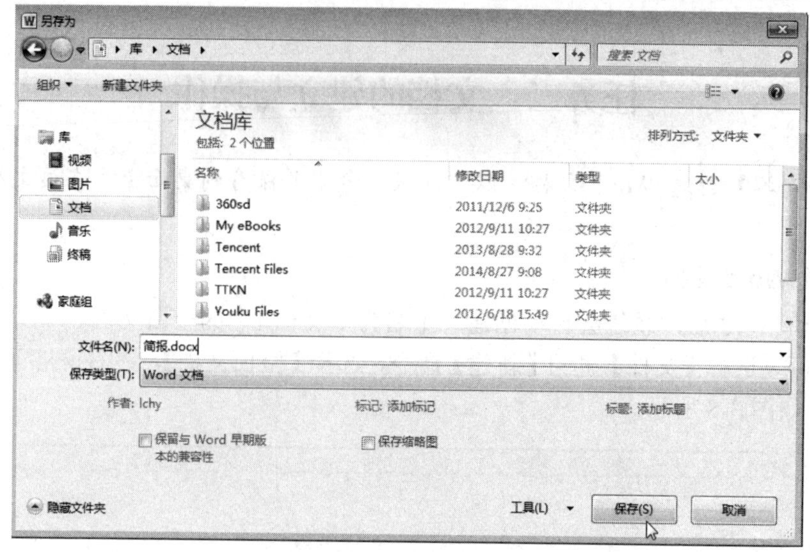

图 3-9 文件保存

3. 录入文本

选择合适的输入法，从初始插入点开始录入如图 3-10 所示文字。

全国高校计算机核心技能与信息素养大赛成功落幕

为了激发学生学习计算机基础知识、技能的兴趣和潜能，提高其运用信息技术解决实际问题的综合能力，从而提升学生在升学、就业、职场等方面的竞争力，我院电子信息分院于 2014 年 4 月 23 日下午在综合实训楼计算机实训室举办了我院第三届全国高等院校计算机核心技能与信息素养大赛院校赛（IC3）,我院共有 100 名学生参加此次比赛。

IC^{3}是由微软办公软件全球认证中心推出的，国际权威的“计算机综合应用能力考核·全球标准认证（Internet and Computing Core Certification，简称 IC^3）”，它建立了全球认可的计算机应用知识与操作技能的权威评价标准，是世界上首张针对计算机和网络基本技能的认证。该标准不仅被国际众多知名院校所接受，同时还得到了政府、IT 领域、企业界和学术机构的广泛认可和支持。

本次大赛共分三个模块，分别为计算机基础、常用软件和网络应用与安全。比赛过程中，同学们将平时所学理论知识充分应用到实践操作中，认真完成比赛各个模块。通过本次大赛，将对成绩合格的学生颁发微软（Microsoft）认证的 IC^{3}全科证书，并推选考试成绩优异者参加 2014 年 6 月在北京举行的全国高职高专院校计算机核心技能与信息素养大赛总决赛。

我校派出的代表队在全国高等院校计算机技能比赛中荣获团体二等奖，个人单项奖一等奖一名，二等奖两名，三等奖一名的喜人成绩。

图 3-10 文本内容

(1) 在输入文本之前需要选择输入法。使用【Ctrl】+【Shift】组合键可以在各种中文输入法之间进行切换；使用【Ctrl】+【空格】组合键可以从任一中文输入法直接切换到英文输入方式。在任一中文输入状态下按键盘左侧的【Caps Lock】键即为大写英文字母输入，同时再按下【Caps Lock】键下方的【Shift】键即为小写英文字母输入。

(2) 文字输入。输入文字时光标会随着文字从左到右移动，若需要重新在另一个段落输入文本，只需要按下【Enter】键，光标即可跳转到下一行。

(3) 符号的录入。将光标定位到文档中相应位置，单击【插入】选项卡中的【符号】按钮，在弹出的符号面板中将显示常用的一些符号，鼠标选中相应的符号即可，如图 3-11 所示。

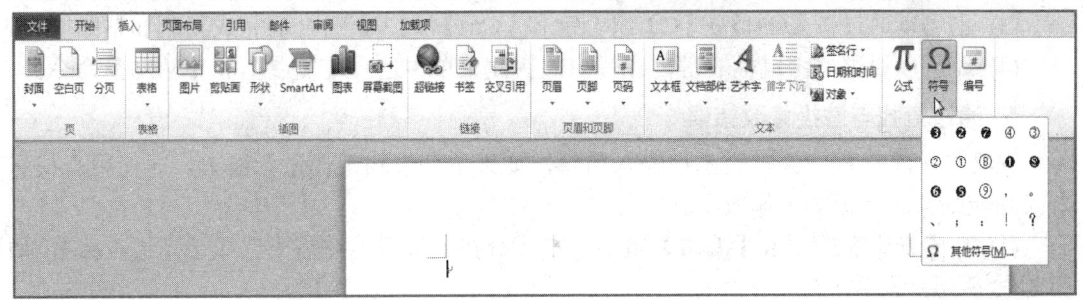

图 3-11　插入符号

Word 2010 还提供了多种多样的特殊符号，例如“🕮”、“☺”等。在符号面板中选择【其他符号】按钮，即打开【符号】对话框，在【字体】下拉菜单中选择相应的符号类型，从中选择你所要插入的符号，单击 插入(I) 按钮即可将符号插入到文档中，如图 3-12 所示。

(4) 插入日期和时间。将光标定位到文档中相应位置，单击【插入】选项卡中的【日期和时间】命令，弹出【日期和时间】对话框，单击选中你需要的时间模式即可实现插入，如图 3-13 所示。

图 3-12　插入其他符号

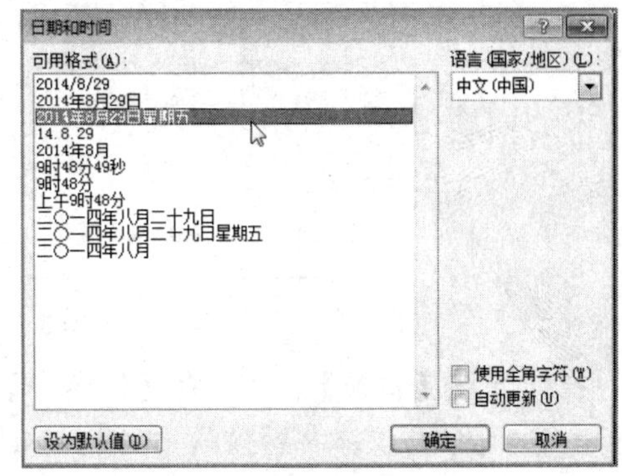

图 3-13　插入日期和时间

4. 通过复制与粘贴加快录入速度

若文档中有部分词语或句子在不同的位置经常出现，则可以利用复制和粘贴功能加快录入速度。

(1) 选择需要复制的文本，单击【开始】选项卡【剪贴板】组中的【复制】按钮，复制所选文本。

(2) 将光标定位到要粘贴文本的位置，在【剪贴板】组单击【粘贴】按钮，即可粘贴文本，如图 3-14 所示。

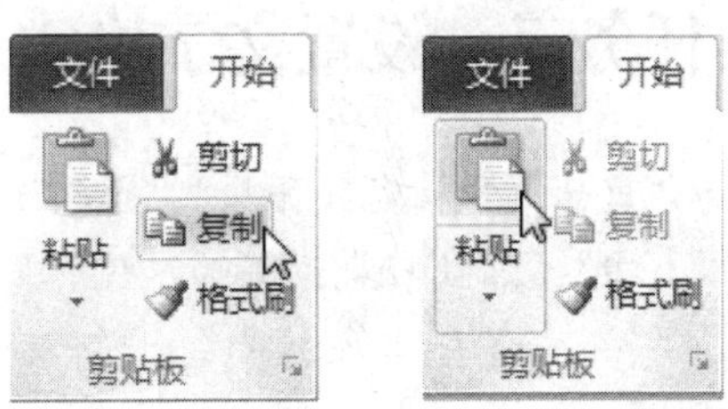

图 3-14　复制和粘贴

(3) 也可以通过按【Ctrl】+【C】组合键和【Ctrl】+【V】组合键完成复制和粘贴操作。

(4) 还可以通过单击鼠标右键，在弹出的快捷菜单中选择【复制】和【粘贴】命令。

5. 通过查找与替换修改错误

在文档编辑过程中经常会出现输入错误，如果手动查找工作量会很大，而使用查找和替换功能则会大大提高工作效率。

(1) 在【开始】选项卡【编辑】组中单击【查找】按钮下拉箭头选择【高级查找】，如图 3-15 所示。

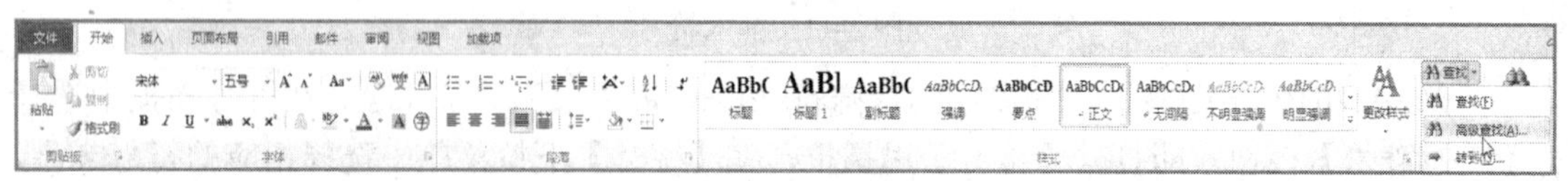

图 3-15　查找选项

(2) 弹出【查找和替换】对话框，在【查找内容】处输入需要查找的文本“微软”，如图 3-16 所示。

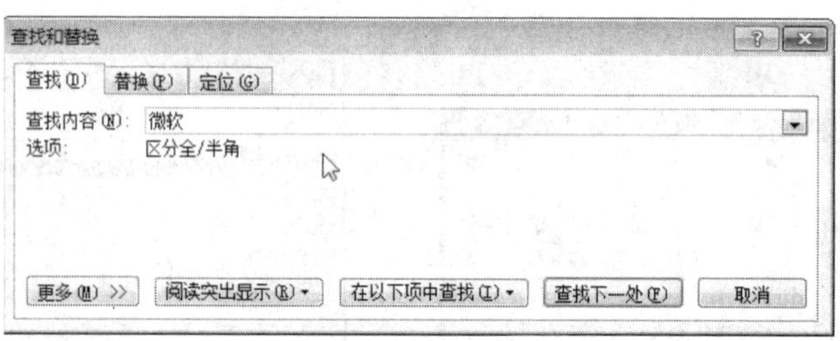

图 3-16　查找对话框

(3) 单击【替换】标签，在【替换为】处输入“Microsoft”，单击【全部替换】，文档中的所有“微软”文本都替换为“Microsoft”，如图 3-17 所示。

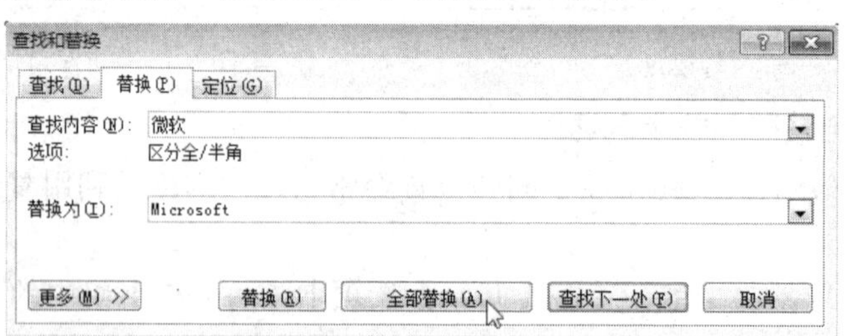

图 3-17　替换文本

任务三　设置文字格式

【任务内容】标题设置为“黑体”“小二”“加粗”“红色”“居中”，字符间距为“加宽、2 磅”，正文设置为“宋体”“小四”，落款日期设置为“宋体”“小四”“右对齐”。

1. 设置标题

(1) 选中标题“全国高校计算机核心技能与信息素养大赛成功落幕”，单击【开始】选项卡，在【字体】下拉列表中选择【黑体】，在【字号】下拉列表中选择【小二】，黑体 小二，单击【加粗】B 按钮，【居中】按钮，在【字体颜色】按钮 A 下拉列表中选择“红色”。

(2) 单击【字体】组中右下角的对话框启动器按钮，打开【字体】对话框，单击【高级】标签，在【间距】下拉列表中选择“加宽”选项，在对应的【磅值】框中输入“2 磅”，单击 确定 按钮即可，如图 3-18 所示。

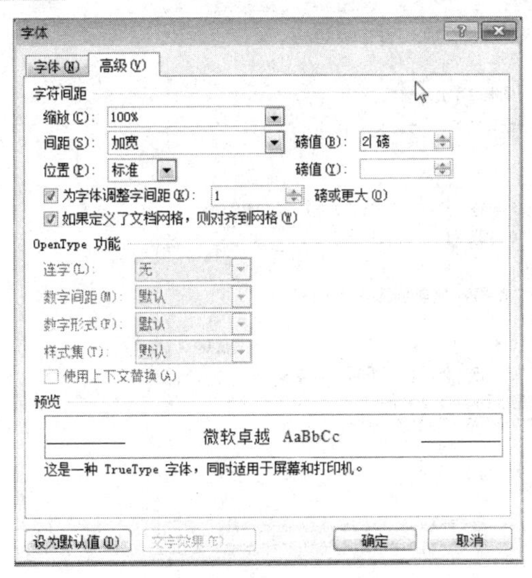

图 3-18　设置字符间距

文本选择

2. 设置正文

选择正文部分，在【字体】下拉列表中选择【宋体】，在【字号】下拉列表中选择【小四】。

3. 设置日期

选择日期部分，在【字体】下拉列表中选择【宋体】，在【字号】下拉列表中选择【小四】，单击“右对齐”按钮。

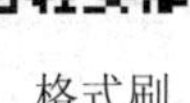

格式刷

也可以利用【开始】选项卡中的【剪贴板】组中的【格式刷】按钮来实现快速的格式复制。

任务四　调整段落格式

【任务内容】正文部分设置为“两端对齐”“首行缩进 2 个字符”，行距为“1.5 倍行距”，并且段落设置为“段前 0.5 行”“段后 0.5 行”；落款日期设置为“段前间距 25 磅”。

1. 正文部分段落的设置

(1) 选中正文部分，单击【开始】选项卡中【段落】组中右下角的对话框启动器按钮，打开【段落】对话框，选择【缩进和间距】标签，在【对齐方式】下拉列表中选择“两端对齐”，在【特殊格式】下拉列表中选择“首行缩进”选项，在【磅值】处输入“2 字符”；

在【行距】下拉列表中选择“1.5 倍行距”选项，在【段前】框中选择“0.5 行”，【段后】框中输入“0.5 行”，如图 3-19 所示，单击 确定 按钮即可。

(2) 也可以使用水平标尺快速直观地设置段落的缩进，如图 3-20 所示。左缩进控制段落左边界的位置；右缩进控制段落右边界的位置；首行缩进控制段落的首行第一个字符的起始位置；悬挂缩进控制段落中的第一行以外的其他行的起始位置。

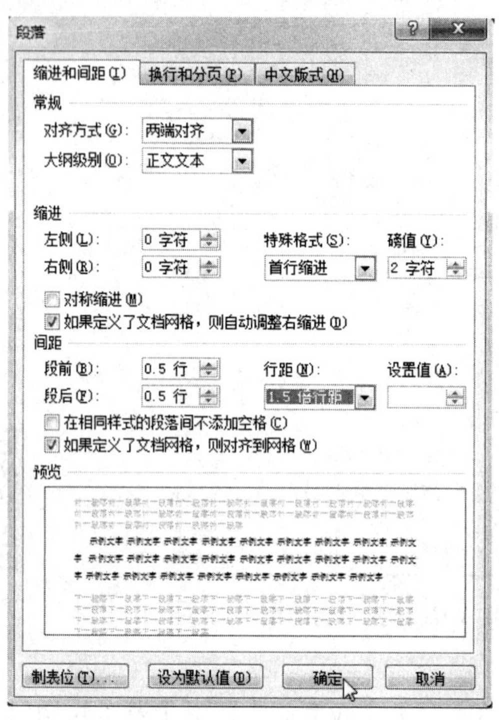

图 3-19　正文段落格式设置

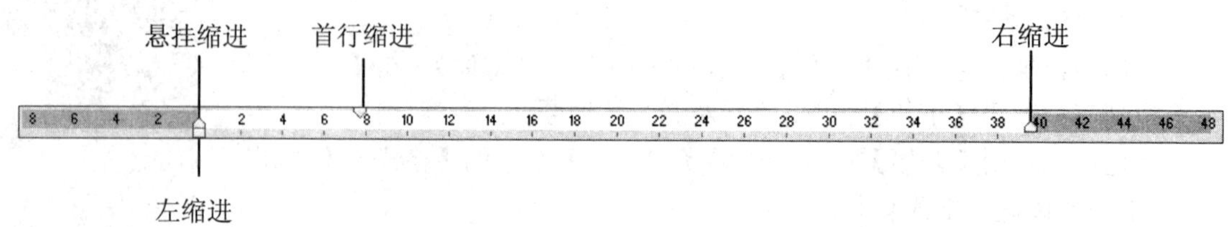

图 3-20　段落缩进标志

使用鼠标拖动首行缩进(下三角形图标)，可以设置首行缩进距离；使用鼠标拖动悬挂缩进(上三角形图标)，可以设置悬挂缩进距离；使用鼠标拖动左缩进(小矩形图标)，则悬挂缩进和首行缩进同时移动，可以设置左缩进距离。

2. 落款日期段落的设置

将光标定位在“落款日期”段落任意处，单击【段落】组中右下角的对话框启动器按钮，打开【段落】对话框，在间距【段前】框中输入“25 磅”，如图 3-21 所示，单击 确定 按钮即可。

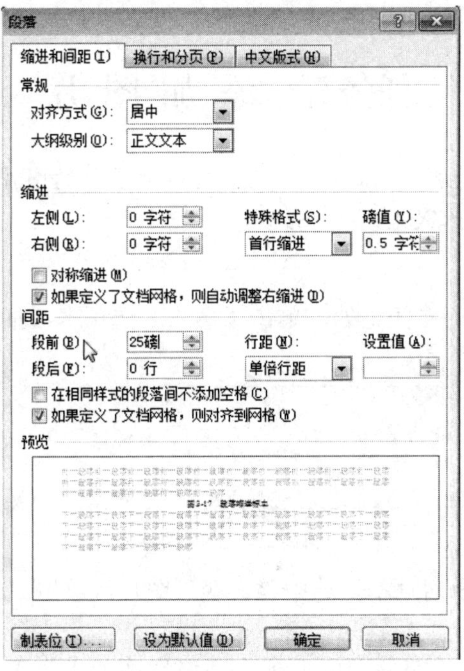

图 3-21　设置段前间距

设置好字体和段落格式后，文本显示效果如图 3-22 所示。

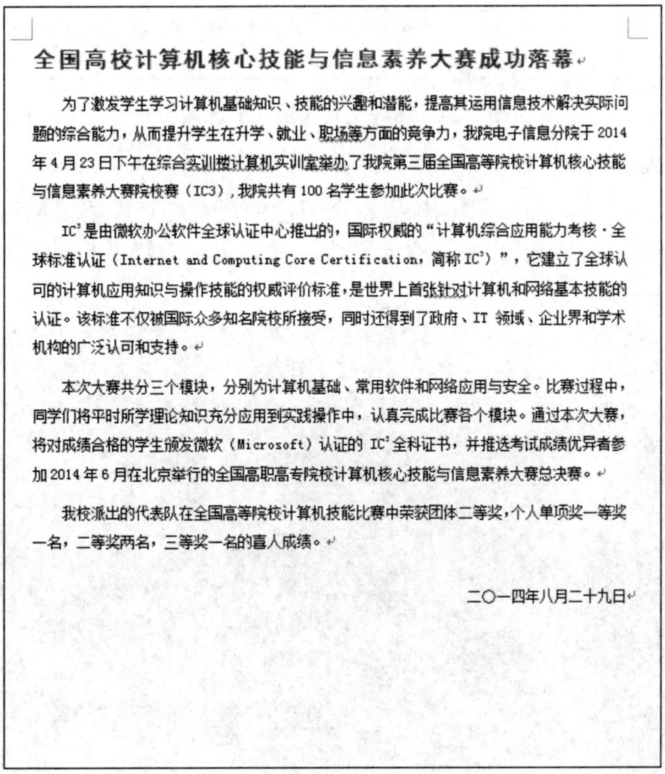

全国高校计算机核心技能与信息素养大赛成功落幕

为了激发学生学习计算机基础知识、技能的兴趣和潜能，提高其运用信息技术解决实际问题的综合能力，从而提升学生在升学、就业、职场等方面的竞争力，我院电子信息分院于 2014 年 4 月 23 日下午在综合实训楼计算机实训室举办了我院第三届全国高等院校计算机核心技能与信息素养大赛院校赛（IC3），我院共有 100 名学生参加此次比赛。

IC³是由微软办公软件全球认证中心推出的，国际权威的“计算机综合应用能力考核·全球标准认证（Internet and Computing Core Certification，简称 IC³）”，它建立了全球认可的计算机应用知识与操作技能的权威评价标准，是世界上首张针对计算机和网络基本技能的认证。该标准不仅被国际众多知名院校所接受，同时还得到了政府、IT 领域、企业界和学术机构的广泛认可和支持。

本次大赛共分三个模块，分别为计算机基础、常用软件和网络应用与安全。比赛过程中，同学们将平时所学理论知识充分应用到实践操作中，认真完成比赛各个模块。通过本次大赛，将对成绩合格的学生颁发微软（Microsoft）认证的 IC³全科证书，并推选考试成绩优异者参加 2014 年 6 月在北京举行的全国高职高专院校计算机核心技能与信息素养大赛总决赛。

我校派出的代表队在全国高等院校计算机技能比赛中荣获团体二等奖，个人单项奖一等奖一名，二等奖两名，三等奖一名的喜人成绩。

二〇一四年八月二十九日

图 3-22　设置字体和段落格式后效果

任务五　添 加 图 片

【任务内容】在正文插入一张准备好的名为“大赛”的图片，调整图片大小，设置图片位置，并为图片添加艺术效果。

1. 插入图片

(1) 将光标移到文档正文任意处，单击【插入】选项卡【插图】组中【图片】按钮，如图 3-23 所示。

图 3-23　插入图片

(2) 打开【插入图片】对话框，选中“大赛”图片，单击 插入(S) 按钮，“大赛”图片就会插入到文档中。

此时会在 Word 2010 界面的功能选项卡处新增图片工具【格式】选项卡，如图 3-24 所示。

图 3-24　图片工具【格式】选项卡

2. 调整图片大小

(1) 单击插入的图片，图片周围出现 8 个黑色的尺寸控点。将鼠标移到图片 4 个角的任意一个尺寸控点上，鼠标指针变成双向箭头，按住鼠标左键并拖动直到图片大小合适为止，如图 3-25 所示。

图 3-25　拖动鼠标改变图片大小

(2) 也可以在【格式】选项卡右侧【大小】组中的【高度】和【宽度】框中输入相应的数值来准确调整图片大小，如图 3-26 所示。

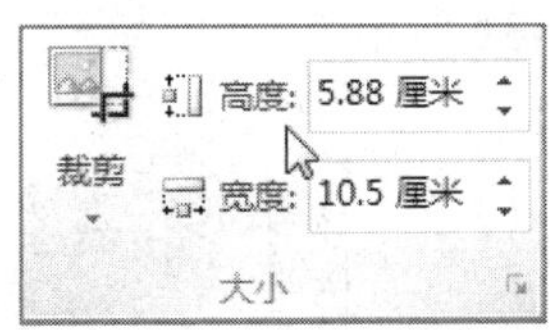

图 3-26　图片高度和宽度设置

3. 为图片添加艺术效果和图片样式

(1) 选中图片，在【格式】选项卡左侧【调整】组中单击【艺术效果】按钮，在弹出的艺术效果中选择所需要的艺术效果即可，如图 3-27 所示。

图 3-27　设置图片艺术效果

(2) 选中图片，在【格式】选项卡【图片样式】组中单击下拉按钮，如图 3-28 所示。

图 3-28　图片样式

(3) 在展开的【图片样式】中选择“映像圆角矩型”即可，如图 3-29 所示。

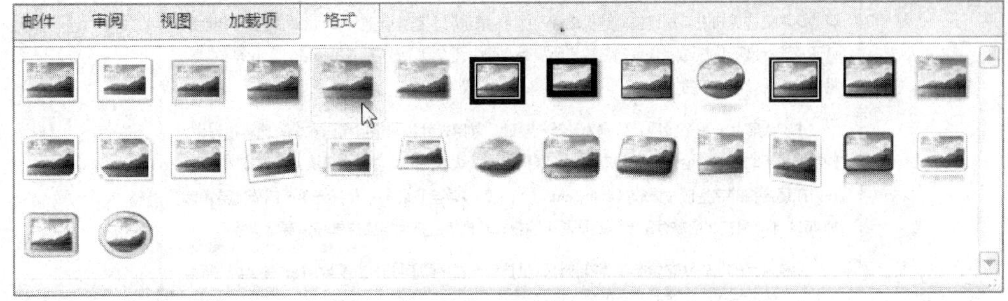

图 3-29　选择“映像圆角矩型”

4. 设置图片位置

(1) 选中图片，在【格式】选项卡【排列】组中单击【位置】按钮，在下拉列表中选择“顶端局右、四周型文字环绕”，如图 3-30 所示。

(2) 也可以通过单击【排列】组中的【自动换行】按钮，打开下拉列表选择相应的选项来对图片位置进行设置，如图 3-31 所示。

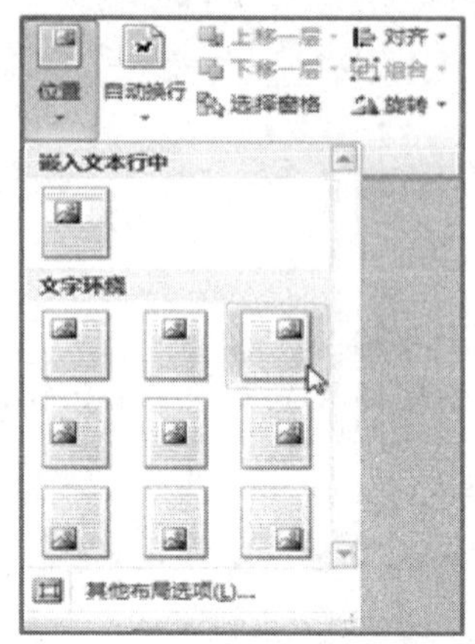

图 3-30　设置图片位置

图 3-31　设置自动换行

插图功能

添加图片后文档效果如图 3-32 所示。

全国高校计算机核心技能与信息素养大赛成功落幕

为了激发学生学习计算机基础知识、技能的兴趣和潜能，提高其运用信息技术解决实际问题的综合能力，从而提升学生在升学、就业、职场等方面的竞争力，我院电子信息分院于 2014 年 4 月 23 日下午在综合实训楼计算机实训室举办了我院第三届全国高等院校计算机核心技能与信息素养大赛院校赛（IC3），我院共有 100 名学生参加此次比赛。

IC^{3}是由微软办公软件全球认证中心推出的，国际权威的“计算机综合应用能力考核·全球标准认证（Internet and Computing Core Certification，简称 IC^3）”，它建立了全球认可的计算机应用知识与操作技能的权威评价标准，是世界上首张针对计算机和网络基本技能的认证。该标准不仅被国际众多知名院校所接受，同时还得到了政府、IT 领域、企业界和学术机构的广泛认可和支持。

本次大赛共分三个模块，分别为计算机基础、常用软件和网络应用与安全。比赛过程中，同学们将平时所学理论知识充分应用到实践操作中，认真完成比赛各个模块。通过本次大赛，将对成绩合格的学生颁发微软（Microsoft）认证的 IC^{3}全科证书，并推选考试成绩优异者参加 2014 年 6 月在北京举行的全国高职高专院校计算机核心技能与信息素养大赛总决赛。

我校派出的代表队在全国高等院校计算机技能比赛中荣获团体二等奖，个人单项奖一等奖一名，二等奖两名，三等奖一名的喜人成绩。

二〇一四年八月二十九日

图 3-32　添加图片后效果

任务六　制作艺术字

【任务内容】在文档上方插入艺术字“新闻稿”，将艺术字设置为艺术字样式“紫色，强调文字 4，软边缘棱台”，“隶书”、“48 号”，文本填充“渐变”、“中心辐射”，文本轮廓“紫色”，粗细“1 磅”，文本效果设置为“三维旋转”、“离轴 1 右”，文字环绕选择“顶端居中，四周型文字环绕”。

在文档下方使用艺术字插入“祝贺我院同学在大赛中取得优异成绩!”，艺术字样式“橙色，强调文字颜色 6，内部阴影”，“隶书”、“28 号”，文本效果设置为“转换”中的“两端远”，“上下型文字环绕”。

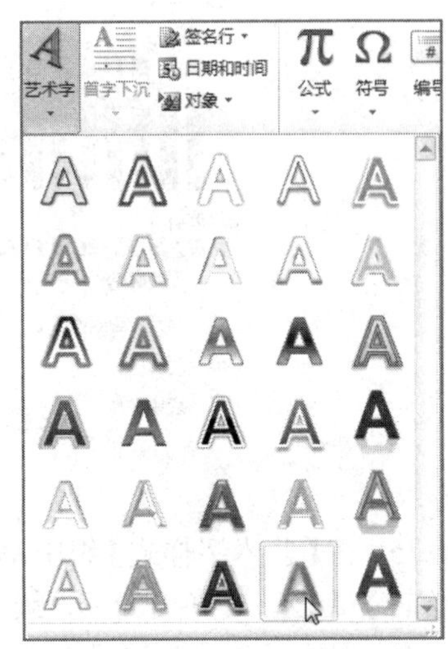

图 3-33　选择艺术字样式

1. 插入艺术字“新闻稿”

(1) 光标移到文档上方，单击【插入】选项卡【文本】组中的【艺术字】按钮，在弹出的艺术字面板中选择第 6 行第 4 列的艺术字样式“紫色，强调文字 4，软边缘棱台”，如图 3-33 所示。

(2) 弹出“请在此放置您的文字”文本框，如图 3-34 所示，直接输入“新闻稿”即可。将字体设置为“隶书”，字号设置为“48”。

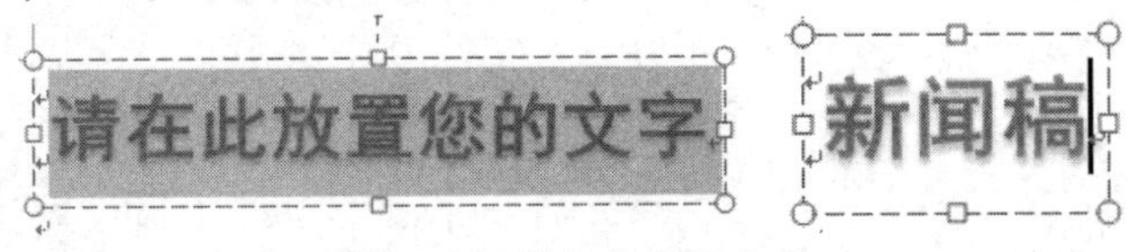

图 3-34　输入艺术字文本

(3) 选中艺术字，在【格式】选项卡【艺术字样式】组中单击【文本填充】右侧的下拉按钮，在弹出的列表中选择【渐变】，在弹出的下一级列表中选择渐变效果【中心辐射】，如图 3-35 所示。

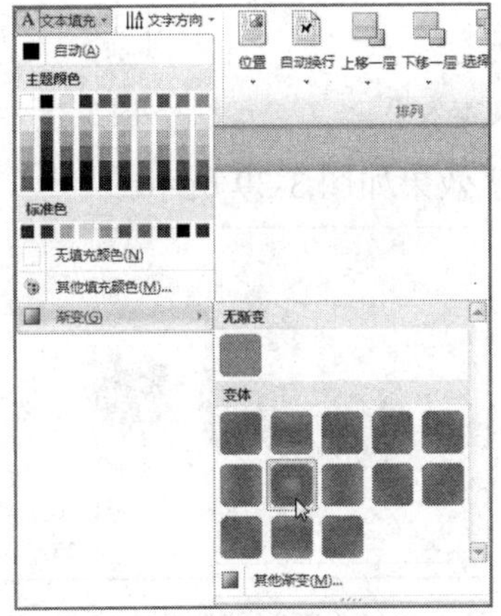

图 3-35　设置艺术字文本填充效果

(4) 在【艺术字样式】组中单击【文本轮廓】右侧的下拉按钮，在弹出的面板中选择【标准色】“紫色”，在【粗细】下拉列表中选择“1 磅”，如图 3-36 所示。

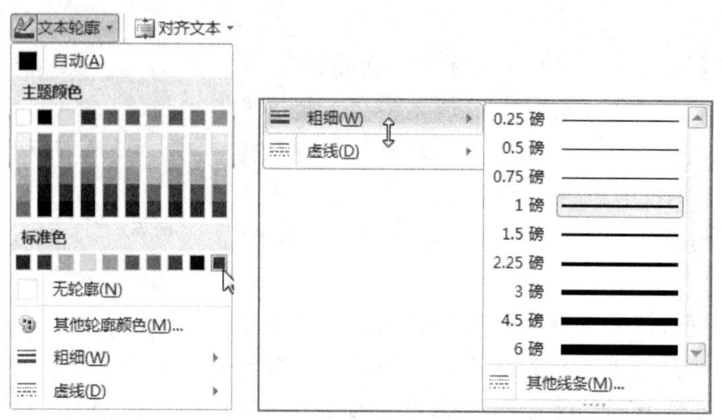

图 3-36　设置艺术字文本轮廓

(5) 在【艺术字样式】组中单击【文本效果】右侧的下拉按钮，在弹出的列表中指向【三维旋转】命令，在弹出的下一级列表中选择文字样式【离轴 1 右】样式，如图 3-37 所示。

(6) 单击【格式】选项卡【排列】组【位置】中【文字环绕】，选择“顶端居中，四周型文字环绕”，如图 3-38 所示。

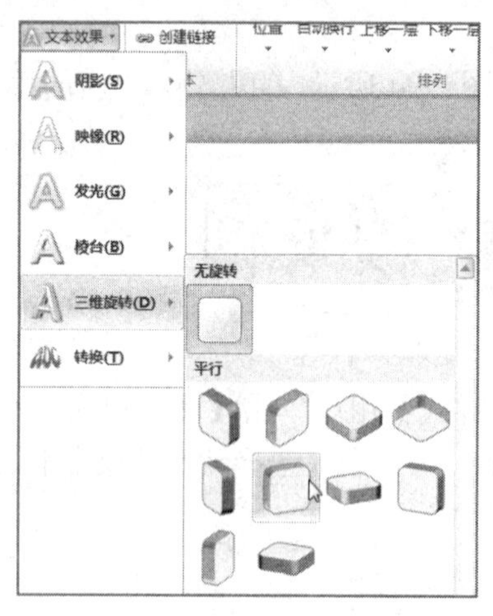

图 3-37　设置艺术字文本效果

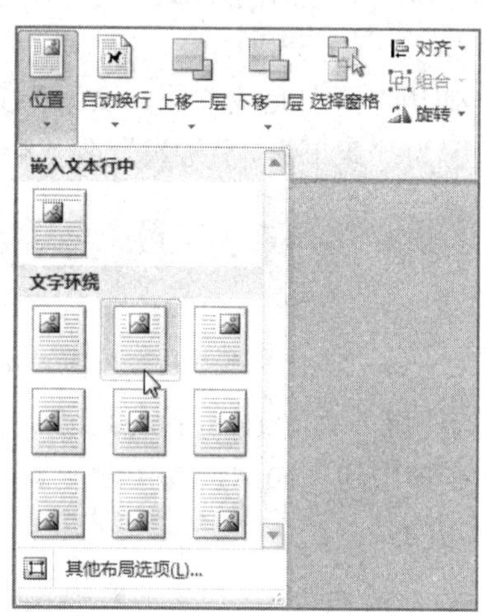

图 3-38　设置艺术字文字环绕方式

“新闻稿”三个字的艺术字效果如图 3-39 所示。

图 3-39　“新闻稿”艺术字效果

2. 插入艺术字“祝贺我院同学在大赛中取得优异成绩！”

(1) 光标定位到正文结尾，单击【插入】选项卡【文本】组中的【艺术字】按钮，在弹出的艺术字面板中选择第 4 行第 2 列的样式“橙色，强调文字颜色 6，内部阴影”，如图 3-40 所示。

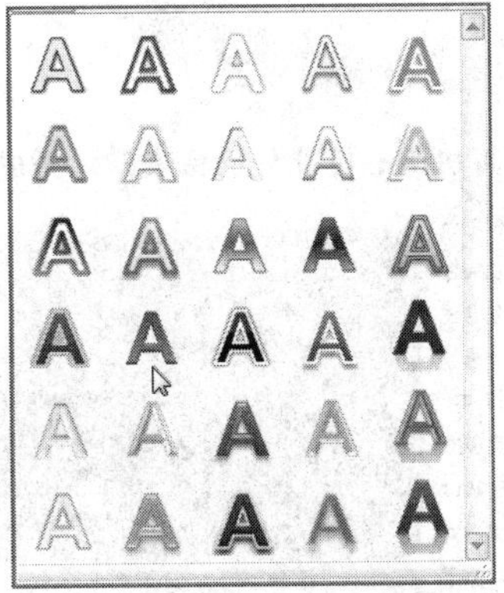

图 3-40　选择艺术字样式

(2) 弹出“请在此放置您的文字”文本框，如图 3-41 所示，直接输入“祝贺我院同学在大赛中取得优异成绩！”即可。将字体设置为“隶书”，字号设置为“28”。

图 3-41　输入艺术字文本

(3) 在【艺术字样式】组中单击【文本效果】右侧的下拉按钮，在弹出的列表中指向【转换】命令，在弹出的下一级列表中选择【弯曲】中的【两端远】样式(第四行第四列)，如图 3-42 所示。

(4) 单击【格式】选项卡【排列】组【自动换行】下拉按钮，选择“上下型环绕”，如图 3-43 所示，将艺术字拖动到文档适当位置即可。

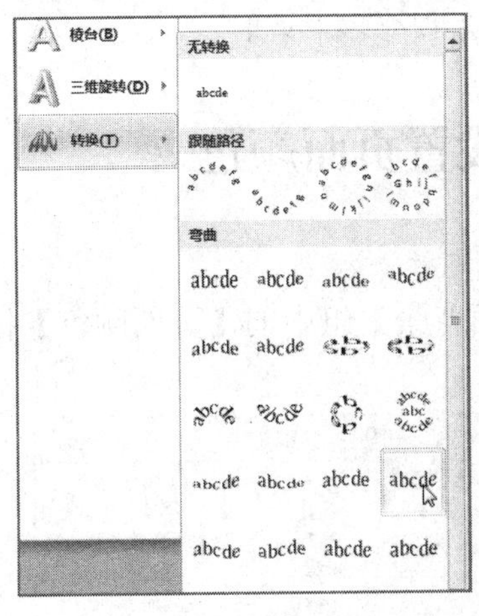

图 3-42　设置艺术字文本效果

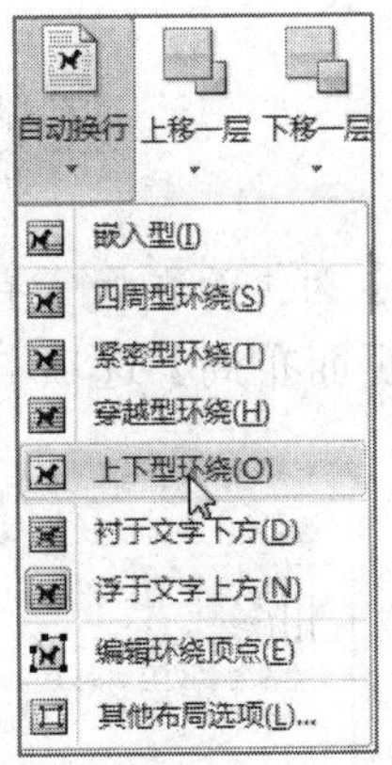

图 3-43　设置艺术字环绕方式

(5) 艺术字设置完成后，文档的显示效果如图 3-44 所示。

全国高校计算机核心技能与信息素养大赛成功落幕

为了激发学生学习计算机基础知识、技能的兴趣和潜能，提高其运用信息技术解决实际问题的综合能力，从而提升学生在升学、就业、职场等方面的竞争力，我院电子信息分院于 2014 年 4 月 23 日下午在综合实训楼计算机实训室举办了我院第三届全国高等院校计算机核心技能与信息素养大赛院校赛（IC3），我院共有 100 名学生参加此次比赛。

本次大赛共分三个模块，分别为计算机基础、常用软件和网络应用与安全。比赛过程中，同学们将平时所学理论知识充分应用到实践操作中，认真完成比赛各个模块。通过本次大赛，将对成绩合格的学生颁发微软（Microsoft）认证的 IC^3 全科证书，并推选考试成绩优异者参加 2014 年 6 月在北京举行的全国高职高专院校计算机核心技能与信息素养大赛总决赛。

我校派出的代表队在全国高等院校计算机技能比赛中荣获团体二等奖，个人单项奖一等奖一名，二等奖两名，三等奖一名的喜人成绩。

祝贺我院同学在大赛中取得优异成绩！

二〇一四年八月二十九日

图 3-44　添加艺术字后文档效果

任务七　设置页面颜色

【任务内容】为页面添加“羊皮纸”填充效果。

(1) 打开【页面布局】选项卡中【页面背景】组中的【页面颜色】按钮，如图 3-45 所示。

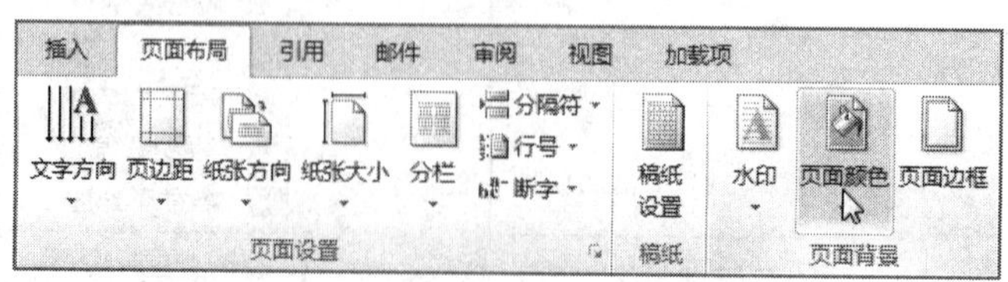

图 3-45　选择页面颜色按钮

(2) 在弹出的下拉列表中选择【填充效果】，弹出填充效果窗口，选择【纹理】中的“羊皮纸”，如图 3-46 所示。

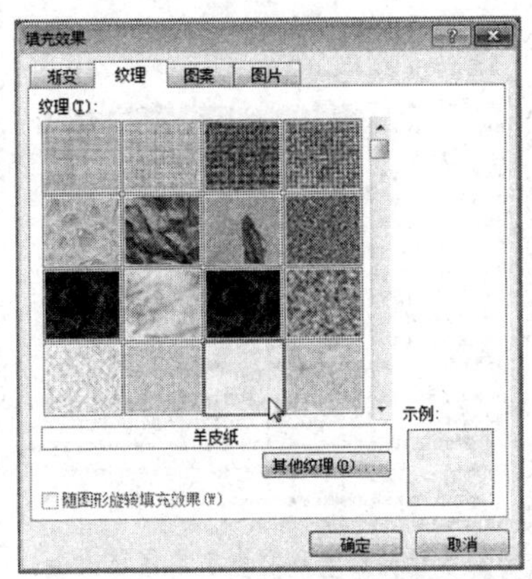

图 3-46　选择填充效果

任务八　添加页面边框

【任务内容】为文档添加样张所示的页面边框。

(1) 打开【页面布局】选项卡中【页面背景】组中的【页面边框】按钮，如图 3-47 所示。

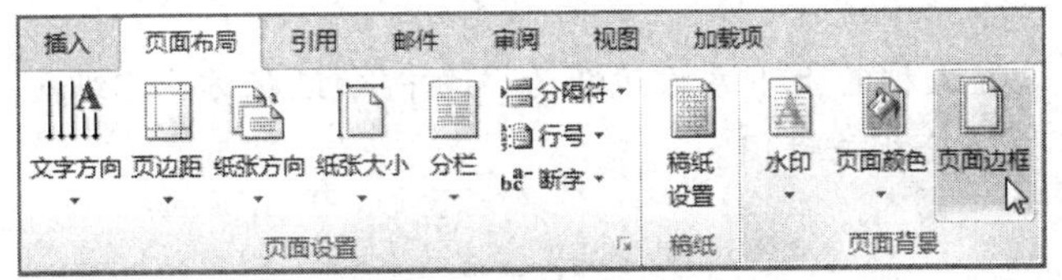

图 3-47　选择页面边框按钮

(2) 打开【边框和底纹】对话框，在【艺术型】列表中选择边框样式，在【宽度】框中设置边框粗细，在【应用于】列表框中选择“整篇文档”，单击【确定】按钮即可，如图 3-48 所示。

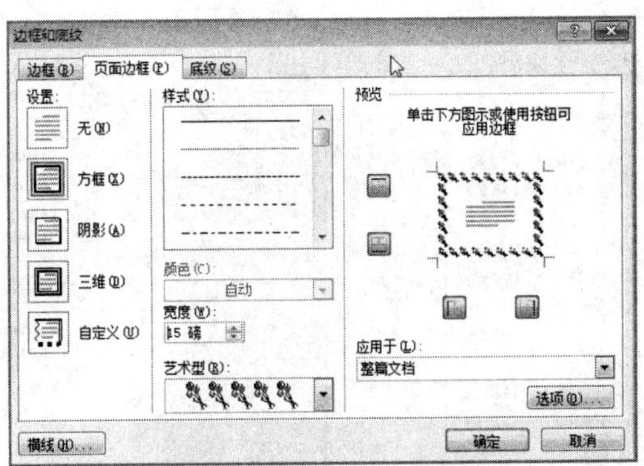

图 3-48　设置艺术型页面边框

设置页面颜色和页面边框后的文档如图 3-49 所示。

新闻稿

全国高校计算机核心技能与信息素养大赛成功落幕

为了激发学生学习计算机基础知识、技能的兴趣和潜能，提高其运用信息技术解决实际问题的综合能力，从而提升学生在升学、就业、职场等方面的竞争力，我院电子信息分院于 2014 年 4 月 23 日下午在综合实训楼计算机实训室举办了我院第三届全国高等院校计算机核心技能与信息素养大赛院校赛（IC3），我院共有 100 名学生参加此次比赛。

本次大赛共分三个模块，分别为计算机基础、常用软件和网络应用与安全。比赛过程中，同学们将平时所学理论知识充分应用到实践操作中，认真完成比赛各个模块。通过本次大赛，将对成绩合格的学生颁发微软（Microsoft）认证的 IC³ 全科证书，并推选考试成绩优异者参加 2014 年 6 月在北京举行的全国高职高专院校计算机核心技能与信息素养大赛总决赛。

我校派出的代表队在全国高等院校计算机技能比赛中荣获团体二等奖，个人单项奖一等奖一名，二等奖两名，三等奖一名的喜人成绩。

祝贺我院同学在大赛中取得优异成绩！

二〇一四年八月二十九日

图 3-49　文档设置后的效果

任务九　设置页面并打印

【任务内容】设置文档的上下左右边距为“适中”，纸张方向“纵向”，纸张大小“A4”；并将简报打印出 5 份送给相关部门。

1. 页面设置

(1) 单击【页面布局】选项卡【页面设置】组中【页边距】下拉按钮，在弹出的下拉菜单中选择“适中”，如图 3-50 所示。

(2) 单击【页面布局】选项卡【页面设置】组中【纸张方向】下拉按钮，在弹出的下拉菜单中选择“纵向”；在【纸张大小】下拉菜单中选择“A4”，如图 3-51 所示。

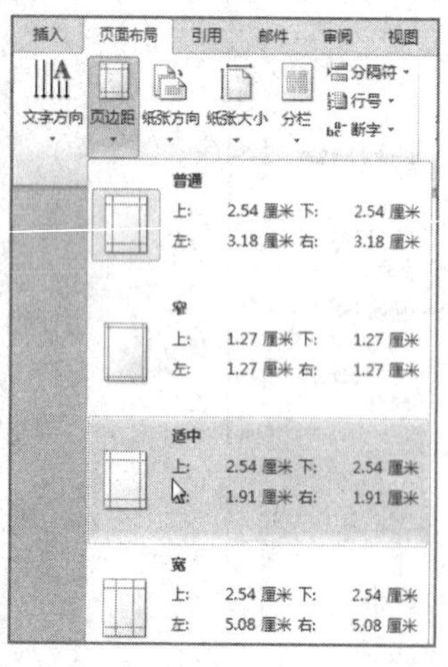

图 3-50　设置页边距

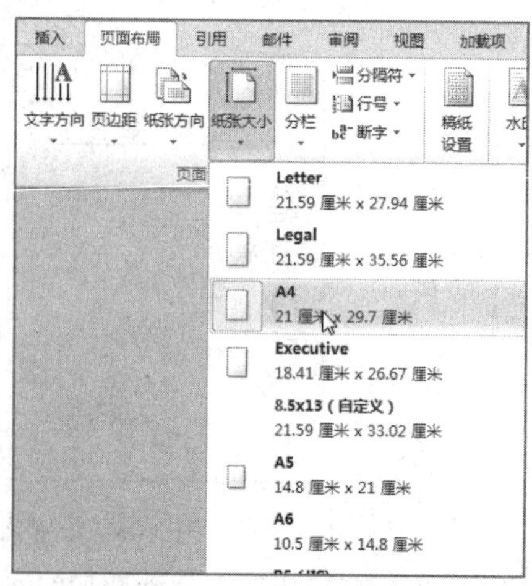

图 3-51　设置纸张大小

2. 打印简报

单击【文件】选项卡中【打印】命令，在右侧窗口中可以查看打印预览效果，【打印份数】设置为“5”，单击【打印】按钮，如图 3-52 所示。

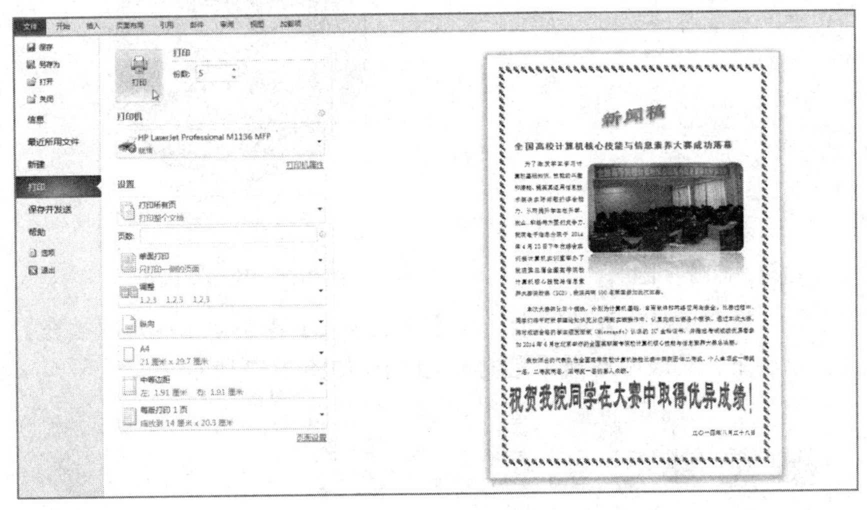

图 3-52　打印简报

双面打印

📖 项目实战

实战 1　利用 Word 2010 制作印章

利用 Word 2010 制作的印章效果如图 3-53 所示。

操作步骤：

1. 建立文档并绘制圆形

绘制圆形效果如图 3-54 所示。

图 3-53　印章

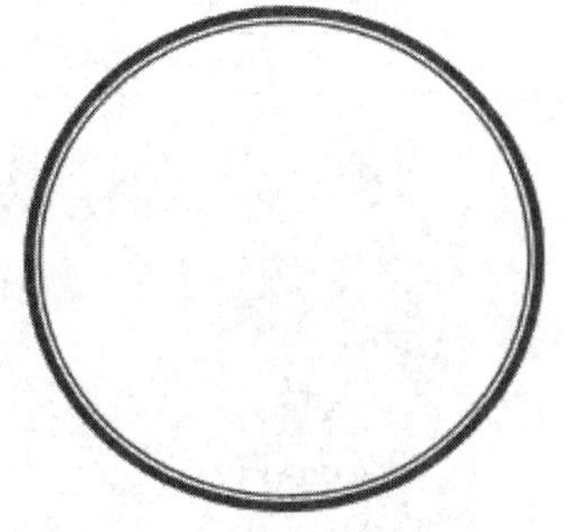

图 3-54　绘制圆形

(1) 新建一个 Word 2010 文档，打开【插入】选项卡中的【形状】按钮。

(2) 在弹出的下拉列表中选择【基本形状】中的【椭圆】样式，如图 3-55 所示。按住鼠标左键拖动，在文档中插入一个正圆形，如图 3-56 所示。

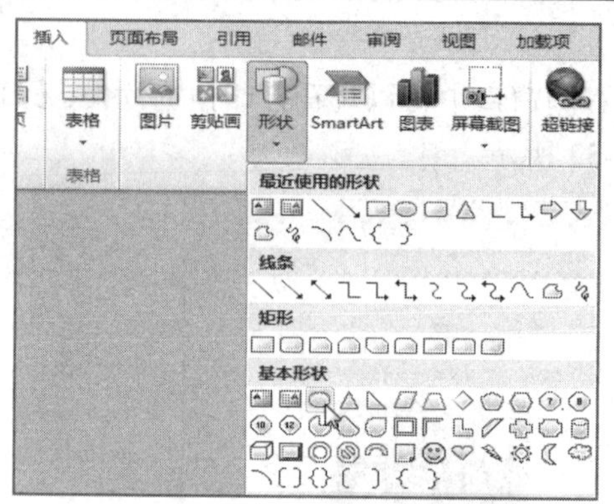

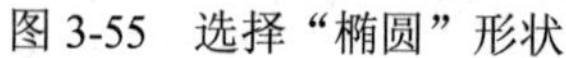
图 3-55　选择“椭圆”形状

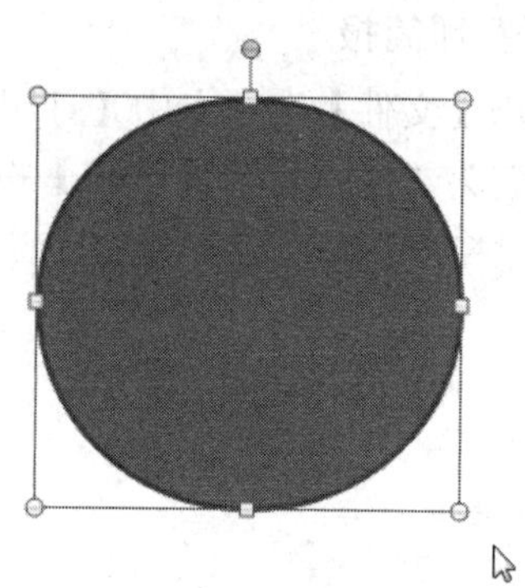
图 3-56　绘制正圆形

(3) 单击选中圆形，单击【格式】选项卡，在【形状样式】组中单击【形状填充】右侧的下拉按钮，在弹出的下拉列表中选择【无填充颜色】，如图 3-57 所示。

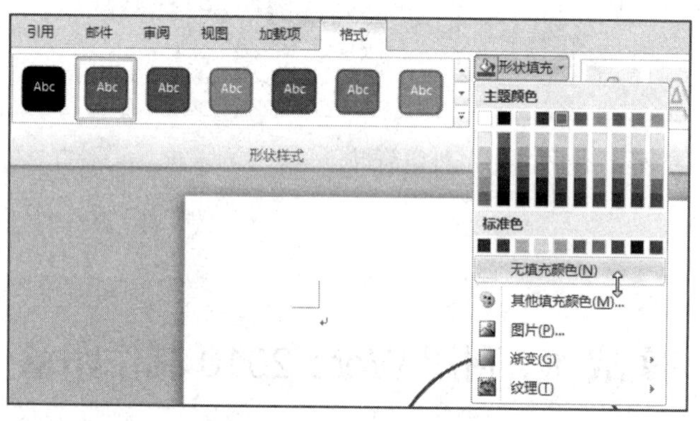

图 3-57　设置无填充颜色

(4) 单击选中圆形，在【形状样式】组中单击【形状轮廓】右侧的下拉按钮，在弹出的下拉列表中指向【虚线】命令，在弹出的下一级列表中选择【其他线条】命令，如图 3-58 所示。

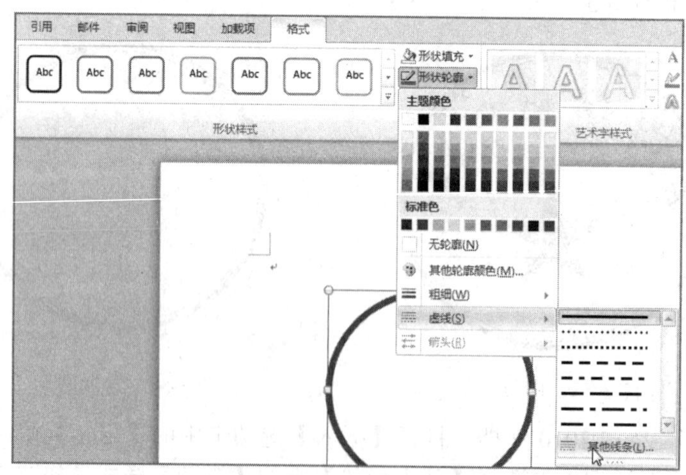

图 3-58　设置形状轮廓

(5) 打开【设置形状格式】对话框，在【线型】中设置【宽度】为“5 磅”，单击【复合类型】右侧的下拉按钮，在下拉列表中选择线型样式“由粗到细”，如图 3-59 所示。

(6) 单击【线条颜色】选项，选中“实线”，在【颜色】右侧的下拉按钮中设置边框颜色“红色”，单击【关闭】按钮，如图 3-60 所示。

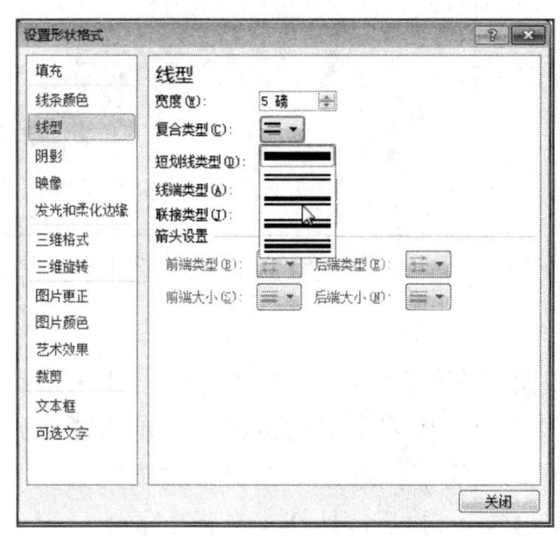

图 3-59　设置线型

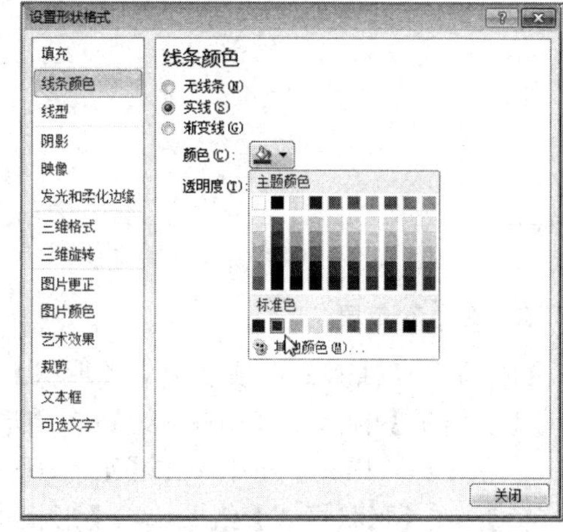

图 3-60　设置形状颜色

2. 添加艺术字

添加艺术字效果如图 3-61 所示。

(1) 单击【插入】选项卡，在【文本】组中单击【艺术字】按钮，在弹出的下拉列表中选择第 5 行第 3 列的艺术字样式，如图 3-62 所示。

图 3-61　添加艺术字效果图

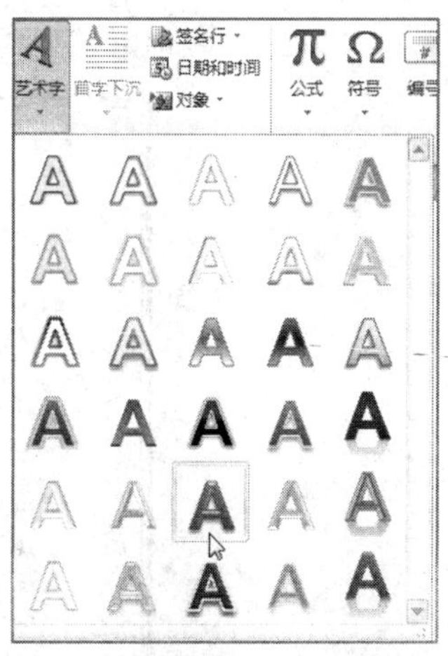

图 3-62　选择艺术字样式

(2) 在弹出的艺术字框中输入“电子信息学院”。选中艺术字，单击【艺术字样式】组中的【文本效果】按钮，在弹出的下拉列表中指向【转换】命令，在下一级列表中选择“上弯弧形”艺术字形状样式，如图 3-63 所示。

(3) 将鼠标指针移到艺术字的控点上，按住鼠标左键不放拖动缩放艺术字；按住艺术字的控点来调整弧度，如图 3-64 所示，将艺术字拖动到圆圈内。

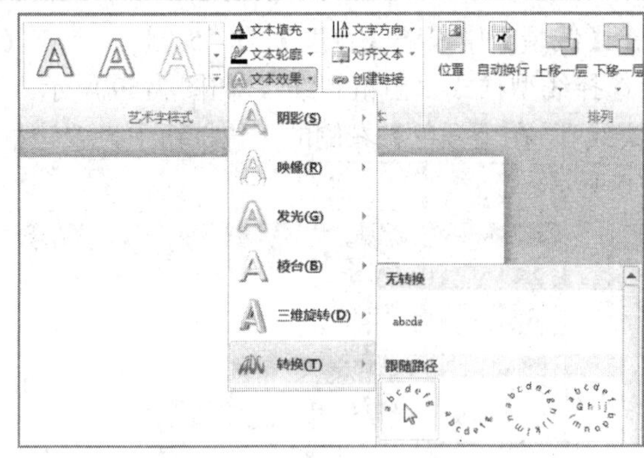

图 3-63　设置艺术字上弯弧形

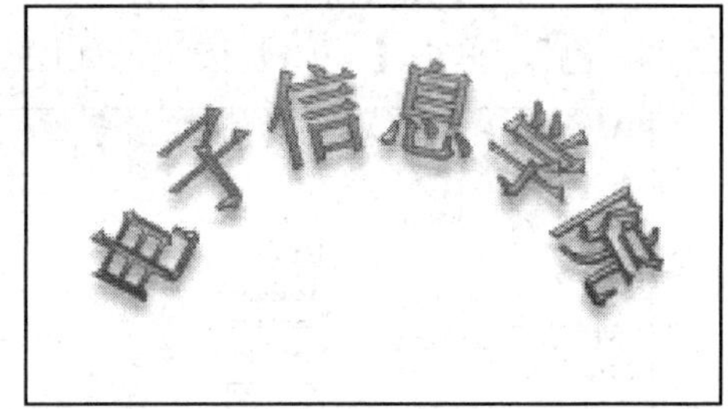

图 3-64　插入艺术字

3. 添加五角星

(1) 打开【插入】选项卡中的【形状】按钮，在弹出的下拉列表中选择【星与旗帜】中的【五角星】样式，拖动鼠标左键在圆形内画一个相应大小的五角星。单击【格式】选项卡，在【形状样式】组中单击【形状填充】右侧的下拉按钮，在弹出的下拉列表中选择【红色】；在【形状样式】组中单击【形状轮廓】右侧的下拉按钮，在弹出的下拉列表中也选择【红色】。

(2) 拖动五角星到圆中部适当位置，将所有图形组合在一起。

实战 2　制作“网页设计大赛”海报

“网页设计大赛”海报的效果图如图 3-65 所示。

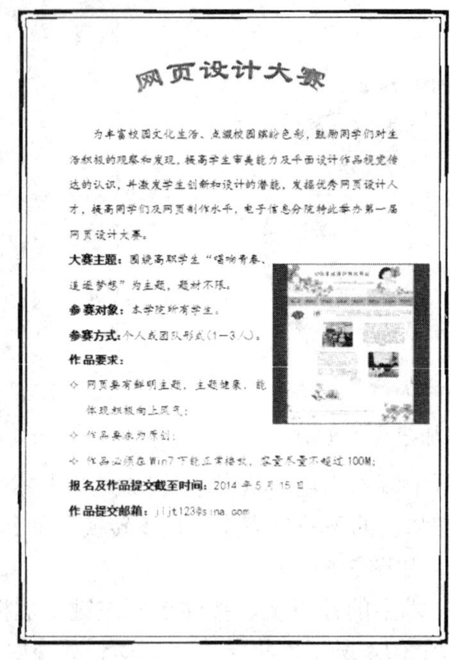

网页设计大赛

为丰富校园文化生活、点缀校园缤纷色彩，鼓励同学们对生活积极的观察和发现，提高学生审美能力及平面设计作品视觉传达的认识，并激发学生创新和设计的潜能，发掘优秀网页设计人才，提高同学们及网页制作水平，电子信息分院特此举办第一届网页设计大赛。

大赛主题：围绕高职学生“唱响青春、追逐梦想”为主题，题材不限。

参赛对象：本学院所有学生。

参赛方式：个人或团队形式(1—3人)。

作品要求：

◇ 网页要有鲜明主题，主题健康，能体现积极向上风气；

◇ 作品要求为原创；

◇ 作品必须在Win7下能正常播放，容量尽量不超过100M；

报名及作品提交截至时间：2014年5月15日

作品提交邮箱：jljt123@sina.com

图 3-65　“网页设计大赛”海报效果图

操作步骤：

(1) 新建一个 Word 文档，输入如图 3-65 所示海报内容，将文档命名为“网页设计大赛海报”。

(2) 将文档字体设置为“楷体、小三号”，将“大赛主题”等部分字体设置为“黑体、加粗”。(建议使用格式刷操作)

(3) 选中第一段文本，段落设置为“首行缩进、2 字符”。

(4) 为“作品要求”下方三个段落的文本添加如图所示项目符号。选中这三个段落，单击【开始】选项卡中【段落】组中的【项目符号】按钮右侧的下拉箭头，选择如图 3-66 所示项目符号。

(5) 本实战案例开头添加艺术字“网页设计大赛”，字体设置为“隶书”，字号“48 号”，艺术字样式“4 行 2 列”，文本效果选择“转换”中的“上弯弧”型，“上下型环绕”，适当调整艺术字大小，居中显示。

(6) 插入名为“网页”的图片文件，设置图片格式为“四周型环绕”，适当调整图片大小，拖动图片到合适位置。

(7) 添加如图 3-65 所示的艺术型边框。

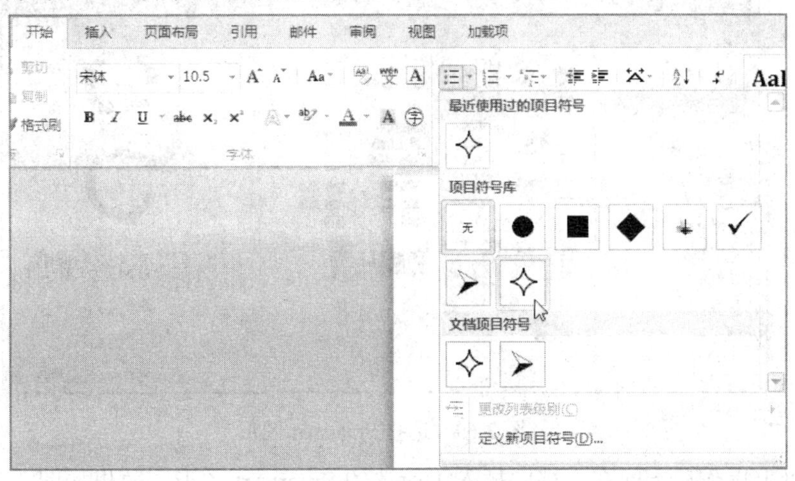

图 3-66 添加项目符号

实战 3 利用 SmartArt 制作银行卡开户流程

在 Word 2010 中，系统提供了 SmartArt 图形功能，可以帮助用户在文档中轻松地绘制出列表、流程、循环以及层次结构等相关联的图形对象，使文档更加形象、生动，并容易理解。图 3-67 为利用 SmartArt 制作银行储蓄卡开户流程图。

操作步骤：

(1) 新建一个空白文档，选择【插入】选项卡【插图】组中的 SmartArt 按钮，如图 3-68 所示。

(2) 弹出【选择 SmartArt 图形】对话框，单击左侧的【流程】，在右侧【列表】中选择“圆箭头流程”，单击【确定】按钮，如图 3-69 所示。

图 3-67　银行储蓄卡开户流程图

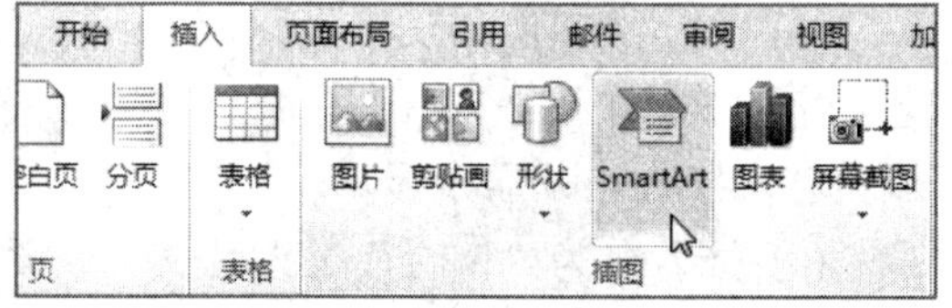

图 3-68　单击 SmartArt 按钮

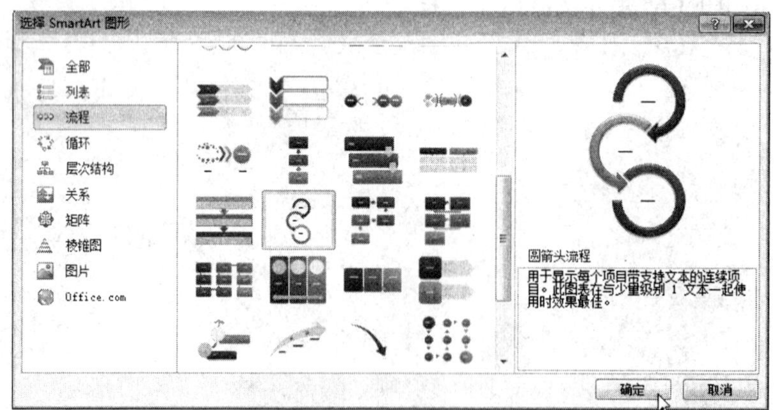

图 3-69　选择 SmartArt 图形

执行以上操作后，即在文档中插入了所选的 SmartArt 图形，效果如图 3-70 所示。

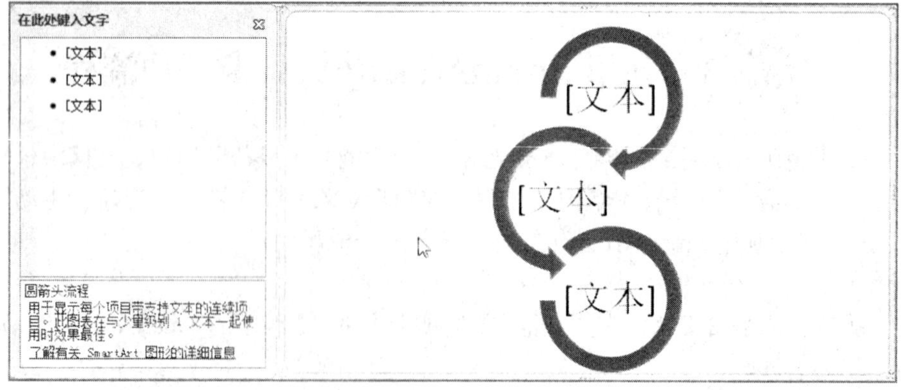

图 3-70　显示插入的 SmartArt 图形

(3) 将光标定位到第一个文本框中，输入相应的文字。采用相同方法，在其他文本框中输入相应文字，如图 3-71 所示。

(4) 如果 SmartArt 图形预设的样式数量不能满足编辑的需要，可以进行形状的插入操作。选中图形中的最后一个形状，单击鼠标右键，在弹出的快捷菜单中选择【添加形状】中的【在后面添加形状】，如图 3-72 所示，此时在所选择的形状后面添加了新的形状。

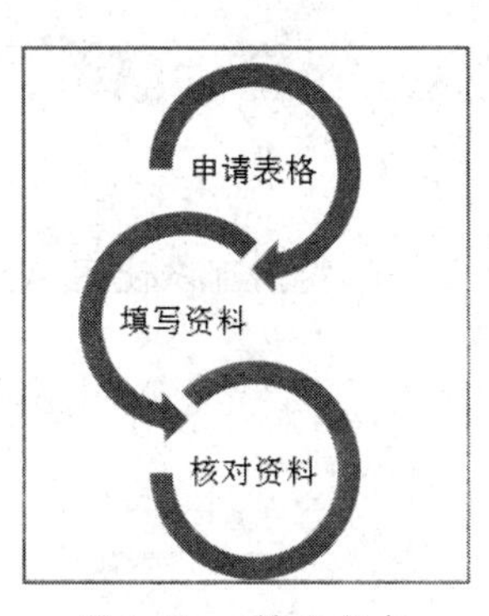

图 3-71　输入文本

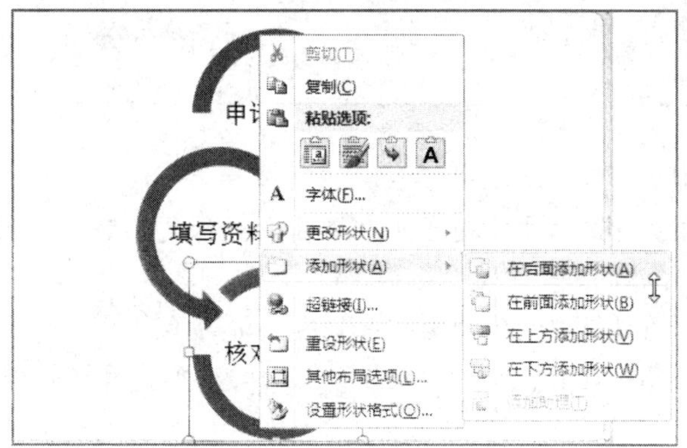

图 3-72　在后面添加形状

(5) 在添加的新形状中输入相应文本“领取储蓄卡”，如图 3-67 所示。

(6) 为文档添加艺术字标题“办理银行储蓄卡开户流程”。

(7) 如果想要更换 SmartArt 图形的样式，可以先选中图形，然后单击【SmartArt 工具设计】选项卡，在【布局】框中选择“向上箭头”样式，如图 3-73 所示。执行上述操作后，图形即更改为如图 3-74 所示样式。

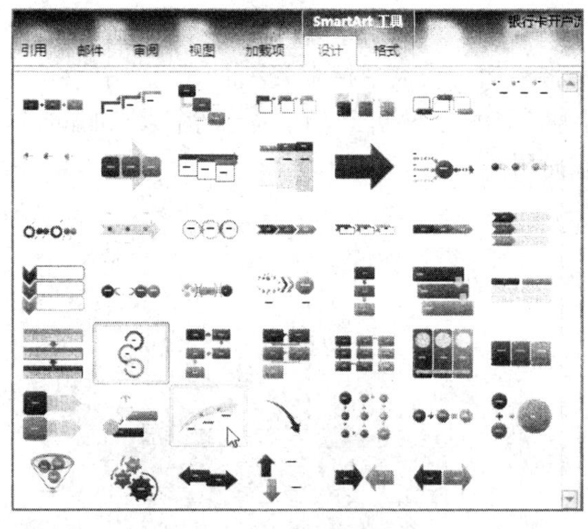

图 3-73　更换图形样式

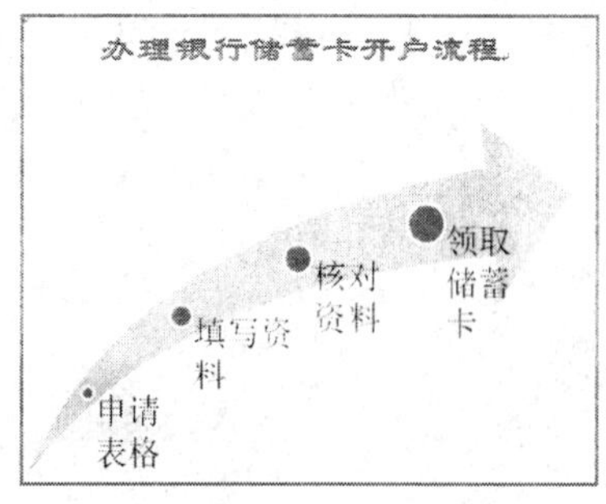

图 3-74　显示更换后的样式

项目四　Word 高级应用——制作个人简历

在实际工作中，对于那些不需要进行复杂数据处理的表格文档，我们可以使用 Word 来进行编辑。

本项目通过制作一份个人简历，讲述了在 Word 2010 环境下，如何制作清晰、美观的表格，并对页眉、页脚的设置、封面的添加、表格的编辑等做了介绍。

项目目标

- 熟练掌握封面的制作。
- 熟练掌握页眉、页脚的设置。
- 熟练掌握表格的制作。
- 熟练掌握邮件的合并。

项目描述

小刘是一名面临毕业的大四学生，即将参加一次大型招聘会。面试过程中除了需要有过硬的知识储备和工作能力外，还应该让别人尽快了解自己。而简历是个人求职的敲门砖。小刘现在的任务就是制作一份精美的求职简历。

图 4-1 即为小刘制作好的个人简历。

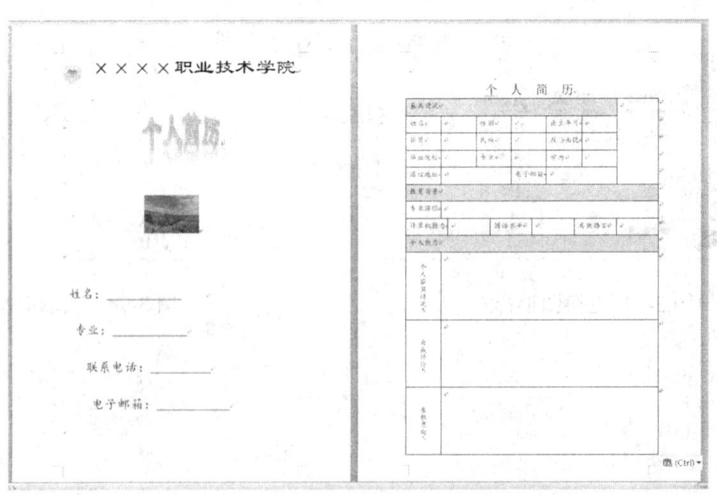

图 4-1　个人简历

项目实施

任务一 文档的建立与操作

【任务内容】新建 Word 文档，以“个人简历”命名并保存到桌面上。

新建 Word 文档的步骤：

(1) 启动 Word，即创建一个新的空白 Word 文档。

(2) 单击【文件】菜单的【保存】按钮，打开【另存为】对话框，在【保存位置】下拉列表框中选择“桌面”选项，在【文件名】中输入“个人简历”，单击 保存(S) 按钮。

任务二 添加页眉和页脚

【任务内容】文档页面设置为:纸张“A4”“纵向”，页边距上、下均为“2.5 厘米”，页边距左、右为“3 厘米”，“装订线位置”为“上”，“装订线”距离为“0.5 厘米”；只在第二页的页脚位置添加页码“1”，并居中放置。

1. 页面设置

(1) 单击【页面布局】选项卡，在【页面设置】组中单击对话框启动按钮，打开【页面设置】对话框，单击【纸张】标签，在【纸张大小】下拉列表中选择“A4”。

(2) 单击【页边距】标签，在【纸张方向】中设置【纵向】，在【页边距】区域的【上】【下】【左】【右】四个位置录入“2.5 厘米”“2.5 厘米”“3 厘米”“3 厘米”；在【装订线位置】列表中选择“上”；【装订线】调整为“0.5 厘米”，单击【确定】按钮，如图 4-2 所示。

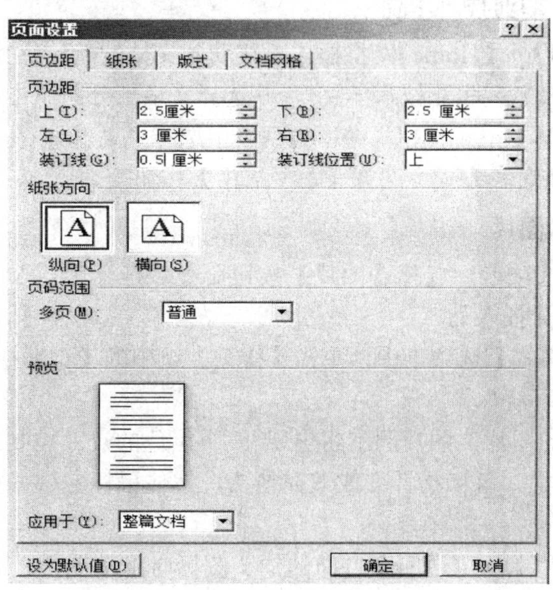

图 4-2 【页面设置】对话框

2. 设置页眉和页脚内容

(1) 单击【页面布局】选项卡，在【页面设置】组中单击【分隔符】按钮，在下拉列表中选择【下一页】命令。

(2) 单击【插入】选项卡，在【页眉和页脚】组中单击【页码】按钮，在【页码】下拉列表中选择【设置页码格式】命令，打开【页码格式】对话框，设置【编号格式】以及【起始页码】如图 4-3 所示。

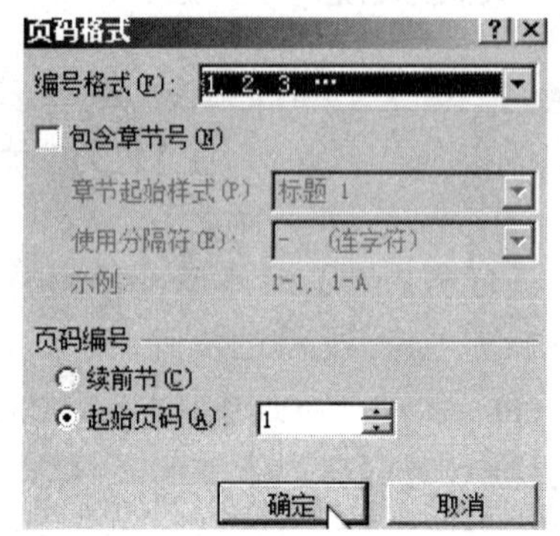

图 4-3　设置页码格式对话框

(3) 单击【页眉和页脚】组中的【页脚】按钮，选择下拉列表中的第一项【空白】。在【导航】组中单击【链接到前一条页眉】按钮，取消链接状态。单击【页眉和页脚】组中的【页码】按钮，在【页码】下拉列表中，选择“页面底端”命令，在其下级列表中选择“普通数字 2”命令，在第二页页面底端填加页码“1”，并居中显示。

任务三　制作个人简历封面

【任务内容】在封面录入“××××职业技术学院”，字体为“隶书”，字号为“36”，“粗体”，水平居中；插入“校徽”图片并调整适当的大小及位置；添加“个人简历”艺术字，艺术字文本样式为“填充橙色-强调文字颜色 6”、字体“隶书”、字号“36”；在文字效果中，转换路径为“山形”，影像为“半影像”；环绕方式“上下型环绕”；为封面添加“姓名:”“专业:”“联系电话:”“电子邮箱:”文字。

1. 输入“××××职业技术学院”

(1) 按快捷键【Ctrl】+【Home】，将插入点移动到文档的起始位置。

(2) 录入文字“××××职业技术学院”，并选择文字部分。单击【开始】选项卡，在【字体】组中选择【字体】下拉按钮，在下拉列表中选择“隶书”；在【字号】下拉列表中选择“36”、“粗体”；在对齐方式上选择【水平居中】按钮。

2. 为封面添加校徽图片

(1) 单击【插入】选项卡，选择【图片】按钮命令，打开【插入图片】对话框，选中“校徽”图片，再单击【插入】。

(2) 在【图片工具格式】选项卡中，单击【排列】组中的【自动换行】按钮，在下拉列表中选择“四周型环绕”。

(3) 单击需要插入的图片，图片周围将出现 8 个黑色的尺寸控制点，将鼠标移动到图片任意一个尺寸控制点上，鼠标指针变成双向箭头，按住鼠标左键并拖动，直到图片大小合适为止。

(4) 将鼠标放于图片上，出现四个方向的箭头图标时拖动图片，将图片移动到合适位置，如图 4-4 所示。

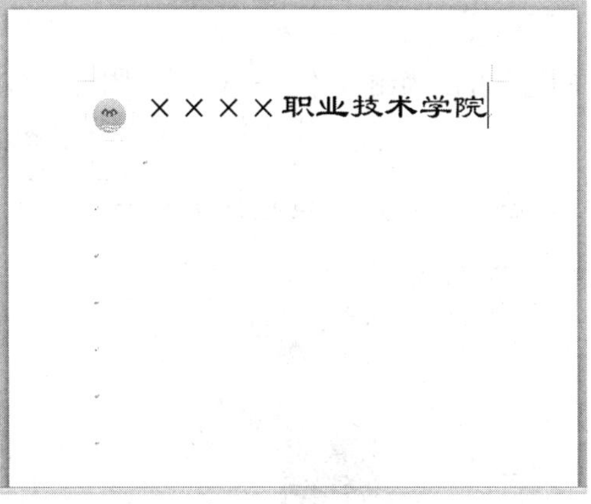

图 4-4　添加校徽后的效果图

3. 为封面添加“个人简历”艺术字

(1) 按“Enter”键换行。

(2) 单击【插入】选项卡，在【文本】组中单击【艺术字】按钮，在下拉列表中选择艺术字为第 6 行第 2 列的样式，在主界面中出现“编辑艺术字”文本框，在文本框中输入“个人简历”艺术字，选择“个人简历”艺术字，单击【开始】选项卡，在【字体】组中选择“隶书”，在【字号】下拉列表中选择“36”。

(3) 单击【绘图工具 / 格式】选项卡，在【艺术字样式】组中单击【文本效果】按钮，在下拉列表【转换】命令的下一级列表中选择“山形”，在【映像】命令下一级列表中选择“半映像，接触”。

(4) 在【绘图工具 / 格式】选项卡，在【排列】组中单击【自动换行】按钮，在下拉列表中选择“上下环绕型”。

(5) 单击文档中的艺术字，艺术字周围出现 8 个白色的尺寸控制点，将鼠标移动到任意一个尺寸控制点上，鼠标指针将变成双向十字箭头，按住鼠标左键并拖动艺术字到适当位置， 如图 4-5 所示。

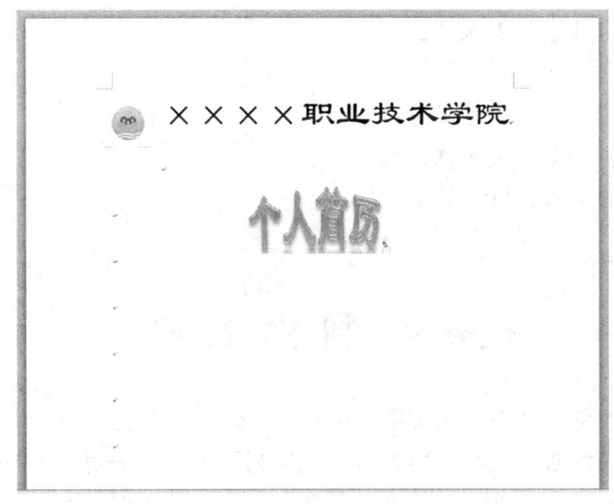

图 4-5　加艺术字后效果图

4. 添加校园图图片

采用为封面添加校徽图片的方法为封面添加“校园”图片，效果如图 4-6 所示。

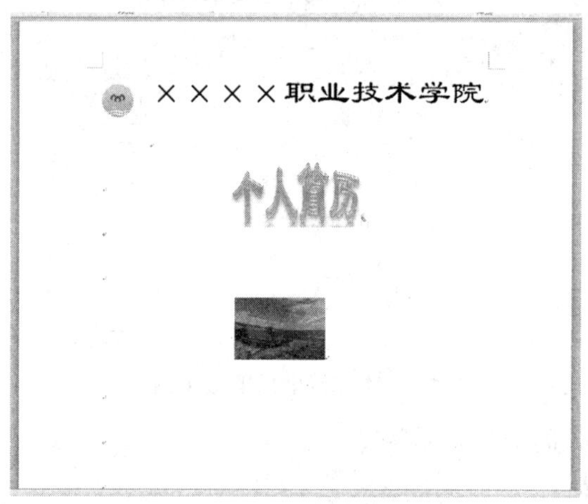

图 4-6 添加“校园”图片后效果

5. 为封面添加文字

(1) 将鼠标移至下方需添加文字的空白位置。

(2) 在插入点录入“姓名:”之后，单击【开始】选项卡，在【字体】组中单击【下划线】按钮 U ，并录入“空格”；选中整行，单击【开始】选项卡【段落】组中的启动段落对话框按钮 段落 ，打开【段落】对话框，在【缩进】中，【左侧】选择“1 厘米”，【间距】中设置【段前】为“2 行”，单击【确定】按钮；设置【字体】组中【字体】为“楷体”，【字号】为“22”。

(3) 按“Enter”键换行，用同样的方法录入“专业:”“联系电话:”“电子邮箱:”，并使【缩进】中的【左侧】数值依次递增 1 厘米，完成封面文本的录入。封面效果图如图 4-7 所示。

图 4-7 封面效果图

任务四 制 作 表 格

【任务内容】 录入标题“个人简历”，字体“宋体”，字号为“一号”，字形为“粗体”，字符间距为“加宽”、“8 磅”；插入“12 行”、“7 列”表格，合并、拆分单元格如图 4-11 所示。录入相应内容如图 4-12 所示。字体“楷体”，字号“小四”；最后三行“行距”为“最小值 4 厘米”，其他行为“最小值 1 厘米”。表格中文字“基本情况”“教育背景”“基本能力”文字为“文字竖写”格式，其所在单元格底纹颜色为“深色 15%”；表格外框线线型为“外粗内细”。

1. 输入“个人简历”标题

(1) 按【Ctrl】+【End】组合键，将光标移动到文档第二页开始位置。

(2) 在插入点录入文字“个人简历”并选择该文本，单击【开始】选项卡【字体】组中的启动字体对话按钮，启动【字体】对话框，选择“一号”“加粗”“宋体”，如图书 4-8 所示。单击【高级】标签，在【间距】列表中选择“加宽”，在【磅值】中输入“8 磅”，单击【确定】按钮完成设置，如图 4-9 所示。

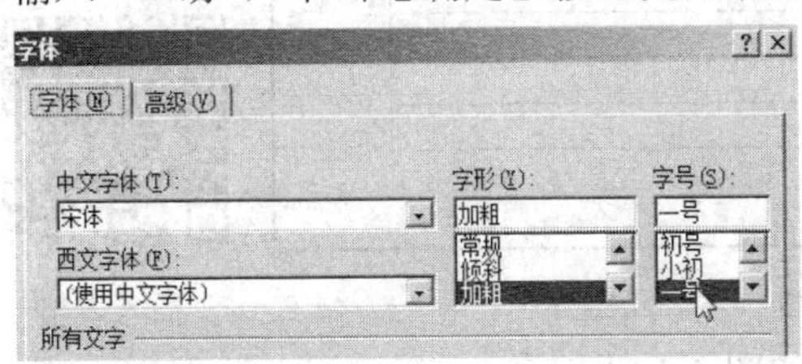

图 4-8 【字体】选项卡对话框

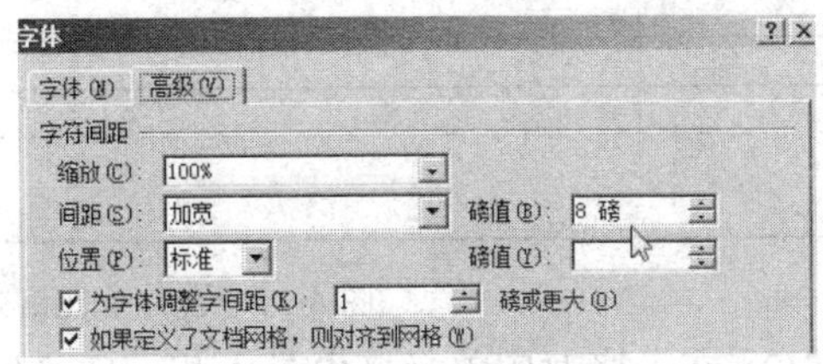

图 4-9 【高级】选项卡对话框

2. 建立表格

(1) 按【Enter】键换行。

(2) 单击【插入】选项卡，并单击【表格】按钮，在下拉列表中单击 插入表格(I)... 命令，打开【插入表格】对话框，【行数】和【列数】分别设置为“12”和“7”，单击【确定】按钮，如图 4-10 所示。

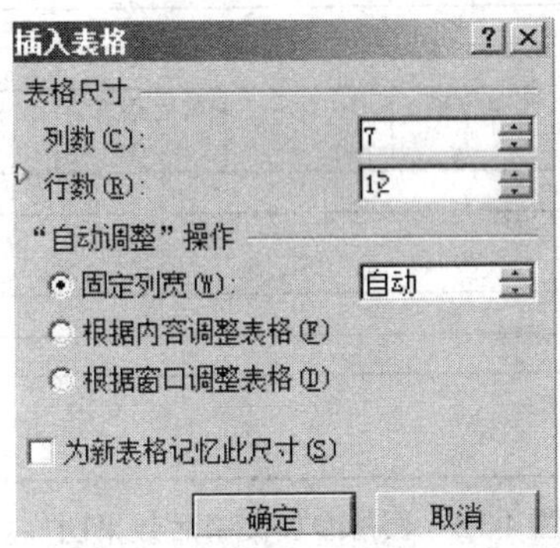

图 4-10 【插入表格】对话框

3. 修改表格

(1) 选中第 1 行中的 1~6 列的 6 个单元格，单击【表格工具/布局】选项卡，再单击【合并】组中的【合并单元格】按钮。

用同样的方法对第 5 行的 2～3 列及 5～6 列单元格、第 6 行的所有单元、第 7 行的 2～7 列单元格、第 8 行的后两个单元格、第 9 行的所有单元格、第 10 行的 2～7 列单元格、第 11 行的 2～7 列单元格、第 12 行的 2～7 列单元格、第 7 列的 1～5 行单元格进行【合并单元格】操作，效果如图 4-11 所示。

个 人 简 历

图 4-11　合并单元格效果图

插入表格

(2) 在表格对应单元格内录入相应的文字，如图 4-12 所示。

个 人 简 历

基本情况						
姓　　名		性　　别		出生年月		
籍　　贯		民　　族		政治面貌		
毕业院校		专　　业		学　　历		
通信地址			电子邮箱			
教育背景						
专业课程						
计算机能力		国语水平		其他语言		
个人能力						
个人获奖情况						
自我评价						
求职意向						

图 4-12　表格添加文字后效果图

4. 设置表格

表格的属性包括表格的行高、列宽、对齐方式及表格的位置等，这些都是表格制作过程中的常用操作。

(1) 单击表格左上角的【全选】按钮，单击【开始】选项卡，在【字体】组中，选择“楷体”，【字号】选择“小四”；在选中的表格上单击鼠标右键，选择【表格属性】，打开【表格属性】对话框，选择“行”标签，各数值设置如图 4-13 所示，单击【确定】按钮；单击【表格工具/布局】选项卡，在【对齐方式】组中选择【水平居中】按钮。

(2) 选中第 8 行所有单元格，单击【表格工具/布局】选项卡，在【单元格大小】组中选择【平均分布各列】按钮分布列。

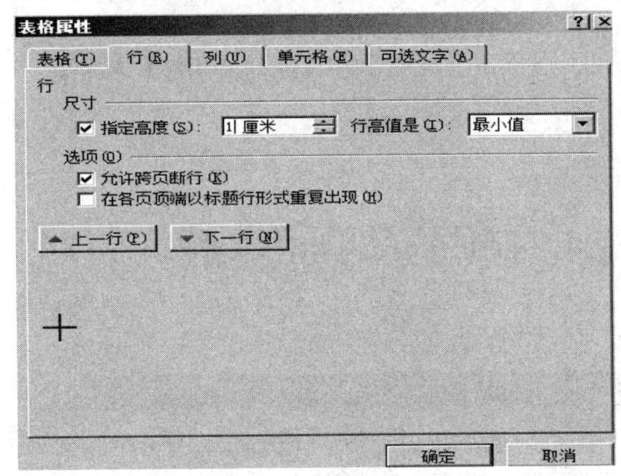

图 4-13　【表格属性】对话框

边框和底纹

(3) 拖动选中表格最后 3 行，单击鼠标右键，选择【表格属性】，打开【表格属性】对话框，按要求设置各参数，如图 4-14 所示。

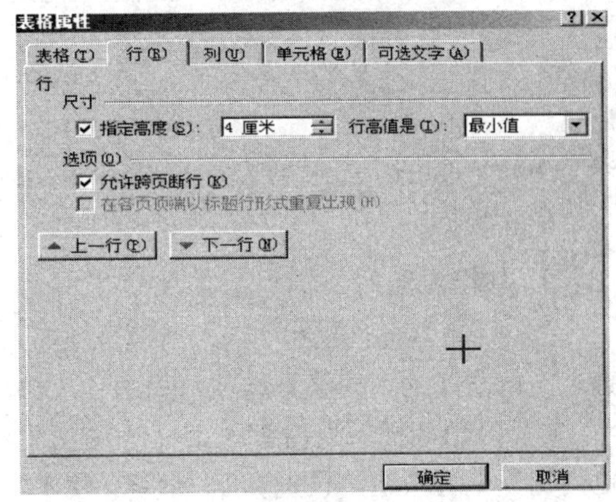

图 4-14　【表格属性】对话框

(4) 拖动选择文字“个人获奖情况”、“自我评价”、“求职意向”，单击【表格工具/布局】选项卡，单击【对齐方式】组中按钮和中部居中按钮，改变文字方向和对齐方式。

(5) 按下【Ctrl】键，同时选中“基本情况”“教育背景”“个人能力”三个单元格，单击【表格工具/设计】选项卡，在【表格样式】组中单击【底纹】按钮底纹，选择“白色，背景 1，深色 15%”，最后单击【确定】按钮，完成操作。

(6) 单击表格左上角的【全选】按钮，单击【表格工具/设计】选项卡，在【表格样式】组中单击【边框】按钮边框下拉箭头，选择【边框和底纹】命令，打开【边框和底纹】对话框，设置边框为“外粗内细”线型。

项目总结

通过制作个人简历，我们学习了在 Word 文档中字符格式、页面格式的设置，对文档进行分节以及表格的制作等操作。在操作过程中，需要注意以下几点：

(1) 多页文档，利用节可给文档的设计带来极大的方便，在不同的节中可以设置不同的页面格式，但一定要取消“链接到前一个页眉”按钮。

(2) 表格的编辑设置可以通过【表格工具 / 设计】选项卡【表格样式】组中的各按钮进行设置。

(3) 表格内文字要对齐，即要选择【表格工具/布局】选项卡【对齐方式】组中各按钮来控制。

(4) 制作不规则表格时，可用【合并单元格】和【拆分单元格】来完成。

📖 项目实战

实战 1　制作商品单价明细表

制作的商品单价明细表效果如图 4-15 所示。

产品名称	类别	生产地	单价
电冰箱	电器	北京	2670.00
空调	电器	长沙	4560.00
工业溶剂	化工	上海	410.00
聚乙烯塑料	化工	上海	1125.00
工作椅	家具	广州	218.00
书橱	家具	北京	590.00
组合家具	家具	广州	2870.00

图 4-15　商品单价明细表

操作步骤：

1. 制作表格

(1) 新建 Word 2010 文档，切换至【插入】选项卡，单击【表格】按钮，从展开的下拉列表中单击【插入表格】选项，如图 4-16 所示。

(2) 弹出【插入表格】对话框，设置插入表格的列数为“4”，行数为“8”，选中【固定列宽】单选按钮，设置宽度为“3.0 厘米”，单击【确定】按钮，如图 4-17 所示。

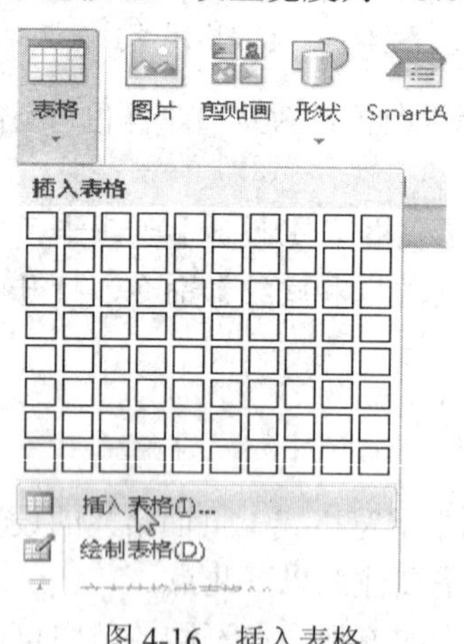

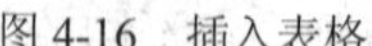

图 4-16　插入表格

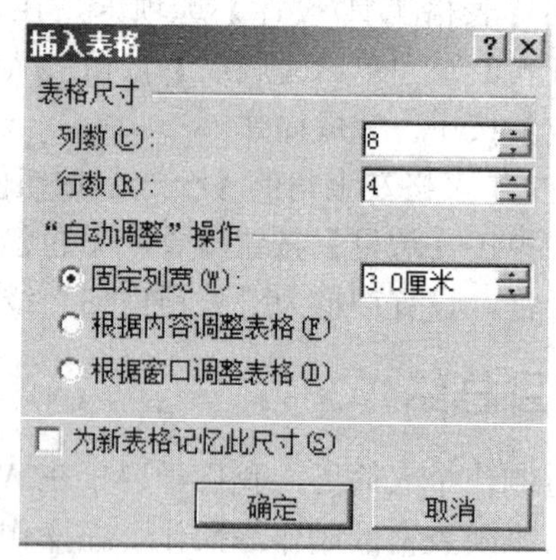

图 4-17　【插入表格】对话框

(3) 返回文档界面，此时可看见插入的 8 行 4 列表格，在表格中输入产品名称、类别、生产地和单价数据。

(4) 选中整个表格，切换至【表格工具/设计】选项卡，单击【表格样式】组中的【其他】按钮，从展开的库中选择“浅色列表-强调文字颜色 4”样式，如图 4-18 所示。

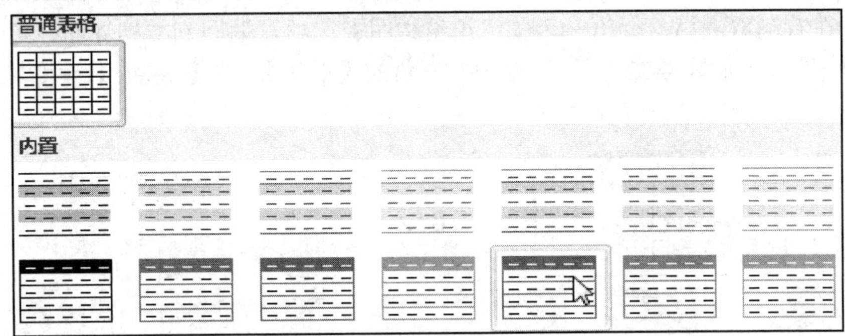

图 4-18　表格样式

(5) 在【表格样式选项】组中勾选【镶边列】复选框，取消勾选【镶边行】复选框。

2. 编辑表格样式

(1) 此时可看见套用表格样式并设置表格样式选项后的商品单价明细表样式的变化。

(2) 再次选中整个表格，切换至【开始】选项卡，在【段落】组中单击【居中】按钮。

实战 2　制作公司组织结构图

制作的公司组织结构图，效果如图 4-19 所示。

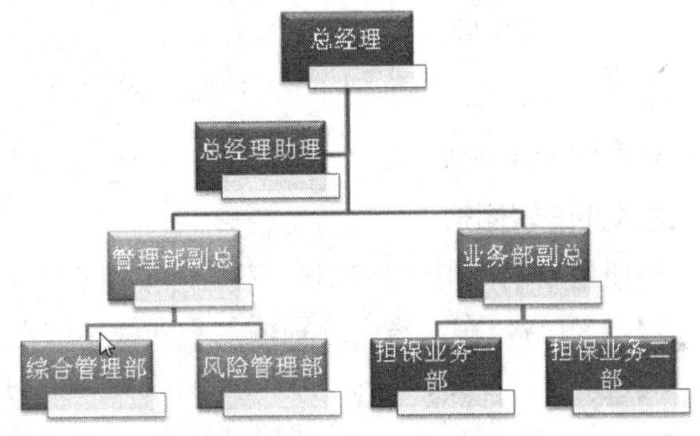

图 4-19　公司组织结构图

操作步骤：

1. 插入 SmartArt 图形

(1) 新建 Word 文档，切换至【插入】选项卡，单击【SmrtArt】按钮，如图 4-20 所示。这时会弹出【选择 SmartArt 图形】对话框，单击【层次结构】选项，如图 4-21 所示。

图 4-20　【SmrtArt】按钮

图 4-21　【层次结构】选项

(2) 在右侧双击第一行第一个【组织结构图】选项，返回到文档界面，可看见插入的 SmartArt 图形，如图 4-22 所示。选中右下角的【形状】，按【Delete】键将其删除，如图 4-23 所示。

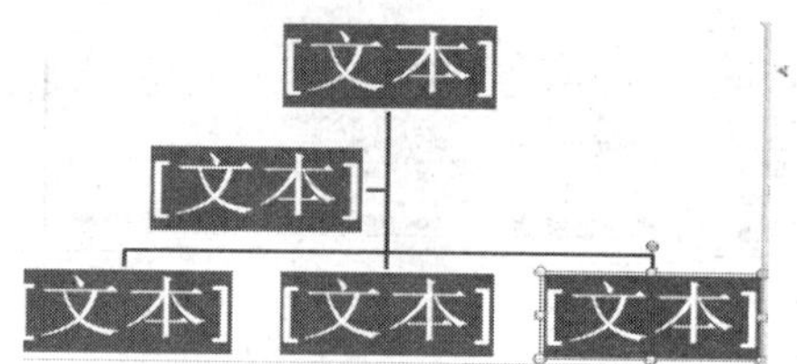

图 4-22　插入的 SmartArt 图形

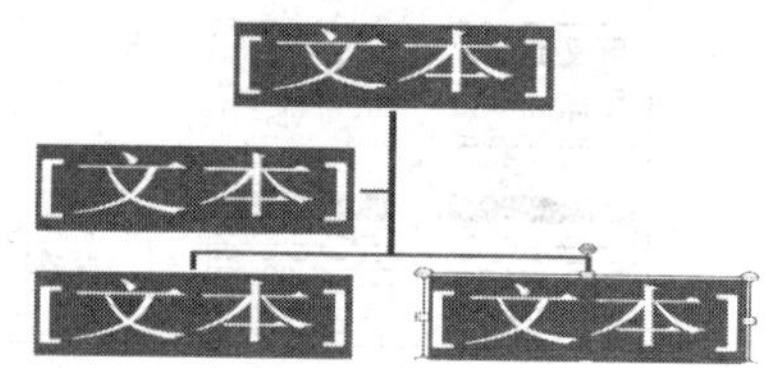

图 4-23　删除后的 SmartArt 图形

(3) 切换至【SmartArt 工具/设计】选项卡，单击【添加形状】按钮，如图 4-24 所示。在展开的下拉列表中单击【在下方添加形状】选项，可看见添加的形状出现在被选定中图形的下方，如图 4-25 所示。

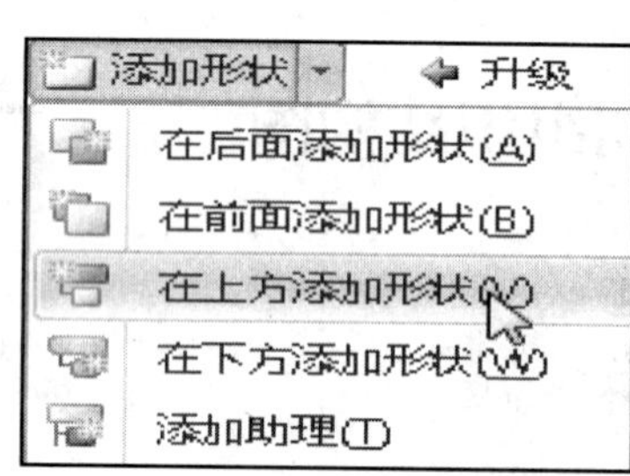

图 4-24　【添加形状】按钮

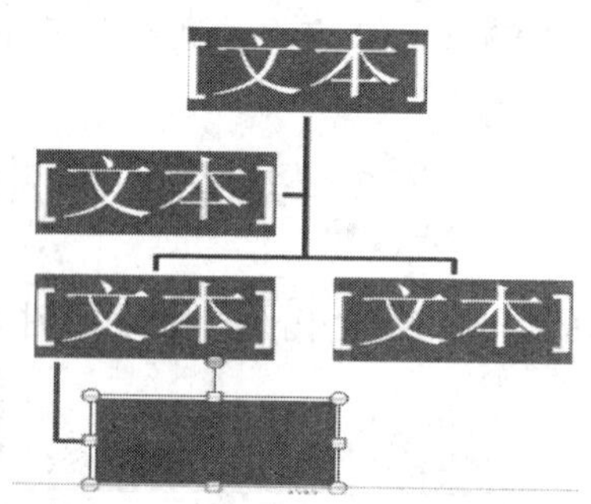

图 4-25　在下方添加形状

2. 在形状上输入文本并编辑图形

(1) 用相同的方法按照题中的图形添加形状。添加后单击【展开/折叠】按钮，如图 4-26 所示。这时会弹出【文本】窗格，在窗格中分别输入不同级别的形状所对应的文本，输完后可在右侧看见 SmartArt 图形中的文本也发生了相应的改变，如图 4-27 所示。

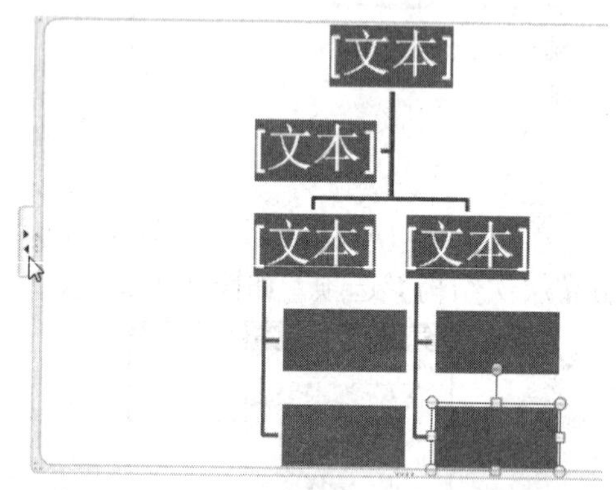

图 4-26　单击【展开/折叠】按钮

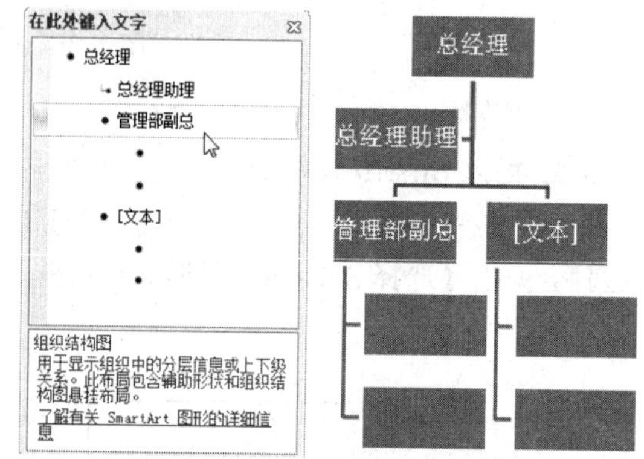

图 4-27　SmartArt 图形中的文本

(2) 切换至【SmartArt 工具/设计】选项卡，在【布局】组中单击【其他】按钮，在展开的库中选择“姓名和职务组织结构图”布局。

(3) 单击【SmartArt 样式】组中的【更改颜色】按钮，在展开的库中选择“彩色范围-强调文字颜色 3～4”样式。再单击【SmartArt 样式】组中的【其他】按钮，在展开的库中选择“强烈效果”样式，可看见最终的效果图。

实战 3　Word 屏幕截图

1. 在指定位置插入自动截图

将光标置于要插入窗口图片的位置。在【插入】选项卡和【插图】组中单击【屏幕截图】按钮，从展开的下拉列表中选择自动截取的窗口图片。此时，可在文档中看见所选的窗口图片已插入文档中。

2. 在指定的位置插入手动截图

将光标置于文档中需要插入截图的位置，单击【屏幕截图】按钮，在展开的下拉列表中单击【屏幕剪辑】选项。此时，鼠标指针呈十字状，将指针移至开始截图的位置，按住鼠标左键并拖动鼠标，拖至合适位置处释放鼠标左键，即可看见所截取的图片已被插入到了文档中。

邮件合并

项目五　Excel 基本应用——制作通讯录

Excel 2010 是美国 Microsoft 公司开发的一款功能强大的电子表格处理软件，使用该软件可以快速地绘制需要的表格，并运用公式和函数完成复杂的数据运算。强大的图表功能可以分析数据的变化趋势，对数据进行统计、分析和整理等。

本项目通过制作一份员工通讯录，讲述如何利用 Excel 2010 创建工作簿和编辑工作表，如何通过格式设置对工作表进行美化，以及为了打印出精美的电子表格，如何对工作表进行预览和打印设置。

项目目标

- 熟练掌握 Excel 工作簿和工作表的基本设置。
- 熟练掌握 Excel 录入和编辑数据的方法。
- 熟练掌握 Excel 美化表格的方法。

项目描述

小王是公司的秘书，为了方便公司内部员工之间的联系，提高工作效率，使员工能在一些紧急情况下快速地找到需要的负责人，小王制作了一份员工通讯录，对公司员工的部门、员工编号、姓名、性别、办公电话、手机和 E-mail 地址进行了详细的登记。

图 5-1 和图 5-2 分别是小王制作好的员工通讯录封面和通讯录内容。

图 5-1　通讯录封面

通讯录

类别 / 部门名称	员工编号	姓名	性别	办公电话	手机	E-mail地址
总裁室	001	柴永生	男	0431-85320001	13504332231	cys@sina.com
	002	吴小莉	女	0431-85320002	18978321340	wxl@sina.com
	003	张燕	女	0431-85320003	15504498765	zy@sina.com
	004	张成	男	0431-85320004	15867892134	zc@sina.com
产品部	005	张志春	男	0431-85320005	13556467891	zzc@sina.com
	006	杜光林	男	0431-85320006	13756734521	dgl@sina.com
	007	赵晓月	女	0431-85320007	13543215674	zxy@sina.com
	008	李莉莉	女	0431-85320008	18965432140	lll@sina.com
销售部	009	刘大为	男	0431-85320009	13387656784	ldw@sina.com
	010	卢芳	女	0431-85320010	15123466765	lf@sina.com
	011	马晓春	女	0431-85320011	18645678321	mxc@sina.com
	012	唐艳	女	0431-85320012	13098765473	ty@sina.com
	013	方超	男	0431-85320013	13245678321	fc@sina.com
研发部	014	梁旭	男	0431-85320014	13567543214	lx@sina.com
	015	马建	男	0431-85320015	15978965432	mj@sina.com
	016	刘强	男	0431-85320016	15105565434	lq@sina.com
	017	金明路	男	0431-85320017	18956743212	jml@sina.com
质保部	018	韩正东	男	0431-85320018	13523452314	hzd@sina.com
	019	高彩书	女	0431-85320019	13134526643	gcs@sina.com

图 5-2　通讯录内容

🕮 项目实施

任务一　Excel 界面介绍

【任务内容】启动 Excel 2010，认识 Excel 界面。

1. 启动 Excel 2010

Excel 2010 的启动方式分为以下三种：

(1) 通过【开始】菜单启动。单击 Windows 任务栏左侧的按钮，选择【所有程序】→【Microsoft Office】→【Microsoft　Excel 2010】，即可启动 Excel，如图 5-3 所示。

(2) 通过桌面快捷图标启动，如图 5-4 所示。

图 5-3　从【开始】菜单启动

图 5-4　快捷图标启动

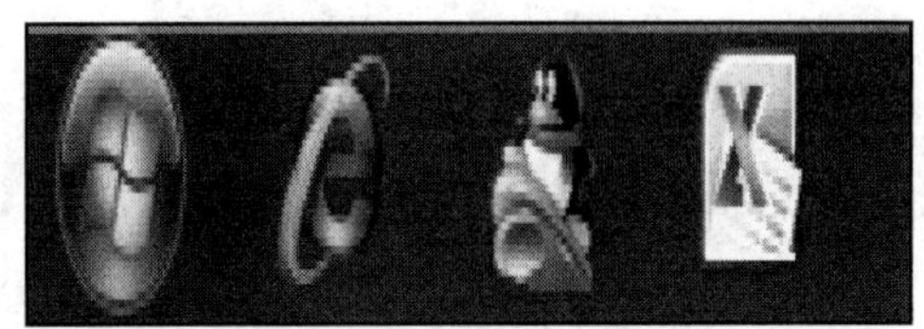

图 5-5　任务栏启动

(3) 通过任务栏启动，如图 5-5 所示。如果常用软件被锁定到任务栏，那么可以通过单击任务栏快速按钮来启动。

2. 认识 Excel 2010 界面

启动 Excel 后，打开如图 5-6 所示的工作界面。各组成部分的名称如下：

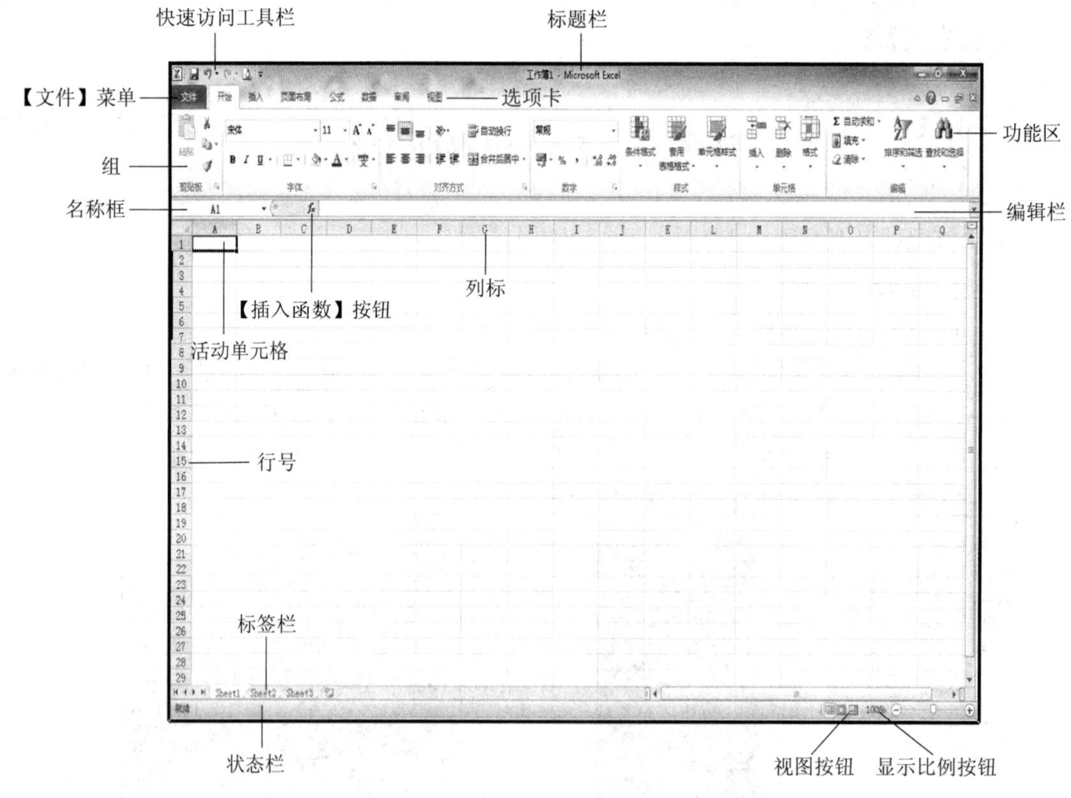

图 5-6　Excel 2010 界面

(1) 标题栏。标题栏位于屏幕的最顶端，显示当前工作簿的名字。如为新建的文件，则默认显示为“工作簿 1”。

(2) 快速访问工具栏。快速访问工具栏位于工作界面的左上角，默认情况下包含【保存】、【撤销】、【恢复】三个常用命令按钮，用户可以根据需要进行添加。单击其中的按钮即可便捷地执行相应的操作。

(3) 【文件】菜单和选项卡。单击【文件】，打开【文件】菜单，【文件】菜单又称为 Backstage 视图，菜单中包括【打开】、【新建】、【保存】等命令，如图 5-7 所示。

选项卡位于标题栏之下，用于放置编辑工作表时所需的功能。单击“选项卡”标签，可以在不同选项间切换，如图 5-8 所示。

(4) 功能区和组。单击“选项卡”标签，显示相应功能的位置即为功能区。为了便于操作，功能区又被划分为若干个组。例如，【开始】选项卡的【字体】组，如图 5-9 所示。

(5) 名称框。名称框位于组之下，用来显示当前所在单元格或单元格区域的名称或引用。单元格命名方式为行号和列标相结合，如“A1”单元格。

(6) 插入函数按钮和编辑栏。【插入函数】按钮位于名称框右侧，通过【插入函数】按钮可以调用 Excel 中的预定义函数进行数据运算。

编辑栏位于【插入函数】按钮右侧，用来输入或编辑数据，数据会同时显示在下方的活动单元格中。

(7) 活动单元格。黑色的轮廓显示当前被激活的单元格。

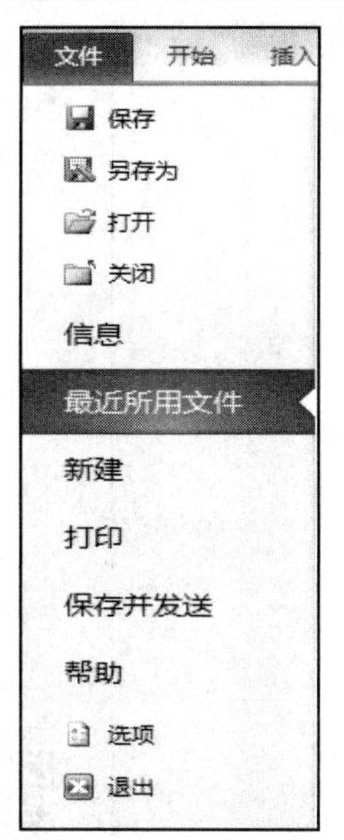

图 5-7　【文件】菜单

图 5-8　选项卡

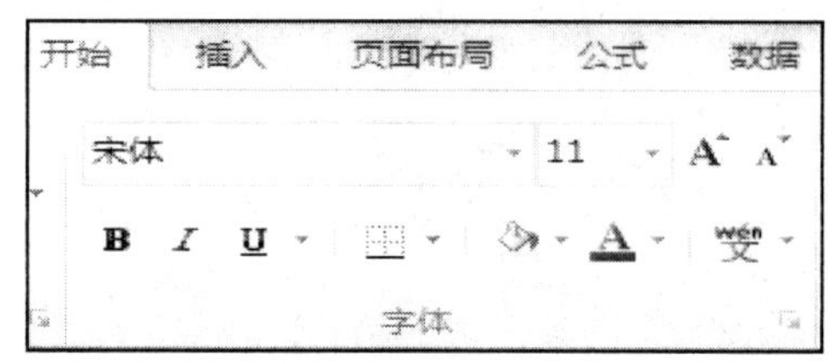

图 5-9　【开始】选项卡的【字体】组

(8) 行号和列标。行号位于屏幕的最左端，从 1～1048576 的数字，每个数字代表一行。单击行号可以选择整行单元格。

列标位于编辑栏下方，从 A～XFD 的字母，每个字母代表一列，共计 16384 列。单击列标可以选择整列单元格。

(9) 标签栏。标签栏位于窗口的下端。默认情况下一个工作簿中含有三个工作表，分别为 Sheet1、Sheet2 和 Sheet3，单击相应的工作表标签即可切换到工作簿中的该工作表。位于标签栏最后的按钮命名为【插入工作表】按钮，单击该按钮即可完成插入工作表的操作。

(10) 状态栏。状态栏位于标签栏下，用于显示当前文档的输入状态。状态栏右侧包含【视图】按钮和【显示比例】按钮。

Excel 工作表包含三种视图模式，即普通视图、页面布局视图和分页预览视图，通过单击【视图】按钮可以在三种视图模式间切换。

单击【显示比例】按钮，可以进行页面的缩放显示。

任务二　工作簿的基本操作

【任务内容】新建 Excel 工作簿，以“公司员工通讯录”命名并保存到桌面上。

1. 新建 Excel 工作簿

(1) 启动 Excel，即创建一个新的 Excel 工作簿。

(2) 或者单击【文件】中的【新建】命令，在中间窗格“可用模板”处，选择【空白工作簿】图标，在右侧窗格单击按钮，如图 5-10 所示。

(3) 也可以在 Windows 桌面空白处单击鼠标右键，选择【新建】→【Microsoft Excel 工作表】。

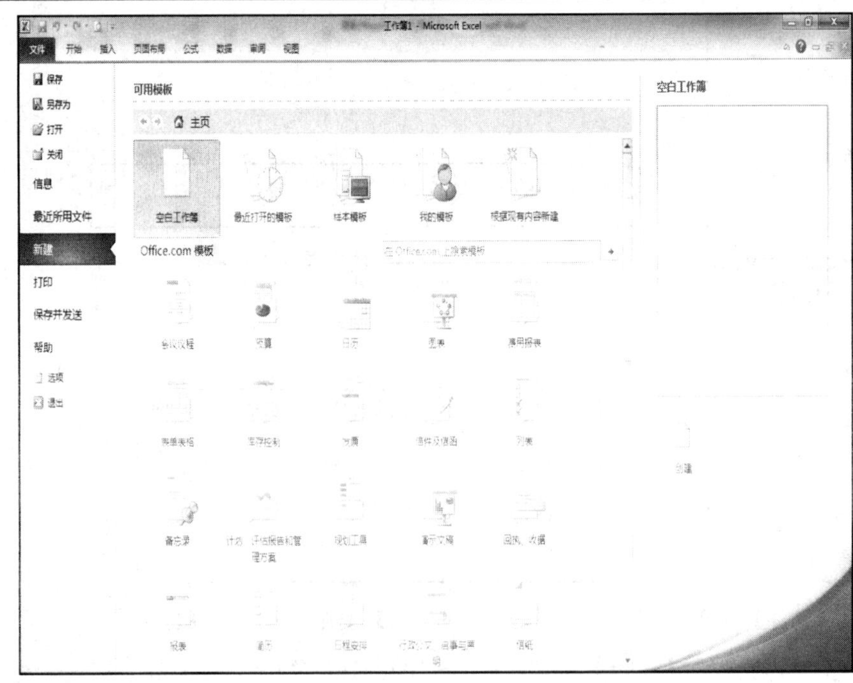

图 5-10　【文件】菜单

工作薄模板

2. 以“公司员工通讯录”命名工作簿并保存到桌面

(1) 单击【快速访问工具栏】中的【保存】按钮；或者单击【文件】中的【保存】命令，打开【另存为】对话框，如图 5-11 所示。

(2) 在对话框左侧选择【桌面】选项，在【文件名】中输入“公司员工通讯录”，单击保存(S)按钮。

图 5-11　【另存为】对话框

任务三　工作表的基本操作

【任务内容】将“Sheet1”工作表标签重命名为“通讯录封面”，将“Sheet2”工作表标签重命名为“通讯录内容”，删除“Sheet3”工作表。同时设置“通讯录封面”和“通讯录内容”工作表的页边距，上为“2.5”，下为“2.5”，左为“1.9”，右为“1.9”，取消组合工作表。

1. 重命名工作表

(1) 将鼠标指针移到“Sheet1”工作表的标签上，单击鼠标右键，在弹出的快捷菜单中选择【重命名】命令，然后输入新名称“通讯录封面”，如图 5-12 所示。

(2) 或者双击工作表标签“Sheet1”位置，再输入新名称“通讯录封面”。

(3) “Sheet2”工作表重命名为“通讯录内容”，操作步骤同上，在此不再赘述。

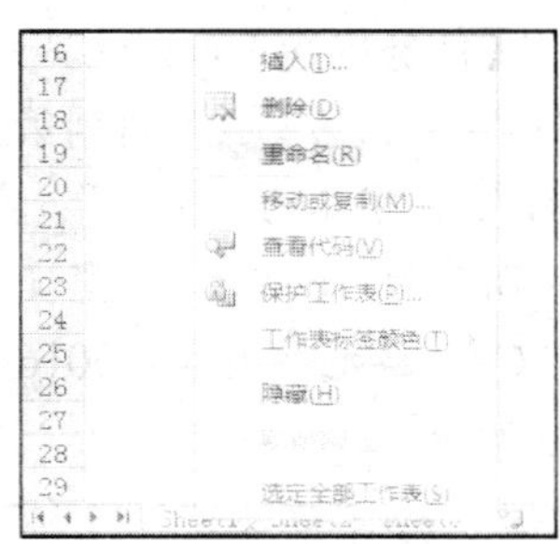

图 5-12　更改工作表名称

2. 删除工作表

将鼠标指针移到“Sheet3”工作表的标签上，单击鼠标右键，在弹出的快捷菜单中选择【删除】命令。

3. 页面设置

(1) 鼠标指针移动到标签栏“通讯录封面”处，单击鼠标右键，在弹出的快捷菜单中，选择【选定全部工作表】命令。

(2) 或者将鼠标指针移到“通讯录封面”工作表的标签上，单击，然后按住【Ctrl】键，将鼠标指针移到“通讯录内容”工作表的标签上，单击即可选中所有工作表。

(3) 单击【页面布局】选项卡【页面设置】组中的【页边距】下拉按钮，选择【自定义边距】，如图 5-13 所示。打开【页面设置】对话框，选择“页边距”标签，输入上“2.5”，下“2.5”，左“1.9”，右“1.9”。【页眉】和【页脚】不做要求，所以保持默认设置不变。单击确定按钮，如图 5-14 所示。

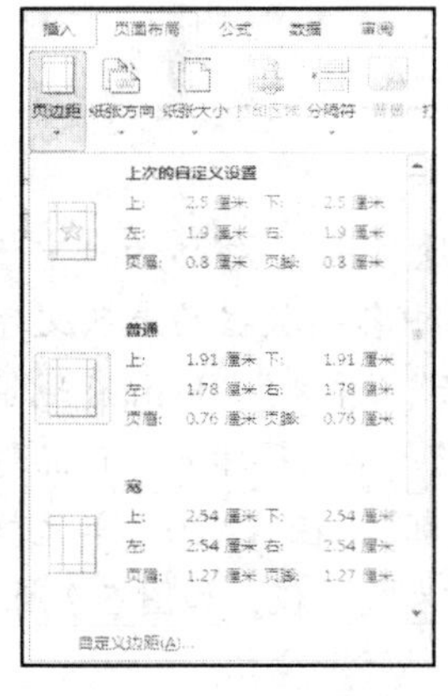

图 5-13　【页边距】菜单

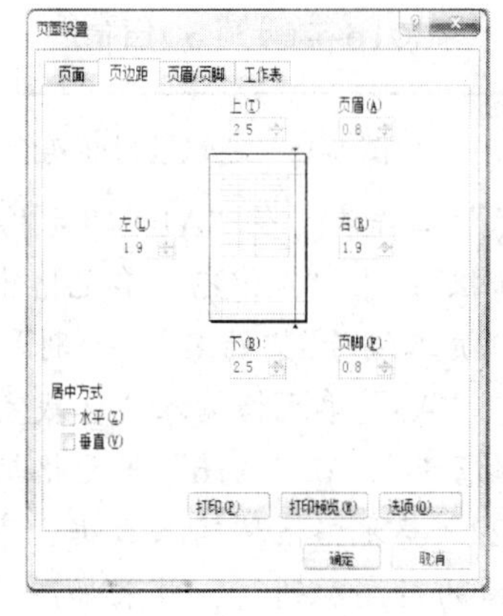

图 5-14　【页面设置】对话框

插入工作表

4. 取消组合工作表

(1) 页面设置完成后，鼠标指针移动到标签栏处，单击鼠标右键，在弹出的快捷菜单中，选择【取消组合工作表】命令。如果不取消组合工作表，那么后续的所有操作都将在被选中工作表中同时进行。

页眉和页脚

任务四　录入和编辑数据

【任务内容】(1) 设置“通讯录封面”工作表：精确设置第“1”行到第“7”行，行高为“65”，第“A”列到第“I”列，列宽为“8.38”；在“A1”单元格中输入“公司员工通讯录”，字体为“黑体”，字号为“36”；在第“1”行前插入一行，行高为“65”；插入图片，高度为“6 厘米”，宽度为“6 厘米”，设置图片背景为“透明色”，位置如图 5-1 所示；在“C8”单元格输入“2016 年 04 月 30 日制”，字体为“新宋体”，字号“22”。效果如图 5-15 所示。

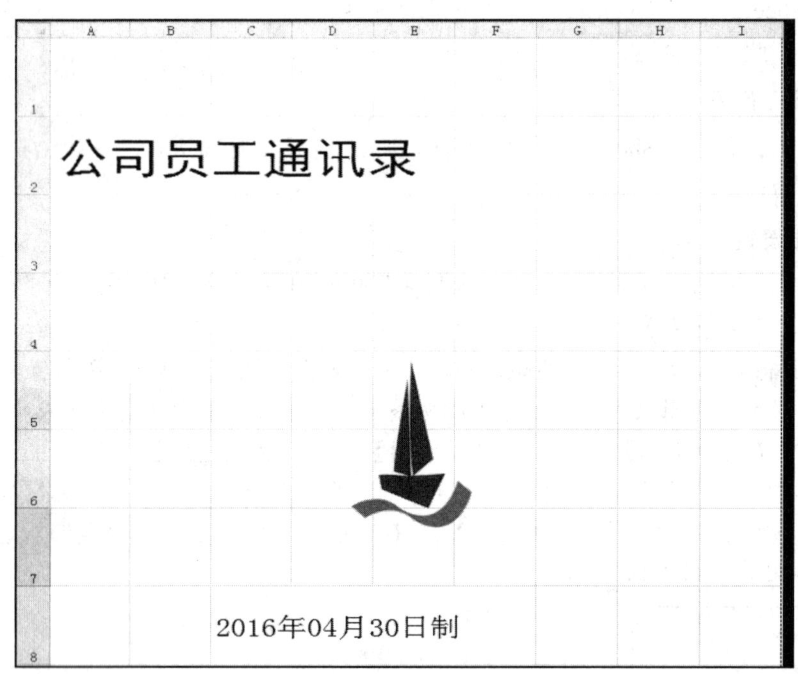

图 5-15　通讯录封面初级效果

(2) 设置“通讯录内容”工作表。在“A1”单元格中输入“通讯录”，字体为“宋体”，字号为“24”，字形为“加粗”；在“A2:G2”单元格中录入表格中各列数据的表头文字，分别为“类别/部门名称”“员工编号”“姓名”“性别”“办公电话”“手机”“E-mail 地址”，调整合适的行高和列宽；在“A3”单元格输入“总裁室”，在“A7”单元格输入“产品部”，在“A11”单元格输入“销售部”，在“A16”单元格输入“研发部”，在“A20”单元格输入“质保部”；在“B3：G22”单元格区域输入数据，字体、字号为默认值，如图 5-2 所示。数据录入完成后，调整合适的行高和列宽，效果如图 5-16 所示。

	A	B	C	D	E	F	G
1	通讯录						
2	类别 部门名称	员工编号	姓名	性别	办公电话	手机	E-mail地址
3	总裁室	001	柴永生	男	0431-85320001	13504332231	cys@sina.com
4		002	吴小莉	女	0431-85320002	18978321340	wxl@sina.com
5		003	张燕	女	0431-85320003	15504498765	zy@sina.com
6		004	张成	男	0431-85320004	15867892134	zc@sina.com
7	产品部	005	张志春	男	0431-85320005	13535467891	zzc@sina.com
8		006	杜光林	男	0431-85320006	13756734521	dgl@sina.com
9		007	赵晓月	女	0431-85320007	13543215674	zxy@sina.com
10		008	李莉莉	女	0431-85320008	18965432140	lll@sina.com
11	销售部	009	刘大为	男	0431-85320009	13387656784	ldw@sina.com
12		010	卢芳	女	0431-85320010	13123456765	lf@sina.com
13		011	马晓春	女	0431-85320011	18645678321	mxc@sina.com
14		012	唐艳	女	0431-85320012	13098765473	ty@sina.com
15		013	方超	男	0431-85320013	13245678321	fc@sina.com
16	研发部	014	梁旭	男	0431-85320014	13567543214	lx@sina.com
17		015	马建	男	0431-85320015	15978965432	mj@sina.com
18		016	刘强	男	0431-85320016	15105565434	lq@sina.com
19		017	金明路	男	0431-85320017	18956743212	jml@sina.com
20	质保部	018	韩正东	男	0431-85320018	13523452314	hzd@sina.com
21		019	高彩书	女	0431-85320019	13134525643	gcs@sina.com
22		020	林潇潇	女	0431-85320020	13546756743	lxx@sina.com

图 5-16　通讯录内容初级效果

1. 精确设置行高和列宽

(1) 在标签栏单击“通讯录封面”工作表。

(2) 将鼠标指针移到行号“1”处，按下鼠标左键，并向下拖动直至行号“7”，将第“1”行到第“7”行单元格全部选中，再将鼠标指针移动到选中区域，单击鼠标右键，在弹出的快捷菜单中选择【行高】命令，如图 5-17 所示。输入行高为“65”，单击确定按钮。

(3) 或者选择【开始】选项卡【单元格】组中的【格式】下拉按钮，选择【行高】命令，输入行高为“65”，单击确定按钮。

(4) 还可以将鼠标指针移动到行号处，指针变为┿时，按下鼠标左键并向下拖动，调整行高为“65”。

(5) 将鼠标指针移到列标“A”处，按下鼠标左键并向右拖动直至列标“I”，把第“A”列到第“I”列单元格全部选中，将鼠标指针移动到选中区域，单击鼠标右键，在弹出的快捷菜单中选择【列宽】命令，如图 5-18 所示。输入列宽为“8.38”，单击确定按钮。

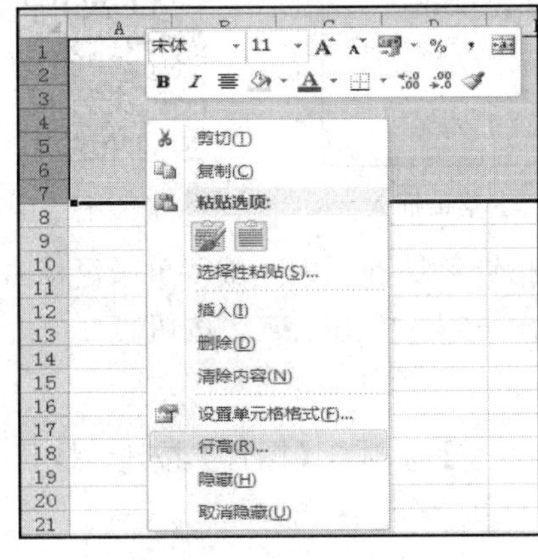

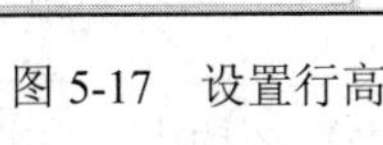
图 5-17　设置行高

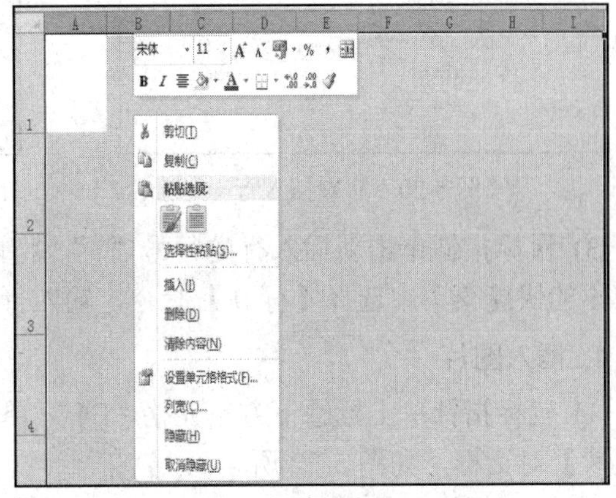

图 5-18　设置列宽

(6) 或者选择【开始】选项卡【单元格】组中的【格式】下拉按钮，选择【列宽】命令，输入列宽为“8.38”，单击确定按钮。

(7) 还可以将鼠标指针移动到列标处，当指针变为 ↔ 时，按下鼠标左键并向右拖动，调整列宽为“8.38”。

2. 标题设置

(1) 鼠标指针单击“A1”单元格，直接输入“公司员工通讯录”，按【Enter】键确认。

(2) 或者鼠标指针单击“A1”单元格，然后移动鼠标指针，单击【编辑栏】，输入“公司员工通讯录”，按【Enter】键确认，如图 5-19 所示。在【编辑栏】处可以更加方便地对数据进行修改。

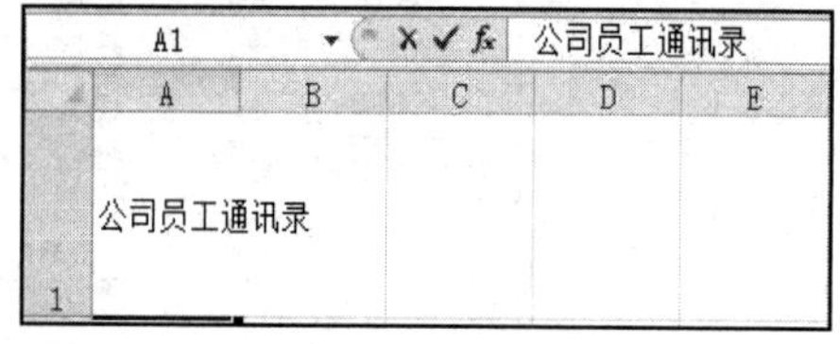

图 5-19 输入标题

(3) 还可以双击“A1”单元格，单元格进入编辑状态，光标在文字间出现，鼠标可以选中不同文字。

(4) 单击“A1”单元格，在【开始】选项卡【字体】组中，选择字体下拉列表中的 “黑体”，在【字号】下拉列表中选择“36”。

3. 插入行

(1) 鼠标指针单击标题所在行的行号“1”，选中整行，将鼠标指针移动到选中区域，单击鼠标右键，在弹出的快捷菜单中选择【插入】命令，如图 5-20 所示。

(2) 或者鼠标指针单击标题所在行的行号“1”，选中整行，单击【开始】选项卡【单元格】组中【插入】下拉按钮，选择【插入工作表行】命令，如图 5-21 所示。

图 5-20　右键插入行

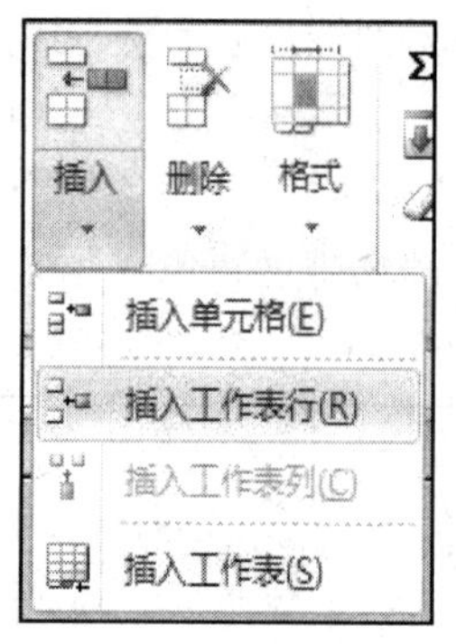

图 5-21　菜单插入行

删除行

(3) 鼠标指针单击新插入行的行号“1”，将鼠标指针移动到选中区域，单击鼠标右键，在弹出的快捷菜单中选择【行高】命令，输入行高为“65”，单击 确定 按钮。

4. 插入图片

(1) 鼠标指针单击标题下方单元格“E4”，单击【插入】选项卡【图片】按钮，打开【插入图片】对话框，如图 5-22 所示。

(2) 选择项目五素材所在目录中的图片“船”。

(3) 调整图片大小，选中目标图片，弹出【图片工具/格式】选项卡，如图 5-23 所示。单击【大小】组对话框启动器按钮，弹出【设置图片格式】对话框，如图 5-24 所示。

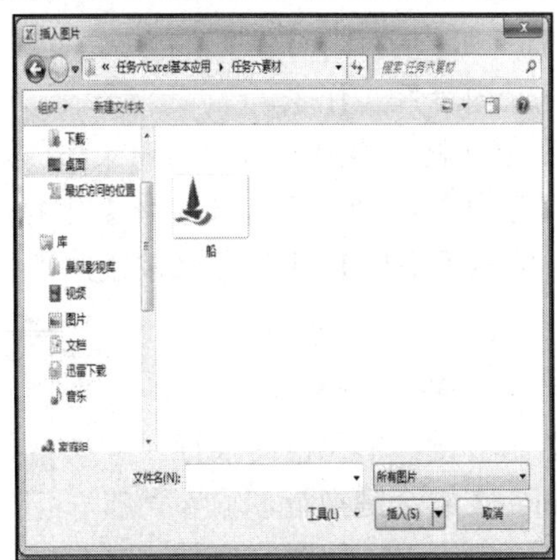

图 5-22 【插入图片】对话框

图 5-23　【图片工具/格式】选项卡

图 5-24　【设置图片格式】对话框

(4) 在【设置图片格式】对话框中，取消“锁定纵横比”复选框，设置【高度】为“6 厘米”，【宽度】为“6 厘米”。

(5) 设置图片背景为“透明色”，单击【图片工具/格式】选项卡的【调整】组中的【颜色】下拉按钮，选择【设置透明色】命令，当鼠标指针变为时，将鼠标指针移动到图片背景上，单击，设置背景为“透明色”。

(6) 通过拖动的方法，把图片放置于合适的位置，如图 5-15 所示。

显示“####”的原因

5. 输入文字

(1) 鼠标指针单击“C8”单元格，直接输入“2016 年 04 月 30 日制”，按【Enter】键确认。

(2) 选中“C8”单元格，在【开始】选项卡【字体】组中，选择【字体】下拉列表中的 “宋体”，在【字号】下拉列表中选择“22”。

6. 标题设置

(1) 在标签栏单击“通讯录内容”工作表。

(2) 鼠标指针单击“A1”单元格，直接输入“通讯录”，按【Enter】键确认。

(3) 在【开始】选项卡【字体】组中，选择【字体】下拉列表中的 “宋体”，在【字号】下拉列表中选择“24”。单击【字体】组中的 B 按钮，进行字体加粗设置。

7. 表头设置

(1) 鼠标指针单击“A2”单元格，输入“类别”，按住键盘上的【Alt】+【Enter】组合键，单元格内换行，再次按住键盘上的【Alt】+【Enter】组合键换行，输入“部门名称”，按【Enter】键确认，表头效果如图 5-25 所示。

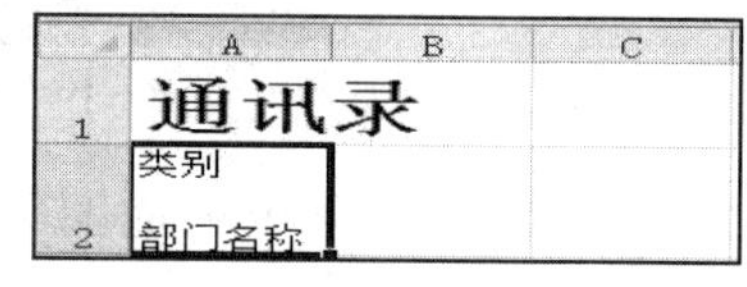

图 5-25　表头

(2) 单击【插入】选项卡【插图】组中的【形状】下拉按钮，选择线条╲按钮，当光标变为“+”时，在“A2”单元格中绘制一条斜线。

(3) 在“类别”前双击鼠标左键，光标定位于“类别”前，用空格调整“类别”位置。

(4) 将鼠标指针移动到行号处，当指针变为“✛”时，按下鼠标左键并向下拖动，调整第 2 行行高为合适高度。将鼠标指针移动到列标处，当指针变为“✛ ”时，按下鼠标左键并向右拖动，调整列宽为合适宽度。

(5) 单击“B2”单元格，输入“员工编号”。按键盘上的【→】键，将活动单元格变为“C2”，输入“姓名”。按此方法依次在“D2”到“G2”单元格输入“性别”“办公电话”“手机” 和“E-mail 地址”。

8. 填充数据

(1) 单击“A3”单元格，输入“总裁室”，按【Enter】键确认。按此方法依次单击“A7”“A11”“A16”和“A20”单元格，分别输入“产品部”“销售部”“研发部”和“质保部”。

(2) 单击“B3”单元格，输入“001”，输入完毕后，系统会自动将数字串处理为“1”，去除前置的“0”。为使单元格中前置“0”正常显示，可以在输入“001”前输入一个英文单引号“'”，即可保留前置的数字“0”。

(3) 或者选择“B3”单元格，在所选单元格上单击鼠标右键，在弹出的快捷菜单中选择【设置单元格格式】命令，打开【设置单元格格式】对话框，选择【数字】标签，在标签中【分类】下选择【文本】，单击 确定 按钮，如图 5-26 所示。然后在“B3”单元格输入“001”，即可保留前置的数字“0”。

(4) 将鼠标指针移动到“B3”单元格右下角填充柄处，当光标变为“ + ”时，按住鼠标左键向下拖动，直至“B22”单元格，每向下拖动一格，单元格内容自动递增 1，最终完成数据填充，如图 5-27 所示。

(5) 对照图 5-16，完成“姓名”“性别”列数据的填写，利用键盘的方向键，可以实现相邻的单元格逐一选中，使之成为活动单元格并进行数据编辑。

(6) 鼠标指针单击“E3”单元格，输入“0431-85320001”，将鼠标指针移动到“E3”单元格右下角填充柄处，当光标变为 + 时，按住鼠标左键向下拖动，直至“E22”单元格，完成数据的递增填充。

(7) 对照图 5-16，完成“手机”“E-mail 地址”列数据的填写。当在单元格中录入电子邮箱地址时，Excel 会自动将其转换为超链接形式，将鼠标放置到上方时，鼠标指针会变成 ，单击则会启动相应的程序。

(8) 数据录入完成后，对照图 5-16，调整合适的列宽。

图 5-26　【设置单元格格式】对话框

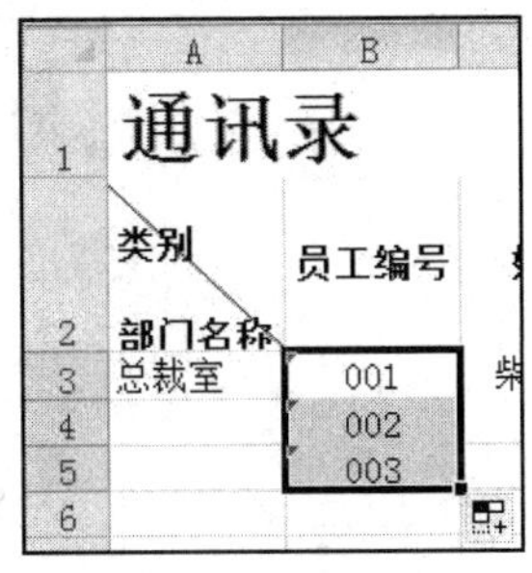

图 5-27　数据填充

任务五　单元格的基本操作

【任务内容】(1) 设置“通讯录封面”工作表：在“A2:I2(A2 到 I2)”单元格区域，对“公司员工通讯录”进行“合并及居中”操作；在“C8:G8”单元格区域，对“2016 年 04 月 30 日制”进行“跨列居中”，填充“黄色”底纹操作。效果如图 5-1 所示。

(2) 设置“通讯录内容”工作表：在“A1:G1”单元格区域，对“通讯录”进行“跨列居中”操作；在“A3:A6”单元格区域，对“总裁室”进行“合并及居中”操作，单元格底纹填充为“浅绿”；对“产品部”进行“合并及居中”操作，单元格底纹填充为“黄色”，依次设置“销售部”、“研发部”和“质保部”；在“B3：G22”区域单元格底纹填充为“绿色”，“B4:G4”、“B6:G6”等其余不相邻单元格区域底纹填充为“橙色”，效果如图 5-28 所示。

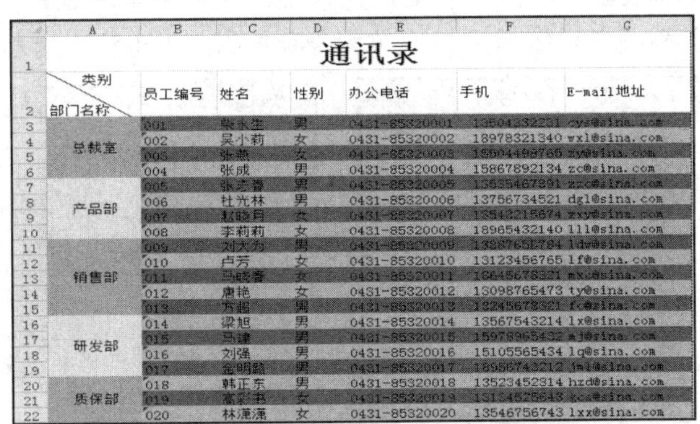

	A	B	C	D	E	F	G
1	通讯录						
2	类别 部门名称	员工编号	姓名	性别	办公电话	手机	E-mail地址
3	总裁室	001	柴永生	男	0431-85320001	13504332231	cys@sina.com
4		002	吴小莉	女	0431-85320002	18978321340	wxl@sina.com
5		003	张燕	女	0431-85320003	15504498765	zy@sina.com
6		004	张成	男	0431-85320004	15867892134	zc@sina.com
7	产品部	005	张志春	男	0431-85320005	13535467891	zzc@sina.com
8		006	杜光林	男	0431-85320006	13756734521	dgl@sina.com
9		007	赵晓月	女	0431-85320007	13542215674	zxy@sina.com
10		008	李莉莉	女	0431-85320008	18965432140	lll@sina.com
11	销售部	009	刘大为	男	0431-85320009	13887656784	ldw@sina.com
12		010	卢芳	女	0431-85320010	13123456765	lf@sina.com
13		011	马晓春	女	0431-85320011	18645678321	mxc@sina.com
14		012	唐艳	女	0431-85320012	13098765473	ty@sina.com
15		013	方超	男	0431-85320013	13245678321	fc@sina.com
16	研发部	014	梁旭	男	0431-85320014	13567543214	lx@sina.com
17		015	马建	男	0431-85320015	15978965432	mj@sina.com
18		016	刘强	男	0431-85320016	15105565434	lq@sina.com
19		017	金明鑫	男	0431-85320017	18956743212	jml@sina.com
20	质保部	018	韩正东	男	0431-85320018	13523452314	hzd@sina.com
21		019	高彩书	女	0431-85320019	13134575643	gcs@sina.com
22		020	林潇潇	女	0431-85320020	13546756743	lxx@sina.com

图 5-28　通讯录内容单元格设置效果

1. 合并居中

(1) 在标签栏单击“通讯录封面”工作表。

(2) 选中“A2:I2(A2 到 I2)”单元格区域，单击【开始】选项卡【对齐方式】组的【合并后居中】按钮，对“公司员工通讯录”进行“合并及居中”操作。

2. 跨列居中

(1) 选中“C8:G8”单元格区域，在所选区域上单击鼠标右键，在弹出的快捷菜单中选择【设置单元格格式】命令，如图 5-29 所示。或者单击【开始】选项卡【单元格】组中的【单元格/格式】下拉按钮，选择【设置单元格格式】命令，均会弹出【设置单元格格式】对话框，如图 5-30 所示。

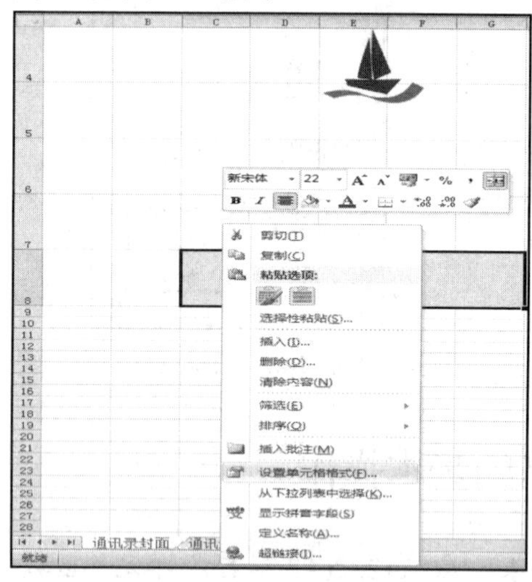

图 5-29　快捷菜单【设置单元格格式】

图 5-30　【设置单元格格式】对话框

(2) 单击【设置单元格格式】对话框中的【对齐】标签，在文本对齐方式中的【水平对齐】下拉菜单中选择【跨列居中】命令，将“2016 年 04 月 30 日制”进行“跨列居中”操作，如图 5-31 所示。

3. 设置单元格底纹

(1) 单击【开始】选项卡【字体】组中的下拉按钮，选择单元格底纹为“黄色”。

(2) 或者在所选区域上单击鼠标右键，在弹出的快捷菜单中选择【设置单元格格式】命令，选择【填充】标签，设置单元格底纹为“黄色”，如图 5-32 所示。

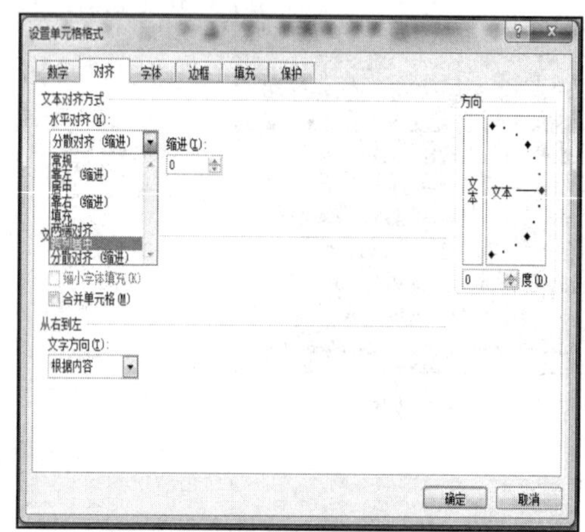

图 5-31　跨列居中

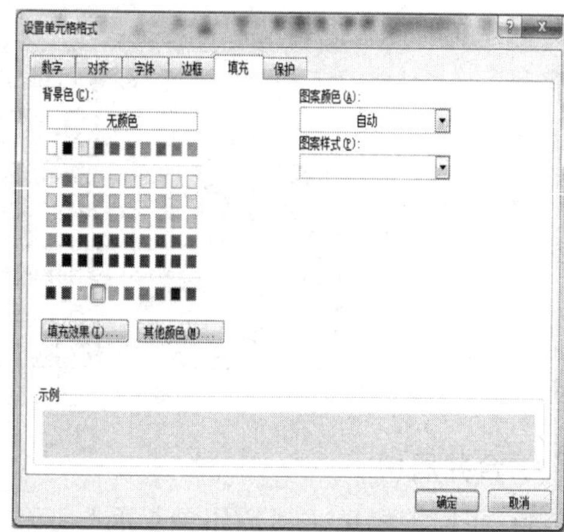

图 5-32　单元格底纹

4. “通讯录内容”工作表单元格设置

(1) 在标签栏单击“通讯录内容”工作表。

(2) 选中“A1:G1”单元格区域，在所选区域上单击鼠标右键，在弹出的快捷菜单中选择【设置单元格格式】命令，单击【设置单元格格式】对话框中【对齐】标签，在【水平对齐】下拉菜单中选择【跨列居中】命令，将“通讯录”进行“跨列居中”操作。

(3) 选中“A3:A6”单元格区域，单击【开始】选项卡【对齐方式】组的【合并后居中】按钮，对“总裁室”进行“合并及居中”操作。单击【开始】选项卡【字体】组中的下拉按钮，选择单元格底纹为“浅绿”。

(4) 选择“A7:A10”单元格区域，单击【开始】选项卡【对齐方式】组的【合并后居中】按钮，对“产品部”进行“合并及居中”操作，选择单元格底纹为“黄色”。

(5) 依次完成“A”列中其余单元格的设置。

(6) 选择“B3:G3”单元格区域，单击【开始】选项卡【字体】组中的下拉按钮，选择单元格底纹为“绿色”。对照图 5-28，利用【Ctrl】键，可以同时选中不相邻的单元格区域，统一设置，完成其他区域单元格“橙色”底纹的填充。

任务六　表格外观的设置

【任务内容】设置“通讯录内容”工作表的外观：除 A 列文字外，所有文字都水平居中，表格边框效果如图 5-33 所示。

1. 设置文字对齐方式

(1) 选择“B2:G22”单元格区域，单击【开始】选项卡【对齐方式】组中的按钮，设置文字水平居中对齐方式。

(2) 或者在所选区域上，单击鼠标右键，在弹出的快捷菜单中选择【设置单元格格式】命令，打开【设置单元格格式】对话框，选择【对齐】标签，在文本对齐方式中的【水平对齐】下拉菜单中选择【居中】命令。

2. 设置表格边框线

(1) 对照图 5-2，选择“A2:G22”单元格区域，单击【开始】选项卡【字体】组中的按钮中的下拉箭头，选择【所有框线】，为表格设置所有边框线，如图 5-33 所示。再选择【粗匣框线】，为表格设置外边框线。

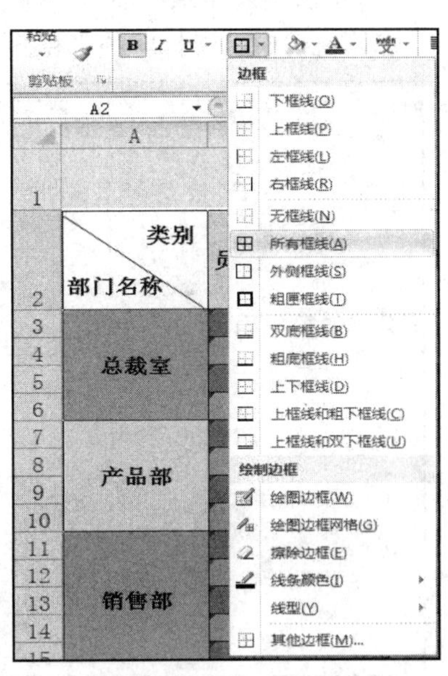

图 5-33　表格边框效果

(2) 或者在所选区域上，单击鼠标右键，在弹出的快捷菜单中选择【设置单元格格式】命令，打开【设置单元格格式】对话框，选择【边框】标签，在线条样式处选择，在预置处选择内部，先设置好表格的内框线，再选择线条样式为，【预置】处选择外边框，设置好表格的外边框，如图 5-34 所示。当表格中的框线比较复杂时，需要采用这种方法。

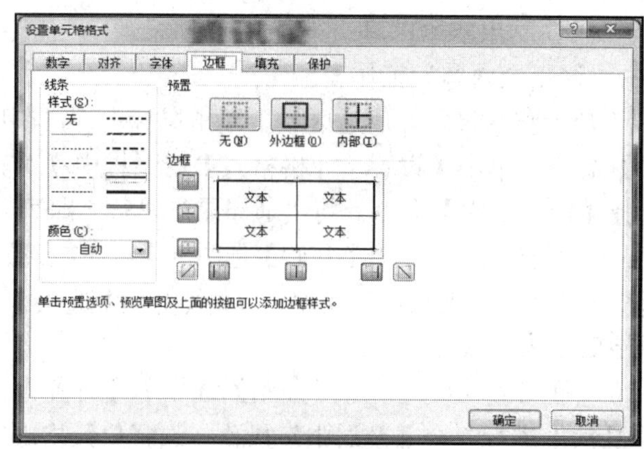

图 5-34　【边框】标签

任务七　预览、打印工作表

【任务内容】预览“通讯录封面”和“通讯录内容”工作表，设置“通讯录内容”工作表打印标题为标题行和表头行，确认无误后进行打印。

1. 打印预览

(1) 单击“通讯录封面”工作表，再单击【文件】，在【文件】菜单中选择【打印】命令，右侧窗格中出现打印预览视图，如图 5-35 所示。

图 5-35　打印预览视图

(2) 或者单击自定义快速启动工具栏 按钮，弹出如图 5-36 所示菜单。选择【打印预览和打印】，对快速启动访问工具栏进行自定义，添加打印预览图标，单击此图标也可弹出如图 5-35 所示窗口。

(3) 单击图 5-35 所示对话框右下角【显示边距】按钮，预览区会发生如图 5-37 所示变化。“通讯录封面”工作表会出现垂直和水平的交叉虚线，通过鼠标拖动虚线可以直观调整页边距的大小。

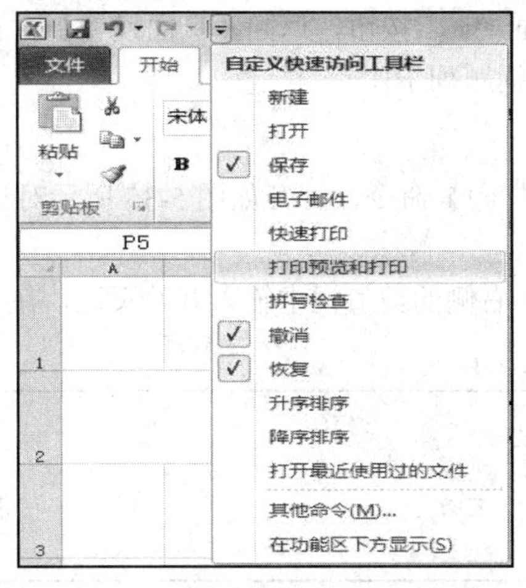

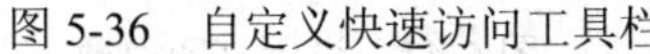
图 5-36　自定义快速访问工具栏　　　　图 5-37　打印预览视图

(4) 使用相同的方法预览“通讯录内容”工作表。

2. 设置打印标题

(1) 打印标题即在每个打印页重复出现的行数据或列数据。使用打印标题功能可以使打印出来的每页中的数据更加清晰、准确。单击【页面布局】选项卡【页面设置】组中的［打印标题］按钮，弹出如图 5-38 所示对话框。

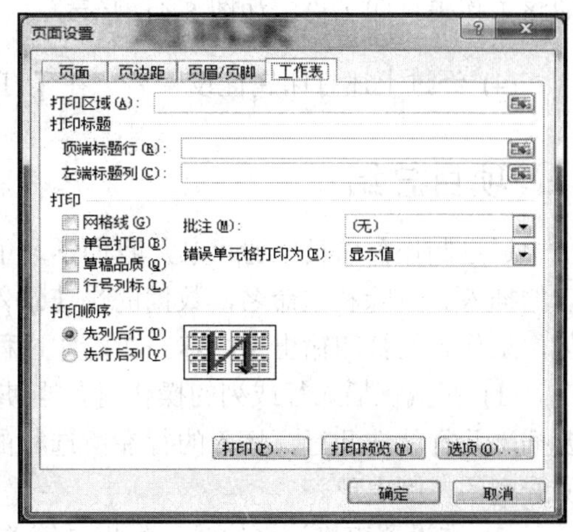

图 5-38　【页面设置】对话框

(2) 单击【页面设置】对话框【工作表】标签下的【顶端标题行】数值框右侧的单元格引用按钮，光标变为向右的黑色箭头，接着在工作表中选择好需要在每一页都打印输出的标题行。这时，【页面设置-顶端标题行】框中会现“$1:$2”，意思是第 1 行到第 2 行作为每页打印输出时的标题行(也可以不选择标题行，而直接输入$1:$2)，如图 5-39 所示。

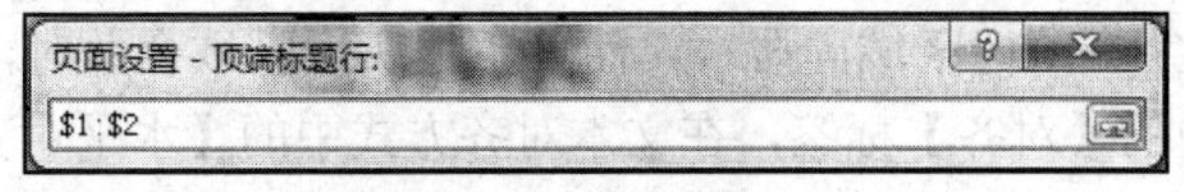

图 5-39　拾取顶端标题行

(3) 再次单击单元格引用按钮，返回【页面设置】对话框。此时，在【顶端标题行】数值框中显示了添加的标题行区域，单击［确定］按钮。这样打印输出的每一页都有标题行。

同理，当我们所要打印表格的标题和表头在工作表中列的位置时，就应该使用打印标题列操作。

(4) 在打开的【页面设置】对话框单击【工作表】标签，再单击【左端标题列】后面的按钮，打开【页面设置-左端标题列】对话框。

(5) 接着在工作表中选择好需要在每一页都打印输出的标题列，这时【页面设置-左端标题列】框中会现“$A:$B”，意思是第 A 列到第 B 列作为每页打印输出时的标题列。

(6) 单击【页面设置-左端标题列】对话框后面的按钮，返回【页面设置】对话框，单击确定按钮。这样打印输出每一页上就都有标题列了。

3. 打印操作

(1) 单击【文件】，在【文件】菜单中选择【打印】命令，打开如图 5-35 所示对话框。打印预览没有问题，就可以开始打印了。

(2) 设置打印范围，在【设置】处的【页数】右侧的数值框中输入开始页码，在【至】右侧的数值框中输入结束页码，如图 5-40 所示。

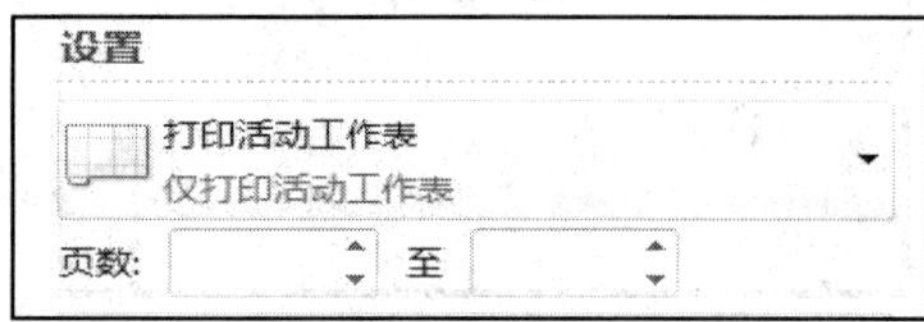

图 5-40　设置打印范围

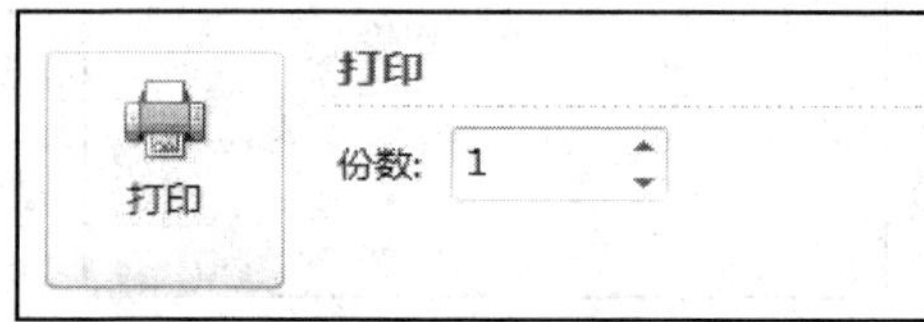

图 5-41　设置打印份数

(3) 设置打印份数，在【打印】处的【份数】数值框中输入打印份数，如输入“1”，即将工作表打印 1 份，如图 5-41 所示。

(4) 经过上述打印属性设置后，在【打印】选项组中单击图标，即可开始打印。

项目总结

通过制作公司员工通讯录，我们学习了 Excel 的基本操作，包括工作簿的建立，工作表的插入、删除和重命名，数据的快速录入与编辑，工作表中单元格的格式设置，表格美化，工作表的打印输出等内容。在操作过程中，需要注意以下几点：

(1) 在执行插入行或列的操作时，当使用鼠标右键快捷菜单时，需要遵循如下的原则：要插入几行就选几行，插入的行在所选行的上方出现；要插入几列就选几列，插入的列在所选列的左侧出现。

(2) 在设置表格边框线时，如果是简单的框线类型，可以单击【开始】选项卡【字体】组中的按钮进行操作；如果框线比较复杂，应使用【设置单元格格式】对话框中的【边框】标签来完成。

(3) 当只想让文字在所选区域内居中，而并不把所选区域合并时，可以使用【设置单元格格式】对话框中的【对齐】标签，在文本对齐方式中的【水平对齐】下拉列表中选择【跨列居中】命令。

项目实战

实战 1　制作“家电部销售统计表”

家电部销售统计表效果如图 5-42 所示。

家电部销售统计表			
商品类别	2010	2011	2012
家庭音响	¥21,000	¥24,000	¥26,000
液晶电视	¥30,000	¥31,000	¥32,000
洗衣机	¥180,000	¥220,000	¥230,000
电冰箱	¥29,000	¥32,000	¥35,000
摄像机	¥180,000	¥200,000	¥220,000
合计	¥399,000	¥433,000	¥517,000

图 5-42　家电部销售统计表效果

操作步骤：

1. 设置标题和表头

标题和表头效果如图 5-43 所示。

(1) 在“A1”单元格输入标题“家电部销售统计表”。字体“黑体”，字号“20”，选中“A1:D1”单元格区域，单击【开始】选项卡【对齐方式】组的【合并后居中】按钮，对标题进行“合并及居中”操作，效果如图 5-43 所示。

(2) 底纹“黄色”。单击【开始】选项卡【字体】组中的下拉按钮，选择单元格底纹为“黄色”。

(3) 从“A2”单元格开始输入表头文字。“A2”单元格输入“商品类别”，“B2”单元格输入“2010”，“C2”和“D2”单元格可以按住键盘上的【Ctrl】键用填充方式进行横向递增填充，分别为“2011”和“2012”。字体“宋体”，字号“16”。

(4) 表头文字“居中”。单击【开始】选项卡【对齐方式】组中的按钮。

(5) “A”列到“D”列列宽“11”。将鼠标指针移到列标“A”处，按下鼠标左键并向右拖动直至列标“D”，把第“A”列到第“D”列单元格全部选中，将鼠标指针移动到选中区域，单击鼠标右键，在弹出的快捷菜单中选择【列宽】命令，输入列宽为“11”，单击按钮。

家电部销售统计表			
商品类别	2010	2011	2012

图 5-43　标题和表头效果

家电部销售统计表			
商品类别	2010	2011	2012
家庭音响	21000	24000	26000
液晶电视	30000	31000	32000
洗衣机	180000	220000	230000
电冰箱	29000	32000	35000
摄像机	180000	200000	220000
合计	399000	433000	517000

图 5-44　录入数据效果

2. 录入数据

录入数据后的效果如图 5-44 所示。

(1) 在“A3:D8”单元格区域输入如图 5-44 所示内容。文字部分字体为“宋体”，数字部分为默认字体，字号“11”。

3. 编辑数据并美化表格

编辑数据并美化表格效果如图 5-45 所示。

	A	B	C	D	E	F
1						
2			家电部销售统计表			
3			商品类别	2010	2011	2012
4			家庭音响	¥21,000	¥24,000	¥26,000
5			液晶电视	¥30,000	¥31,000	¥32,000
6			洗衣机	¥180,000	¥220,000	¥230,000
7			电冰箱	¥29,000	¥32,000	¥35,000
8			摄像机	¥180,000	¥200,000	¥220,000
9			合计	¥399,000	¥433,000	¥517,000

图 5-45　编辑美化表格效果

(1) 设置“B3:D8”单元格区域数字分类为“货币”，使用货币符号“￥”，保留“0”位小数。选中“B3:D8”单元格区域，在所选区域上单击鼠标右键，在弹出的快捷菜单中选择【设置单元格格式】命令，单击【设置单元格格式】对话框中【数字】标签，在【分类】中选择“货币”，右侧【货币符号】处选择“￥”，【小数位数】为“0”。

(2) 设置表格边框线。对照图 5-45，选择“A1:D8”单元格区域，单击【开始】选项卡【字体】组中的下拉按钮，选择“所有框线”，为表格设置所有边框线。再单击【开始】选项卡【字体】组中的下拉按钮，选择“粗匣框线”，为表格设置外边框线。最后选择“A2:D2”单元格区域，单击【开始】选项卡【字体】组中的下拉按钮，选择“双底框线”，为表头设置特殊框线。

(3) 数字在各单元格中水平方向“右对齐”，垂直方向“居中”。选中“B3:D8”单元格区域，在所选区域上单击鼠标右键，在弹出的快捷菜单中选择【设置单元格格式】命令，单击【设置单元格格式】对话框中的【对齐】标签，在【水平对齐】下拉列表中选择“右对齐”命令，在【垂直对齐】下拉列表中选择“居中”命令。

(4) 将表格向下移动 1 行、向右移动 2 列。用鼠标指针单击标题所在行的行号“1”，选中整行，将鼠标指针移动到选中区域，单击鼠标右键，在弹出的快捷菜单中选择【插入】命令。鼠标指针单击列标“A”和“B”，选中两列，将鼠标指针移动到选中区域，单击鼠标右键，在弹出的快捷菜单中选择【插入】命令。

4. 重命名工作表

重命名工作表效果如图 5-42 所示。

重命名“Sheet1”工作表为“家电销售统计”。将鼠标指针移到“Sheet1”工作表的标签上，单击鼠标右键，在弹出的快捷菜单中选择【重命名】命令，然后输入新名称“家电销售统计”。

实战 2　制作“全国足球比赛积分表”

全国足球比赛积分表效果如图 5-46 所示。

	A	B	C	D	E	F
1						
2	队名	地区	第一季度	第二季度	第三季度	第四季度
3	北京	北部队	20	21	21	20
4	上海	南部队	19	22	20	23
5	天津	北部队	17	23	19	22
6	吉林	北部队	25	22	21	18
7	长沙	南部队	23	21	24	23
8						
9						

全国足球比赛积分 / Sheet2 / Sheet3

图 5-46　全国足球比赛积分表效果

操作步骤：

1．设置标题和表头

标题和表头效果如图 5-47 所示。

图 5-47　标题和表头效果

(1) 在“A1”单元格输入标题“全国足球比赛积分表”。字体“黑体”，字号“20”，选中“A1:F1”单元格区域，在所选区域上单击鼠标右键，在弹出的快捷菜单中选择【设置单元格格式】命令，单击【设置单元格格式】对话框中的【对齐】标签，在文本对齐方式中的【水平对齐】下拉列表中选择“跨列居中”命令。

(2) 设置底纹“蓝色”，图案“6.25%灰色”。单击【开始】选项卡【字体】组中的下拉按钮，选择单元格底纹为“蓝色”。在所选区域上单击鼠标右键，弹出的快捷菜单中选择【设置单元格格式】命令，单击【设置单元格格式】对话框中【填充】标签，在【图案样式】下拉列表中选择“6.25%灰色”。

(3) 从“A2”单元格开始输入表头文字。“A2”单元格输入“队名”，“B2”单元格输入“地区”，“C2:F2”单元格依次输入“第一季度”“第二季度”“第三季度”和“第四季度”，字体“宋体”，字号“14”，调整合适的列宽。

2．编辑数据并美化表格

编辑数据并美化表格效果如图 5-46 所示。

(1) 在“A3:F7”单元格区域输入如图 5-46 所示内容。文字部分字体为“楷体”，数字部分为默认字体，字号“12”。

(2) 设置“C、D、E、F”列的列宽为“10”。将鼠标指针移到列标“C”处，按下鼠标左键并向右拖动至列标“F”，把第“C”列到第“F”列单元格全部选中，将鼠标指针移动到选中区域，单击鼠标右键，在弹出的快捷菜单中选择【列宽】命令，输入列宽为“10”。

(3) 设置表格边框线。对照图 5-46，选择“A1:F7”单元格区域，单击【开始】选项卡【字体】组中的下拉按钮，选择【所有框线】，为表格设置所有边框线。在所选区域上，单击鼠标右键，弹出的快捷菜单中选择【设置单元格格式】命令，打开【设置单元格格式】

对话框，选择【边框】标签，在线条/样式处选择▬▬，预置处选择⊞外边框，表格的外边框设置完毕，如图 5-48 所示。

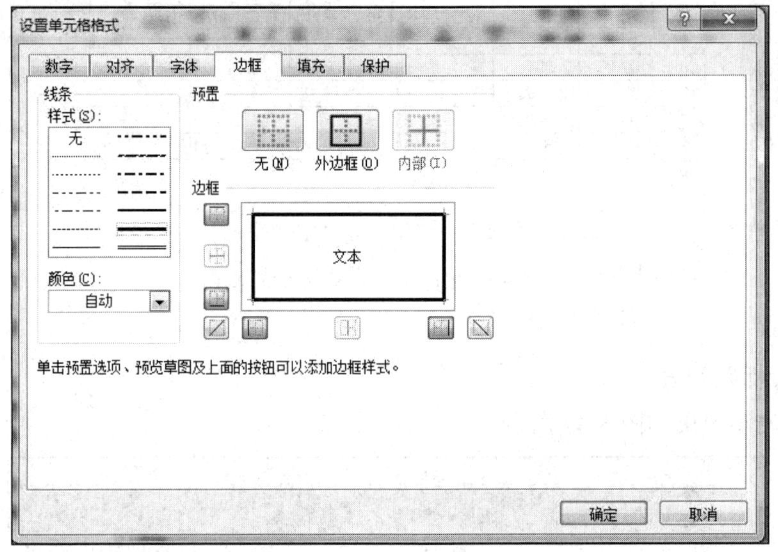

图 5-48　设置表格外边框

(4) 数字在各单元格中水平方向“右对齐”，垂直方向“居中”。选中“C3:F7”单元格区域，在所选区域上单击鼠标右键，在弹出的快捷菜单中选择【设置单元格格式】命令，单击【设置单元格格式】对话框中【对齐】标签，在【水平对齐】下拉列表中选择【右对齐】命令，在【垂直对齐】下拉列表中选择【居中】命令。

(5) 重命名“Sheet1”工作表为“全国足球比赛积分”。将鼠标指针移到“Sheet1”工作表的标签上，单击鼠标右键，在弹出的快捷菜单中选择【重命名】命令，然后输入新名称“全国足球比赛积分”。

实战 3　制作“员工人事档案表”

员工人事档案表效果如图 5-49 所示。

公司员工人事档案管理表

序号	姓名	部门	职务	职称	学历	参加工作时间	性别	籍贯	年龄
1	周明明	市场	主管	经济师	本科	1998年6月6日	男	重庆	41
2	张和平	物流	项目主管	高级工程师	硕士	1998年3月16日	男	四川	39
3	潘越明	财务	财务总监	高级会计师	硕士	1997年7月20日	男	四川	45
4	郑裕彤	市场	业务员	无	本科	2003年4月3日	女	北京	25
5	郭丽明	市场	业务员	无	本科	2005年4月4日	男	北京	33

图 5-49　员工人事档案表效果

操作步骤：

1. 设置标题和录入数据

设置标题和录入数据效果如图 5-50 所示。

	A	B	C	D	E	F	G	H	I	J
1	公司员工人事档案管理表									
2										
3	序号	姓名	部门	职务	职称	学历	参加工作时间	性别	籍贯	年龄
4	1	周明明	市场	主管	经济师	本科	1998/6/6	男	重庆	41
5	2	张和平	物流	项目主管	高级工程师	硕士	1998/3/16	男	四川	39
6	3	潘越明	财务	财务总监	高级会计师	硕士	1997/7/20	男	四川	45
7	4	郑裕彤	市场	业务员	无	本科	2003/4/3	女	北京	25
8	5	郭丽明	市场	业务员	无	本科	2005/4/4	男	北京	33

图 5-50　标题和录入数据效果

(1) 在“A1”单元格输入标题“公司员工人事档案管理表”，字体“黑体”，字号“20”，字体颜色“深蓝”。选中“A1:J2”单元格区域，单击【开始】选项卡【对齐方式】组中的【合并后居中】按钮，对标题进行“合并及居中”操作。

(2) 从“A3：J23”单元格区域开始输入员工档案数据，如图 5-50 所示。在录入“部门”“学历”“性别”等列的数据时，由于需要在多个区域输入同一数据，为了加快录入速度，可以一次性输入。首先通过【Ctrl】键分别单击需要输入相同数据的单元格区域，然后直接输入数据，输入完成后，按下【Ctrl】+【Enter】的组合键即可。

2. 编辑数据、美化表格

编辑数据、美化表格效果如图 5-49 所示。

(1) “职称”列数据设置自动换行效果。选中“职称”列数据“E4：E8”单元格区域，单击【开始】选项卡【对齐方式】组的【自动换行】按钮自动换行。

(2) 设置“参加工作时间”列数据格式为“长日期”格式。选中“参加工作时间”列数据“G4：G8”单元格区域，单击【开始】选项卡【数字】组的【常规】下拉列表中的【长日期】按钮长日期。

(3) 将表中“A3：J3”的表头文字设置为水平居中。选中“A3：J3”单元格区域，单击【开始】选项卡【对齐方式】组的居中按钮。

(4) 将“序号”“部门”“学历”“性别”“籍贯”列的数据区域对齐方式设置为水平和垂直方向都居中。单击“序号”所在列的列标“A”，按住键盘上的【Ctrl】键，单击其余列列标，选择不连续的单元格区域。单击【开始】选项卡【对齐方式】组的【居中】按钮，进行水平居中；单击【开始】选项卡【对齐方式】组的【垂直居中】按钮，进行垂直居中。

(5) 选中“A3：J8”单元格区域。单击 【开始】选项卡【样式】组的【套用表格格式】按钮，弹出如图 5-51 所示对话框。选择“表格样式中等深浅 11”，弹出如图 5-52 所示的【套用表格式】对话框。在【表数据的来源】输入框中，已经自动输入了选定的表格区域，单击确定按钮，完成表格自动套用格式的操作。

(6) 设置表格边框线。对照图 5-49，选择“A3:J8”单元格区域，单击【开始】选项卡【字体】组中的下拉按钮，选择【所有框线】，为表格设置所有边框线。再单击【开始】选项卡【字体】组中的下拉按钮，选择【粗匣框线】，为表格设置外边框线。

(7) 设置表格标题和表头。单击【页面布局】选项卡【页面设置】组中的打印标题按钮，弹出【页面设置】对话框。单击【页面设置】对话框【工作表】标签下的【顶端标题行】数值框右侧的单元格引用按钮，光标变为向右的黑色箭头，接着在工作表中选择好需要在每一页都打印输出的标题行，这时【页面设置-顶端标题行】框中会现“$1:$3”，意思是第 1 行到第 3 行作为每页打印输出时的标题行(我们也可以不选择标题行，而直接输入$1:$3)。再次单击单元格引用按钮，返回【页面设置】对话框，此时在【顶端标题行】数值框中显示了添加的标题行区域，单击确定按钮。

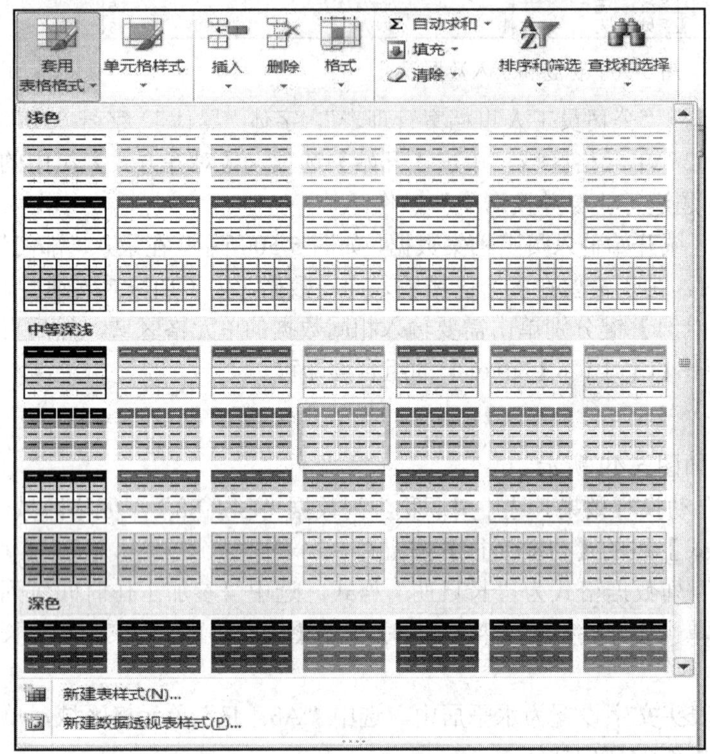

图 5-51　套用表格格式列表

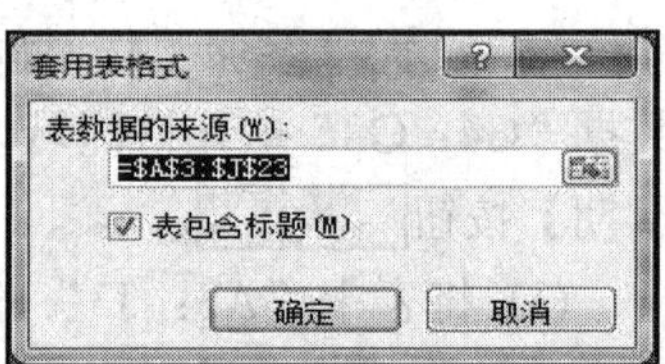

图 5-52　【套用表格式】对话框

(8) 重命名“Sheet1”工作表为“员工档案”。将鼠标指针移到“Sheet1”工作表的标签上，单击鼠标右键，在弹出的快捷菜单中选择【重命名】命令，然后输入新名称“员工档案”。

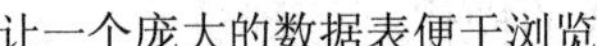

让一个庞大的数据表便于浏览　　同时冻结横竖窗格

项目六

Excel 高级应用——学生成绩统计分析

本项目主要通过对学生成绩进行统计分析，讲述如何利用 Excel 2010 进行简单的公式和常用函数的计算，并能够利用图表功能直观地展示数据的变化趋势。

项目目标

- 熟练掌握 Excel 常用函数的功能并会运用。
- 熟练掌握 Excel 常用公式的形式。
- 熟练掌握 Excel 图表的建立和修改。

项目描述

期末考试结束了，现得到某班 30 名学生的思想品德、高等数学、大学英语和计算机应用四科的考试成绩。要求计算出学生各科成绩的总分、平均分和名次，并根据平均分判断成绩所处等级，从而制作出学生成绩表，再通过对学生成绩表内的数据进行统计和分析，计算出不及格人数占总人数的比例，从而得到成绩统计表。最后根据成绩统计表中的数据制成直观表明各个分数段人数的成绩统计图。项目效果如图 6-1～图 6-3 所示。

	A	B	C	D	E	F	G	H	I	J	K
1	学生成绩表										
2	学号	姓名	性别	思想品德	高等数学	大学英语	计算机应用	总分	平均分	等级	名次
3	2009040101	孙旭	男	88	76	93	78	335	84	及格	2
4	2009040102	姜云龙	男	69	82	96	85	332	83	及格	3
5	2009040103	李良平	男	65	71	80	99	315	79	及格	12
6	2009040104	陈明杰	男	69	84	35	80	268	67	及格	25
7	2009040105	高俊伟	男	74	75	78	90	317	79	及格	11
8	2009040106	李虹	女	67	79	47	99	292	73	及格	19
9	2009040107	王海迪	女	98	74	96	87	355	89	及格	1
10	2009040108	王维生	男	86	85	76	79	326	82	及格	7
11	2009040109	李星宇	男	81	94	94	60	329	82	及格	5
12	2009040110	刘文庄	男	50	56	91	51	248	62	及格	27
13	2009040111	闫迪	男	77	62	72	69	280	70	及格	23
14	2009040112	高月月	女	87	71	82	90	330	83	及格	4
15	2009040113	李新	女	81	72	92	79	324	81	及格	9
16	2009040114	李家伟	男	75	91	83	58	307	77	及格	14
17	2009040115	王萍	女	67	68	34	53	222	56	不及格	30
18	2009040116	李晓凡	女	96	68	74	67	305	76	及格	15
19	2009040117	刘洋	女	88	75	46	83	292	73	及格	19
20	2009040118	高博	男	54	62	49	81	246	62	及格	28
21	2009040119	孟敬涛	男	70	90	72	68	300	75	及格	17
22	2009040120	孙学亮	男	45	63	81	53	242	61	及格	29
23	2009040121	王雪	女	78	94	68	89	329	82	及格	5
24	2009040122	王哲	男	91	72	83	77	323	81	及格	10
25	2009040123	任娟	女	62	71	68	80	281	70	及格	21
26	2009040124	张金凤	女	87	46	71	66	270	68	及格	24
27	2009040125	高明远	男	68	93	55	83	299	75	及格	18
28	2009040126	姚晓林	女	82	77	85	81	325	81	及格	8
29	2009040127	韩东洋	男	55	43	91	71	260	65	及格	26
30	2009040128	孙心洁	女	73	72	62	74	281	70	及格	21
31	2009040129	李博	男	65	80	70	90	305	76	及格	15
32	2009040130	杨超	男	82	69	78	84	313	78	及格	13

图 6-1　学生成绩表

	A	B	C	D	E
1	成绩统计表				
2		思想品德	高等数学	大学英语	计算机应用
3	90-100(人)	3	5	7	5
4	80-89(人)	9	4	6	10
5	70-79(人)	6	12	8	6
6	60-69(人)	8	6	3	5
7	59以下(人)	4	3	6	4
8	总计	30	30	30	30
9	不及格比例	13%	10%	20%	13%
10					

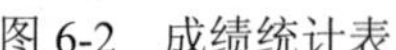
图 6-2　成绩统计表

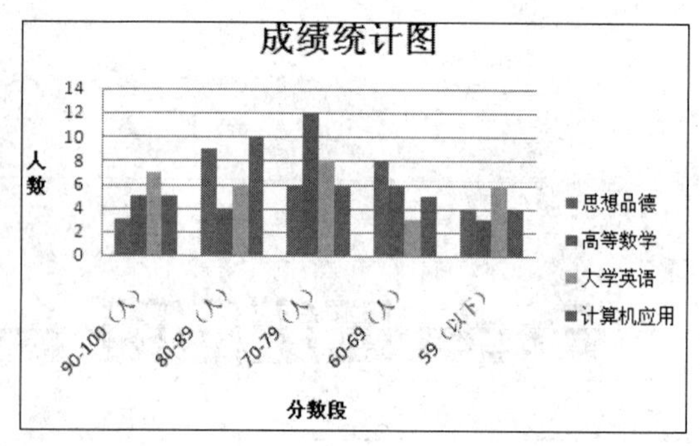

图 6-3　成绩统计图

项目实施

任务一　工作簿的建立

【任务内容】新建一个 Excel 工作簿，以“成绩”为文件名，保存到桌面上。将 Sheet1 工作表重命名为“学生成绩表”，Sheet2 工作表重命名为“成绩统计表”，Sheet3 工作表重命名为“成绩统计图”。

1. 建立“成绩”工作簿

(1) 启动 Excel。

(2) 单击快速访问工具栏中的【保存】按钮，在【另存为】对话框中将文件名由“Book1.xls”改为“成绩.xls”，在对话框左侧选择“桌面”选项，单击对话框中的保存(S)按钮，将文件保存到桌面。

2. 重命名工作表

(1) 将鼠标指针移到“Sheet1”工作表的标签上，单击鼠标右键，在弹出的快捷菜单中选择【重命名】命令，然后输入新名称“学生成绩表”。

(2) 将鼠标指针移到“Sheet2”工作表的标签上，单击鼠标右键，在弹出的快捷菜单中选择【重命名】命令，然后输入新名称“成绩统计表”。

(3) 将鼠标指针移到“Sheet3”工作表的标签上，单击鼠标右键，在弹出的快捷菜单中选择【重命名】命令，然后输入新名称“成绩统计图”。

任务二　在工作簿中输入相关的数据

【任务内容】(1) 输入“学生成绩表”中相应数据。设置标题格式：字体设置为“仿宋”，字号“18”，“加粗”，标题在“A1:K1”区域内“跨列居中”，标题行行高设置为 30；表头行格式：字体设置为“宋体”，字号“12”，添加“浅绿”底纹，文字对齐并设置“水平和垂直居中”；表格内外边框：外边框设置为双细线，内边框设置为单细线；四科成绩中所有不及格(小于 60)的成绩所在单元格底纹设置为“浅黄”。

(2) 输入“成绩统计表”中相应数据。设置标题格式：字体设置为“仿宋”，字号“20”，“加粗”，标题在“A1:E1”区域内“跨列居中”；表头行格式：字体设置为“宋体”，字号“12”，添加“浅黄”底纹，同时为“A3:A9”单元格区域添加“浅黄”底纹，文字设置“水平居中”；表格所有框线为单细线。

1. 在“学生成绩表”工作表中输入数据

(1) 在表格中分别输入标题行、表头行、姓名列、性别列和四科成绩，如图 6-1 所示。

(2) 输入学号列数据，鼠标单击“A3”单元格，在“A3”单元格中输入学号“2009040101”，按【Enter】键。鼠标指向 A3 单元格的“填充柄”(位于单元格右下角的小黑块)，此时鼠标指针变为＋，按住【Ctrl】键的同时，按住鼠标向下拖动填充柄至目标单元格时释放鼠标，填充效果如图 6-4 所示。

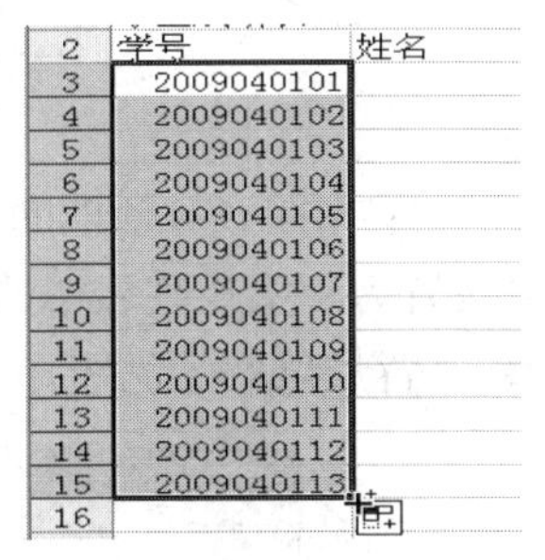

图 6-4　学号填充

2. 设置标题格式

(1) 选中“A1”单元格，在【开始】选项卡中【字体】组【字体】下拉按钮选择“仿宋”，在【字号】下拉按钮选择“18”，　单击 B 按钮，进行字体加粗设置。

(2) 选中“A1:K1”单元格区域，在所选区域上单击鼠标右键，在弹出的快捷菜单中选择【设置单元格格式】命令，弹出【设置单元格格式】对话框。单击【设置单元格格式】对话框中【对齐】标签，在文本对齐方式中的【水平对齐】下拉列表中选择“跨列居中”命令。

(3) 单击行号“1”，选中标题所在第一行，在【开始】选项卡中，单击【单元格】组中【格式】下拉按钮，选择【行高】命令，输入行高为“30”，单击 确定 按钮。

3. 设置表头格式

(1) 选中“A2:K2”单元格区域，在【开始】选项卡中的【字体】组内，单击【字体】下拉按钮，选择“宋体”，单击【字号】下拉按钮选择“12”。

(2) 单击【字体】组中按钮的下拉箭头，选择单元格底纹为“浅绿”。

(3) 在所选区域上单击鼠标右键，在弹出的快捷菜单中选择【设置单元格格式】命令，单击【设置单元格格式】对话框中的【对齐】标签，在【水平对齐】下拉列表中选择“居中”命令，在【垂直对齐】下拉列表中选择“居中”命令。

4. 设置表格边框线

(1) 对照图 6-1，选择“A1:K32”单元格区域，单击【字体】组中的下拉按钮，选择“所有框线”，为表格设置所有边框线。

(2) 在所选区域上单击鼠标右键，在弹出的快捷菜单中选择【设置单元格格式】命令，打开【设置单元格格式】对话框，选择【边框】标签，选择线条样式为，预置处选择外边框，设置好表格外边框。

5. 设置条件格式

(1) 选中单元格区域“D3:G32”。

(2) 单击【样式】组中的【条件格式】下拉按钮，选择“突出显示单元格规则”中的

“小于”对话框，如图 6-5 所示。

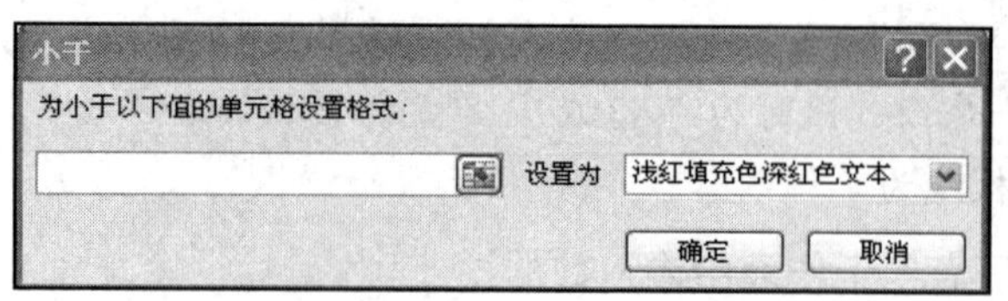

图 6-5　【小于】对话框

(3) 先在该对话框的　　中，设置“单元格数值”“小于”“60”，再单击“设置为”下拉列表中的“自定义格式”命令，打开“设置单元格格式”中的“填充”标签，“背景色”颜色选择“浅黄色”，单击确定按钮，如图 6-6 所示。

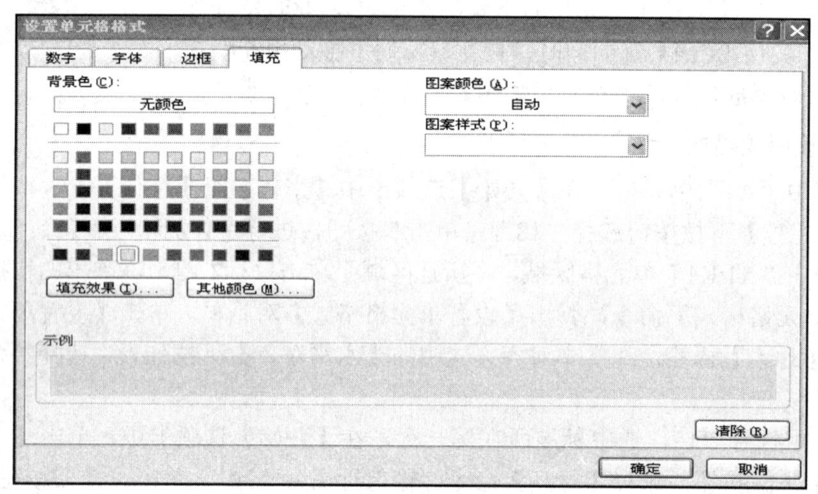

图 6-6　【设置单元格格式】对话框

6. 输入数据并设置格式

(1) 单击标签栏的“成绩统计表”，在工作表中分别输入标题行、表头行、分数段列的数据，如图 6-2 所示。

(2) 选中“A1”单元格，在【开始】选项卡【字体】组内的【字体】下拉按钮中选择“仿宋”，在【字号】下拉按钮中选择“20”，单击B按钮，进行字体加粗设置。

(3) 选中“A1:E1”单元格区域，在所选区域上单击鼠标右键，在弹出的快捷菜单中选择【设置单元格格式】命令，弹出【设置单元格格式】对话框。单击【设置单元格格式】对话框中的【对齐】标签，在文本对齐方式中的【水平对齐】下拉列表中选择“跨列居中”命令。

(4) 选中“A2:E2”单元格区域，选择【开始】选项卡中的【字体】组，在【字体】下拉按钮中选择“宋体”，在【字号】下拉按钮中选择“12”。

(5) 按住键盘上的【Ctrl】键的同时，选中“A3:A9”单元格区域，单击【开始】选项卡中的【字体】组中的按钮的下拉箭头，选择单元格底纹为“浅黄”。

(6) 对照图 6-2，选择“A2:E9”单元格区域，单击【开始】选项卡【字体】组中的按钮的下拉箭头，选择“所有框线”，为表格设置所有边框线。

任务三　使用常用函数进行计算

【任务内容】使用计算“学生成绩表”中“总分”“平均分”“等级”和“名次”列的数据。计算“成绩统计表”中各科“90～100”和“59 以下”分数段人数。

1. “总分”列单元格计算

SUM 函数是计算单元格区域中所有数值的和，即求和函数。

语法格式为：

SUM(Number1，Number2，…)

其中只有 1 个参数，Number1，Number2，…，1 到 30 个待求和的数值。

(1) 在标签栏单击“学生成绩表”工作表。

(2) 选择目标单元格“H3”。

(3) 单击【编辑栏】处的按钮，弹出【插入函数】对话框，如图 6-7 所示。

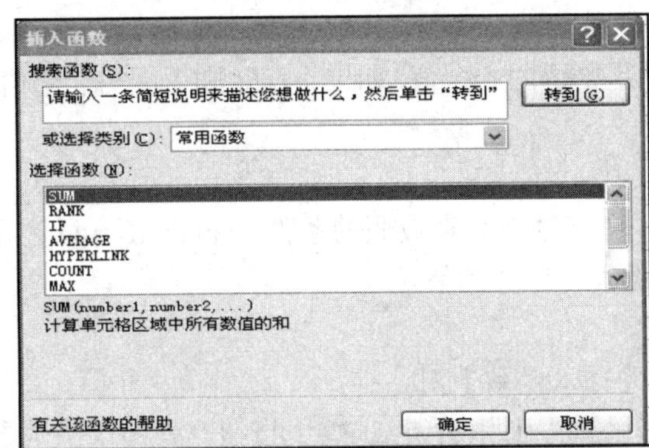

图 6-7　【插入函数】对话框

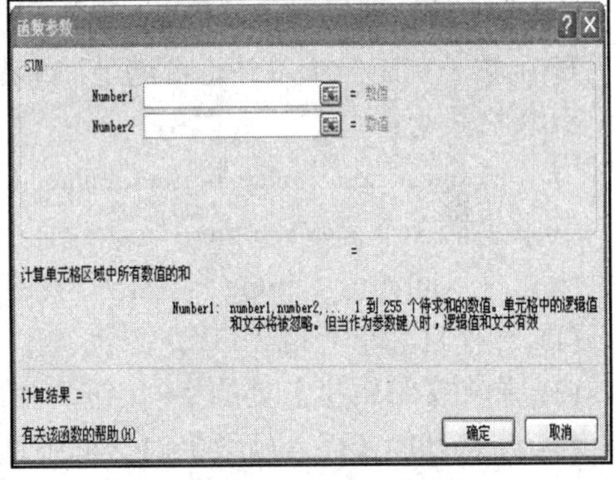

图 6-8　【函数参数】对话框

(4) 在打开的【插入函数】对话框中选择函数“SUM”，单击确定按钮，弹出【函数参数】对话框，如图 6-8 所示。

(5) 在打开的【函数参数】对话框中，对函数参数进行引用，单击“Number1”输入框右侧的按钮，单击“D3”单元格，并拖动到“G3”单元格，如图 6-9 所示。选定这一单元格区域后，再次单击按钮，返回【函数参数】对话框，单击确定按钮。

函数

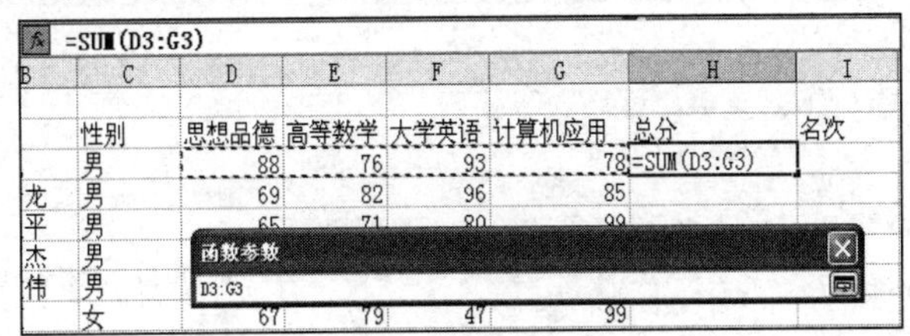

图 6-9　引用成绩

(6) 鼠标指针指向“H3”单元格的填充柄，当鼠标指针变为+时，单击鼠标并向下拖动，将“H3”单元格的函数自动复制到其他单元格中。

2. “平均分”列单元格计算

AVERAGE 函数是返回其参数的算术平均值，即求平均值函数。

语法格式为：

AVERAGE(Number1，Number2，…)

其中只有 1 个参数，即 number1，number2，…它用于计算 1～30 个数值参数的平均值。

(1) 选择目标单元格“I3”。

(2) 单击【编辑栏】处的 fx 按钮，弹出【插入函数】对话框。

(3) 在打开的【插入函数】对话框中选择函数“AVERAGE”，单击【确定】按钮，弹出【函数参数】对话框。

(4) 在打开的【函数参数】对话框中，单击“Number1”输入框右侧的按钮，单击“D3”单元格，并拖动到“G3”单元格，选定这一单元格区域后，再次单击按钮，返回【函数参数】对话框，单击【确定】按钮。

(5) 鼠标指针指向“I3”单元格的填充柄，当鼠标指针变为+时，单击鼠标并向下拖动，将“I3”单元格的函数自动复制到其他单元格中。

3. “等级”列单元格计算

IF 函数是判断一个条件是否满足，如果满足则返回一个值，如果不满足则返回另一个值。

语法格式为：

IF(logical_test，value_if_true，value_if_false)

其中包括 3 个参数：logical_test 为任何一个可判断为真或假的条件；value_if_true 为当条件为真时返回的值；value_if_false 为条件为假时返回的值。

(1) 选择目标单元格“J3”。

(2) 单击【编辑栏】处的 fx 按钮，弹出【插入函数】对话框。

(3) 在打开的【插入函数】对话框中选择函数“IF”，单击【确定】按钮，弹出【函数参数】对话框。

(4) 在打开的【函数参数】对话框中，单击“logical_test”输入框，输入判断条件“I3>=60”，单击“value_if_true”输入框，输入条件为真时的返回值“"及格"”(及格二字需用英文的双引号)，单击“value_if_false”输入框，输入条件为假时的返回值“"不及格"”，返回【函数参数】对话框，单击【确定】按钮，如图 6-10 所示。

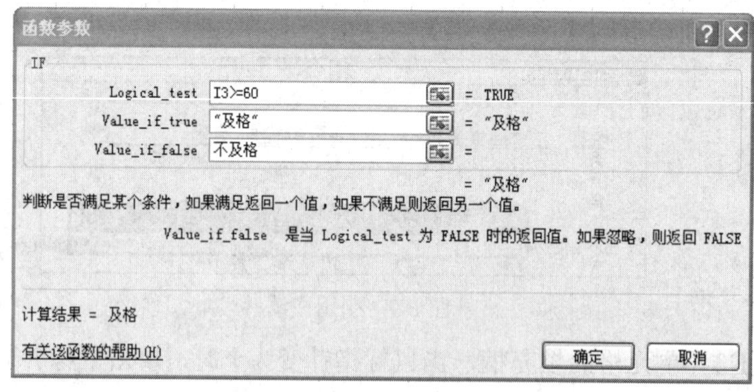

图 6-10　IF 函数参数

单元格引用

(5) 鼠标指针指向“J3”单元格的填充柄，当鼠标指针变为+时，单击鼠标并向下拖动，将“J3”单元格的函数自动复制到其他单元格中。

4. “名次”列单元格计算

RANK 函数是排定名次的函数，用于返回一个数值在一组数值中的排序，排序时不改变该数值原来的位置。

语法格式为：

RANK(number，Ref，Order)

其中包括 3 个参数：Number 为需要排位的数字；Ref 为数字列表数组或对数字列表的引用；Order 指明排位的方式，如 Order 值为 0 或省略，按照降序排列，如果 Order 值不为 0，按照升序排列。

(1) 选择目标单元格“K3”。

(2) 单击【编辑栏】处的 fx 按钮，弹出【插入函数】对话框。

(3) 在打开的【插入函数】对话框中选择函数“RANK”，单击 确定 按钮，弹出【函数参数】对话框。

(4) 在打开的【函数参数】对话框中，单击“number”输入框右侧的按钮，选择“H3”单元格；再单击“ref”输入框右侧的按钮，选择列标“H”，最后一个参数“Order”因为是降序排列，可以省略，单击 确定 按钮，如图 6-11 所示。

(5) 鼠标指针指向“K3”单元格的填充柄，当鼠标指针变为+时，单击鼠标并向下拖动，将“K3”单元格的函数自动复制到其他单元格中。

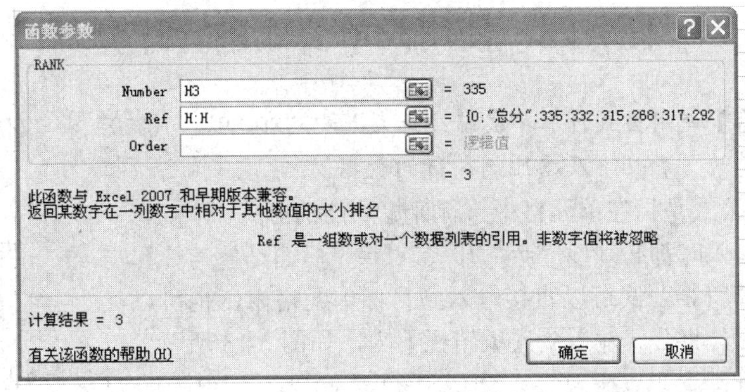

图 6-11　RANK 函数参数

5. 各科“90～100”和“59 以下”分数段人数单元格计算

COUNTIF 函数的功能是统计指定区域内满足给定条件的单元格数目。

语法格式：COUNTIF(Range ，Criteria)

其中：Range 指定单元格区域，Criteria 表示指定的条件表达式。

(1) 在标签栏单击“成绩统计表”工作表。

(2) “成绩统计表”工作表中选择目标单元格“B3(90-100 人数)”。

(3) 单击【编辑栏】处的 fx 按钮，弹出【插入函数】对话框。

(4) 在打开的【插入函数】对话框中，选择函数“COUNTIF”，单击 确定 按钮。

(5) 在打开的【函数参数】对话框中，单击“Range”输入框右侧的按钮，单击“学生成绩表”工作表标签，在“学生成绩表”中选择参数范围“D3:D32”。再单击“Criteria”输入框，输入统计条件“>=90”，单击确定按钮，如图 6-12 所示。

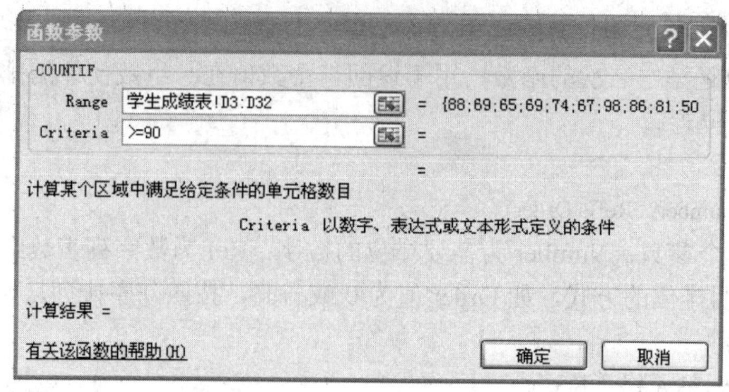

图 6-12　COUNTIF 函数参数

(6) 鼠标指针指向“B3”单元格的填充柄，当鼠标指针变为+时，单击鼠标并向右拖动，将“B3”单元格中的函数复制到其余三学科所在的单元格中。

(7) 选择目标单元格“B7(59 以下人数)”，当对函数的语法格式比较熟悉后，可以在编辑栏处直接输入“=COUNTIF(学生成绩表!D3:D32，"<60")”，按【Enter】键确定。

(8) 鼠标指针指向“B7”单元格的填充柄，当鼠标指针变为+时，单击鼠标并向右拖动，将“B7”单元格中的函数复制到其余三学科所在的单元格中。

任务四　使用简单公式进行计算

【任务内容】使用公式计算“成绩统计表”中“80-89”“70-79”和“60-69”分数段的人数，计算“总计”和“不及格比例”行的数据。

Excel 中的公式是指在单元格中执行计算功能的等式。

所有公式输入时都必须以“＝”开头，“＝”后面是参与计算的运算数和运算符。公式可以直接输入到目标单元格内，也可以在选中单元格后，将公式输入到【编辑栏】内，如图 6-13 所示。

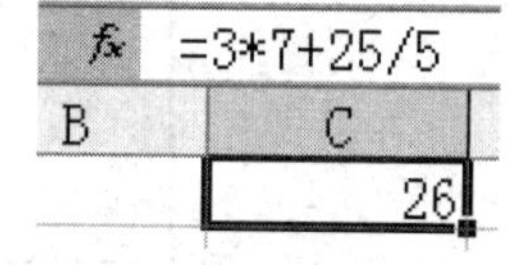

图 6-13　输入公式

常用运算符：

➢ 算术运算符：+(加)、－(减)、*(乘)、/(除)、^(乘方)、%(百分号)等。

➢ 比较运算符：＝(等于)、<(小于)、>(大于)、<＝(小于等于)、>＝(大于等于)、<>(不等于)。

➢ 引用运算符：冒号“：”(区域运算符)，用于对指定区域的引用。如“A1：D3”，引用它们之间矩形区域内的数据；逗号“，”(联合运算符)，如“A1，D3”，表示引用 A1、D3 单元格内的数据。

1. 各科“80-89”“70-79”和“60-69”分数段人数单元格计算

(1) 选择目标单元格“B4(80-89 人数)”，在编辑栏处输入“=COUNTIF(学生成绩表!D3:D32，">=80")-B3”，如图 6-14 所示，按【Enter】键确定。

图 6-14　在编辑栏输入公式

(2) 选择目标单元格“B5(70-79 人数)”，在编辑栏处输入“=COUNTIF(学生成绩表!D3:D32，">=70")-B4-B3”，按【Enter】键确定。

(3) 选择目标单元格“B6(60-69 人数)”，在编辑栏处输入“=COUNTIF(学生成绩表!D3:D32，">=60")-B3-B4-B5”，按【Enter】键确定。

(4) 鼠标指针分别指向“B4”、“B5”和“B6”单元格的填充柄，当鼠标指针变为＋时，单击鼠标并向右拖动，将以上单元格中的函数复制到其余三学科所在的单元格中。

2. “总计”行单元格计算

(1) 选择目标单元格“B8”。

(2) 单击【编辑栏】处的 fx 按钮，弹出【插入函数】对话框。

(3) 在打开的【插入函数】对话框中选择函数“SUM”，单击 确定 按钮，弹出【函数参数】对话框。

(4) 在打开的【函数参数】对话框中，对函数参数进行引用，单击“Number1”输入框右侧的按钮，单击“B3”单元格，并拖动到“B7”单元格，选定这一单元格区域后，再次单击按钮，返回【函数参数】对话框，单击 确定 按钮。

(5) 鼠标指针指向“B8”单元格的填充柄，当鼠标指针变为＋时，单击鼠标并向右拖动，将“B8”单元格的函数自动复制到其他单元格中。

3. “不及格比例”行单元格计算

(1) 选择目标单元格“B9”。

(2) 在单元格内，或者在上方【编辑栏】处输入“=B7/B8”。

(3) 按【Enter】键确认，如图 6-15 所示。

(4) 鼠标指针指向“B9”单元格的填充柄，当鼠标指针变为＋时，单击鼠标并向右拖动，将“B9”单元格的函数自动复制到其他单元格中。

B9　fx =B7/B8

	A	B	C
8	总计	30	30
9	不及格比例	13%	
10			

图 6-15　输入公式

任务五　数据图表化

【任务内容】(1) 使用“成绩统计表”工作表中各分数段人数，创建图表“成绩统计图”。图表类型为“簇状柱形图”，数据系列产生在“行”，图表标题为“成绩统计图”，横轴(X)轴为“分数段”，纵轴(Y)轴为“人数”。

(2) 修改图表“成绩统计图”。将图表类型改为“三维簇状柱形图”；将图表标题设置为“22 号，蓝色，加粗”；将背景墙的填充效果设置为“蓝色面巾纸”。

1. 制作成绩统计图

(1) 在“成绩统计表”工作表中，选择所需的数据单元格区域“A2:E7”。

(2) 单击【插入】选项卡中的【图表】组命令，单击【柱形图】下拉按钮，如图 6-16 所示。

(3) 在【柱形图】下拉按钮中选择“二维柱形图”中的“簇状柱形图”可得到“成绩统计图”，如图 6-17 所示。

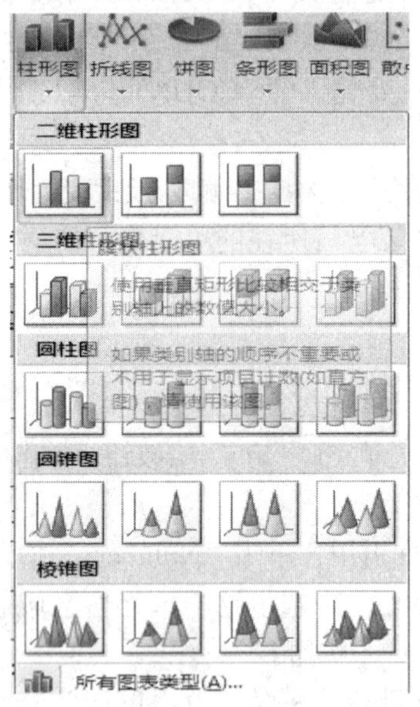

图 6-16　图表类型

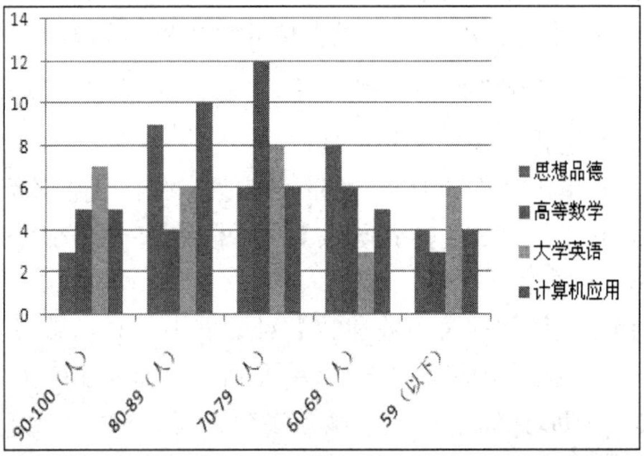

图 6-17　成绩统计图

(4) 为图表添加标题。图表插入后会自动在选项卡上方出现【图表工具】，单击【布局】选项卡，选择【标签】组中的【图表标题】下拉按钮，选择“图表上方”样式，如图 6-18 所示。双击“图表标题”，添加标题为“成绩统计图”，如图 6-19 所示。

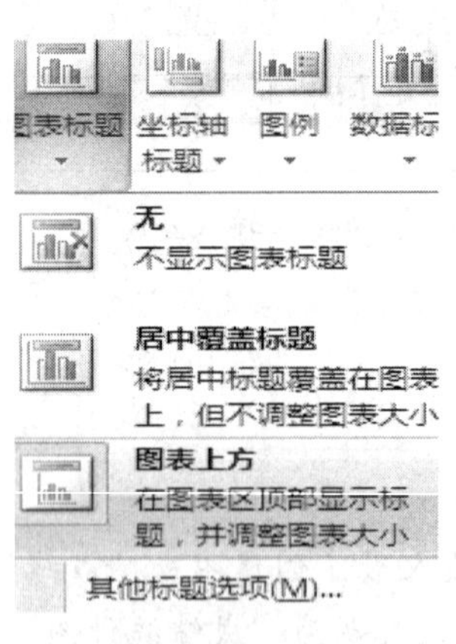

图 6-18　图表标题选择

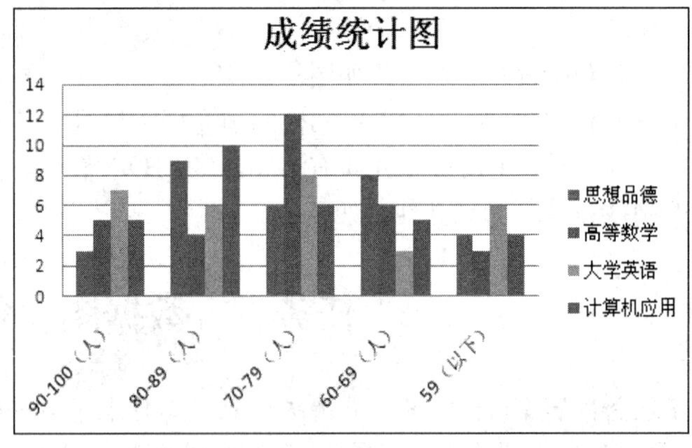

图 6-19　添加标题的成绩统计图

(5) 添加横轴(X)、纵轴(Y)标题。单击【图表工具】中的【布局】选项卡，选择【标签】组中的【坐标轴标题】下拉按钮，如图 6-20 所示。在【主要横坐标轴标题】中选择【坐标轴下方标题】，添加标题为“分数段”。再选择【主要纵坐标轴标题】，在下拉列表中选择“竖排标题”，添加标题为“人数”，如图 6-21 所示。

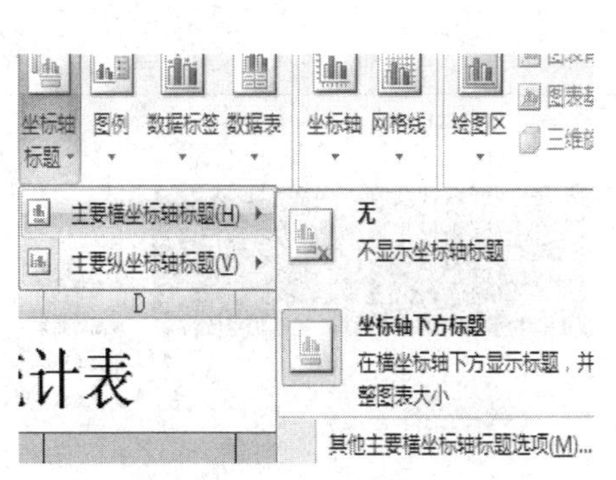

图 6-20　选择坐标轴标题

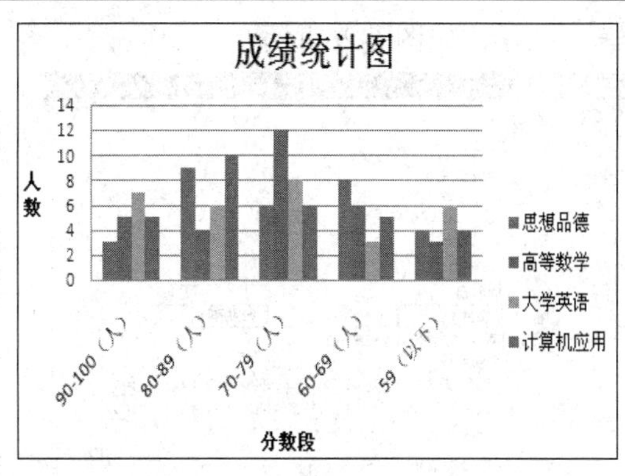

图 6-21　添加坐标轴标题后的统计图

2. 图表的修改

(1) 改变图表类型：鼠标指向图表区，单击鼠标右键，在弹出的快捷菜单中选择【更改图表类型】命令，如图 6-22 所示。在【更改图表类型】对话框中更改为“柱形图”，子图表类型为“三维簇状柱形图”，单击确定按钮，如图 6-23 所示。

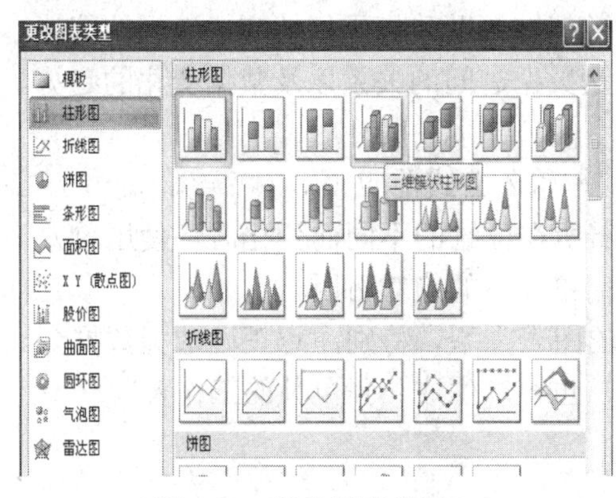

图 6-22　修改图表类型

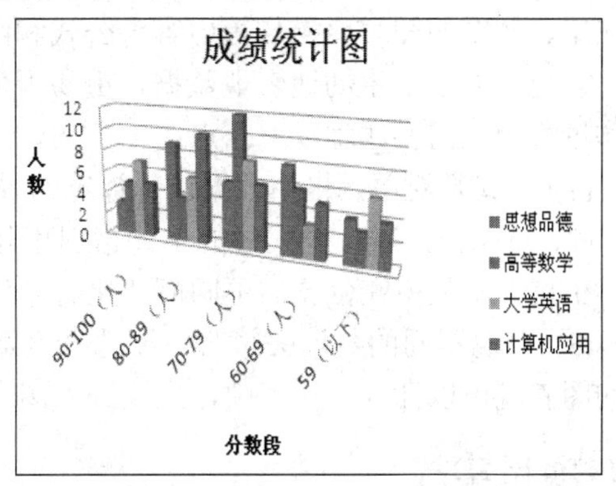

图 6-23　修改后的成绩统计图

(2) 更改标题字体：在图表中选中图表标题，单击【开始】选项卡【字体】组，选择字号为“24”、颜色为“蓝色”、字形为“加粗”，单击确定按钮，如图 6-24 所示。

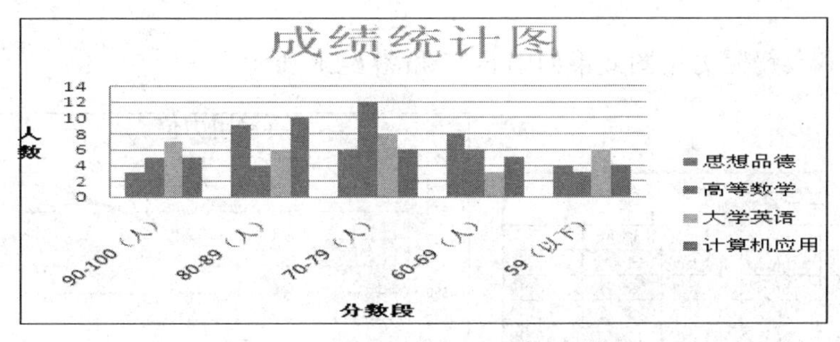

图 6-24　更改标题字体后的成绩统计图

图表的修改

(3) 填充背景色：把鼠标指向“绘图区”，双击绘图区图表，或者单击鼠标右键，显示【设置绘图区格式】对话框，如图 6-25 所示。在【填充】标签中选择“图片和纹理填充”，自动显示“填充效果”对话框，在【纹理】下拉列表中选择第 1 行第 3 列“斜纹布”，单击确定按钮，如图 6-26 所示。

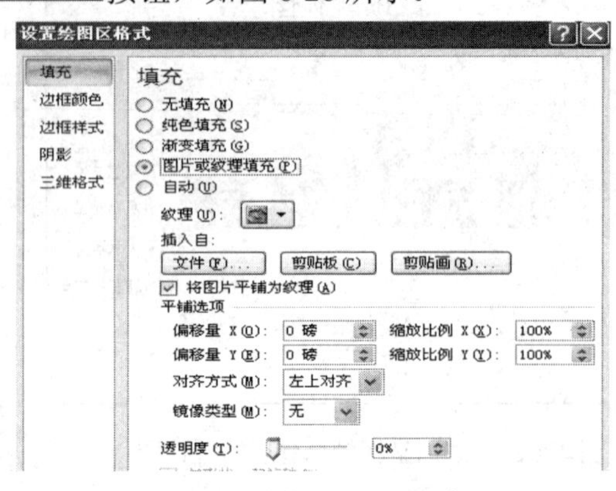

图 6-25 【填充效果】对话框

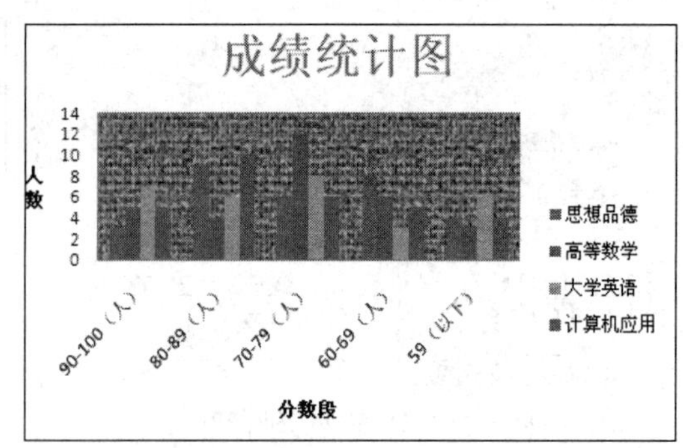

图 6-26 修改完背景的统计图

项目总结

通过制作学生成绩表和成绩统计图，我们加深了对 Excel 的学习，掌握了公式和函数的应用、数据的图表化操作等内容。公式和函数能够帮助我们更好地完成数据的统计，图表可以更加清晰、生动地表现数据，更易于表达数据之间的关系以及数据变化的趋势。在操作过程中，需要注意以下几点：

(1) 公式是对单元格中数据进行计算的等式，输入公式前应先输入“=”。

(2) 复制公式时，公式中的单元格引用随着所在位置的不同而变化时，使用单元格的相对引用；不随所在位置的不同而变化时，使用单元格的绝对引用。

(3) 表现不同的数据关系时，要选择合适的图表类型，特别注意正确选择数据源。创建的图表既可以插入工作表中，生成嵌入图表，也可以生成一张单独的工作表。

项目实战

实战 1　制作“纽约汇市开盘预测” 表和“英镑阻力位”图

纽约汇市开盘预测和英镑阻力位图效果如图 6-27 和图 6-28 所示。

	A	B	C	D	E	F	G
1	纽约汇市开盘预测						
2	预测项目	价位	英镑	马克	日元	瑞朗	加元
3	第一阻力位	阻力位	1.4860	1.6710	104.2500	1.4255	1.3759
4	第二阻力位	阻力位	1.4920	1.6760	104.6000	1.4291	1.3819
5	第三阻力位	阻力位	1.4960	1.6828	105.0500	1.4330	1.3840
6	第一支撑位	支撑位	1.4730	1.6635	103.8500	1.4127	1.3719
7	第二支撑位	支撑位	1.4680	1.6590	103.1500	1.4080	1.3680
8	第三支撑位	支撑位	1.4650	1.6545	102.5000	1.4040	1.3650
9	预计高位		1.4960	1.6828	105.0500	1.4330	1.3840
10	预计低位		1.4650	1.6545	102.5000	1.4040	1.3650

图 6-27 纽约汇市开盘预测

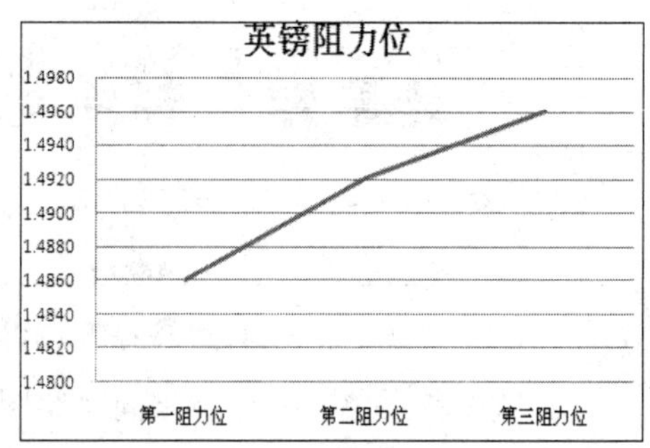

图 6-28 英镑阻力位

操作步骤：

(1) 新建 Excel 工作簿并输入数据。

① 启动 Excel，即创建一个新的 Excel 工作簿。单击快速访问工具栏中的【保存】按钮，在【另存为】对话框中将文件名由“Book1.xls”改为“汇市表”，在对话框左侧选择“桌面”选项，单击对话框中的保存(S)按钮，将文件保存到桌面。

② 将鼠标指针移到“Sheet1”工作表的标签上，单击鼠标右键，在弹出的快捷菜单中选择【重命名】命令，然后输入新名称“开盘预测”。

③ 单击“A1”单元格，直接输入“纽约汇市开盘预测”，按【Enter】键确认。从“A2”单元格依次输入表头内容以及表中数据。“预计高位”和“预计低位”两行内容暂不输入。

(2) 用函数计算“预计高位”和“预计低位”两行数据。

① 选择目标单元格“C9”。

② 单击【编辑栏】处的 fx 按钮，弹出【插入函数】对话框。

③ 在打开的【插入函数】对话框中选择函数“MAX”，单击确定按钮，弹出【函数参数】对话框。

④ 在打开的【函数参数】对话框中，对函数参数进行引用，单击“Number1”输入框右侧的按钮，单击“C3”单元格，并拖动到“C8”单元格，选定这一单元格区域后，再次单击按钮，返回【函数参数】对话框，再单击确定按钮。

⑤ 鼠标指针指向“C9”单元格的填充柄，当鼠标指针变为+时，单击鼠标并向右拖动，将“C9”单元格的函数自动复制到其他单元格中。

⑥ 选择目标单元格“C10”。

⑦ 单击【编辑栏】处的 fx 按钮，弹出【插入函数】对话框。

⑧ 在打开的【插入函数】对话框中选择函数“MIN”，单击确定按钮，弹出【函数参数】对话框。

⑨ 在打开的【函数参数】对话框中，对函数参数进行引用，单击“Number1”输入框右侧的按钮，单击“C3”单元格，并拖动到“C8”单元格，选定这一单元格区域后，再次单击按钮，返回【函数参数】对话框，再单击确定按钮。

⑩ 鼠标指针指向“C10”单元格的填充柄，当鼠标指针变为+时，单击鼠标并向右拖动，将“C10”单元格的函数自动复制到其他单元格中。

(3) 将“C”列至“G”列的列宽设置为“9”并适当调整“A”列和“B”列的列宽。

① 将鼠标指针移到列标“C”处，按下鼠标左键并向右拖动直至列标“G”，把第“C”列到第“G”列单元格全部选中。

② 将鼠标指针移动到选中区域，在【开始】选项卡【单元格】组中选择【格式】标签下拉按钮，选择【列宽】，并输入列宽为“9”，单击确定按钮。

(4) 设置单元格格式。

① 鼠标指针单击“A1”单元格。

② 在【开始】选项卡中选择【字体】组，点击【字体】下拉按钮，字体选择为“黑体”，在【字号】下拉按钮中选择【字号】为“16”。

③ 选中“A1:G1”单元格区域，在所选区域上单击鼠标右键，在弹出的快捷菜单中选择【设置单元格格式】命令。

④ 单击【设置单元格格式】对话框中的【对齐】标签，在文本对齐方式中的【水平对齐】下拉列表中选择“跨列居中”命令。

⑤ 【开始】选项卡选择【字体】组中的下拉按钮，选择单元格底纹为“浅黄”。选中“A2:G2”单元格区域，单击下拉按钮，选择单元格底纹为“浅绿”；选中“A3:G10”单元格区域，单击下拉按钮，选择单元格底纹为“灰-25%”。

⑥ 选中“预计高位”和“预计低位”两行，【开始】选项卡选择【字体】组的中下拉按钮，选择字体颜色为“红色”。

⑦ 选择“C10:G10”单元格区域，在所选区域上单击鼠标右键，在弹出的快捷菜单中选择【设置单元格格式】命令，打开【设置单元格格式】对话框，选择【数字】标签，在【分类】列表下选择“会计专用”，保留“4”位小数，单击确定按钮。再单击【开始】菜单下【对齐方式】组中的按钮，设置文字对齐方式为“右对齐”。

(5) 设置表格边框线。对照图 6-27，选择“A1:G10”单元格区域，在【开始】选项卡选择【字体】组中的下拉按钮，选择“所有框线”，为表格设置所有边框线，再选择“粗匣框线”，为表格设置外边框线。

(6) 定义单元格名称。

① 选择“预计高位”所在单元格“A9”。

② 在【名称框】处输入“卖出价位”，按【Enter】键确认。

(7) 复制工作表。

① 单击“开盘预测”工作表中的按钮(全选按钮，位于工作表的左上角，行号和列标交汇处)。

② 复制所选的整个工作表。

③ 单击【标签栏】处“Sheet2”工作表，单击“Sheet2”工作表中的“A1”单元格，进行粘贴。

(8) 使用“……阻力位”和对应的“英镑”数据在 Sheet2 工作表中创建一个二维折线图。

① 在“Sheet2”工作表中，选择所需用的数据单元格区域“A3:A5”，按住键盘上的【Ctrl】键，同时选择“C3:C5”。

② 单击【插入】选项卡选择【图表】组，选择“折线图”下拉按钮，选择图表类型为“二维折线图”，子图表类型为“折线图”，单击确定按钮。

③ 图表插入后会自动在选项卡上方出现【图表工具】，单击【设计】选项卡，选择【图表布局】组中的【图表标题】下拉按钮，选择“布局一”样式，为图表添加标题，如图 6-29 所示。

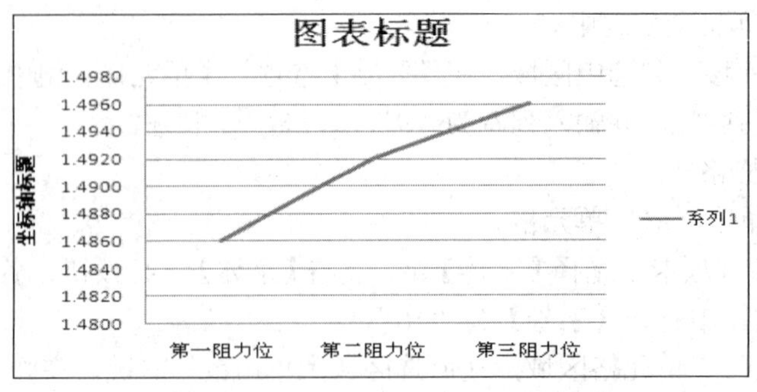

图 6-29 有标题样式的阻力位图

④ 双击图 6-29 中的“图表标题”，将图表标题修改为“英镑阻力位”，双击“系列 1”和“坐标轴标题”，删除这两项，图表创建完成，如图 6-28 所示。

实战 2　制作“职员登记表”和“人数”饼图

职员登记表和人数饼图效果如图 6-30 和图 6-31 所示。

	A	B	C	D	E	F	G	H
1	职员登记表							
2	员工编号	部门	性别	年龄	籍贯	工龄	工资	员工性质
3	1	开发部	男	30	陕西	5	¥2,000.00	老员工
4	2	测试部	男	32	江西	4	¥1,600.00	老员工
5	3	文档部	女	24	河北	2	¥1,200.00	新员工
6	4	市场部	男	26	山东	4	¥1,800.00	老员工
7	5	市场部	女	25	江西	2	¥1,900.00	新员工
8	6	开发部	女	26	湖南	2	¥1,400.00	新员工
9	7	文档部	男	24	广东	1	¥1,200.00	新员工
10	8	测试部	男	22	上海	5	¥1,800.00	老员工
11	9	开发部	女	32	辽宁	6	¥2,200.00	老员工
12	10	市场部	女	24	山东	4	¥1,800.00	老员工
13	11	市场部	女	25	北京	2	¥1,200.00	新员工
14	12	测试部	男	28	湖北	4	¥2,100.00	老员工
15	13	文档部	男	32	山西	3	¥1,500.00	新员工
16	14	开发部	男	36	陕西	6	¥2,500.00	老员工
17	15	测试部	女	25	江西	5	¥2,000.00	老员工
18	16	开发部	女	25	辽宁	3	¥1,700.00	新员工
19	17	市场部	男	26	四川	5	¥1,600.00	老员工
20	18	文档部	女	24	江苏	2	¥1,400.00	新员工
21								
22	部门	人数						
23	开发部	5						
24	测试部	4						
25	文档部	4						
26	市场部	5						

图 6-30　职员登记表

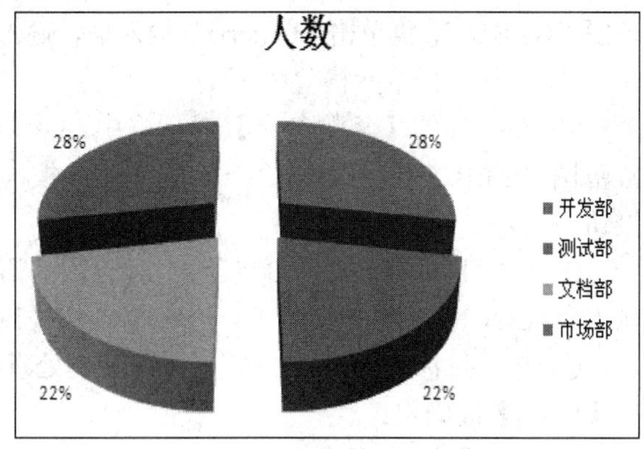

图 6-31　人数饼图

操作步骤：

(1) 新建 Excel 工作簿并输入数据。

① 启动 Excel，即创建一个新的 Excel 工作簿。单击快速访问工具栏中的【保存】按钮，在【另存为】对话框中将文件名由“Book1.xls”改为“登记表”，在对话框左侧选择“桌面”选项，单击对话框中的 保存(S) 按钮，将文件保存到桌面。

② 将鼠标指针移到“Sheet1”工作表的标签上，单击鼠标右键，在弹出的快捷菜单中选择【重命名】命令，然后输入新名称“职员登记表”。

③ 鼠标指针单击“A1”单元格，直接输入“职员登记表”，按【Enter】键确认，从“A2”单元格依次输入表头内容以及表中数据；“员工编号”列数据利用填充柄和键盘上的【Ctrl】键设置递增填充输入；“员工性质”和“人数”两列内容暂不输入。

④ 鼠标指针单击“A22”单元格，输入“部门”，其余单元格内容按照图 6-30 输入，图中“员工性质”和“人数”列浅绿色底纹数据暂不输入。

(2) 用函数计算“员工性质”列数据。

① 选择目标单元格“H3”。

② 单击【编辑栏】处的按钮，弹出【插入函数】对话框。

③ 在打开的【插入函数】对话框中选择函数“IF”，单击 确定 按钮，弹出【函数参数】对话框。

④ 在打开的【函数参数】对话框中，单击“logical_test”输入框，输入判断条件“F3>3”，单击“value_if_true”输入框，输入条件为真时的返回值为“"老员工"”；单击“value_if_false”

输入框，输入条件为假时的返回值为“"新员工"”。再返回【函数参数】对话框，单击确定按钮。

⑤ 鼠标指针指向“H3”单元格的填充柄，当鼠标指针变为+时，单击鼠标并向下拖动，将“H3”单元格的函数自动复制到其他单元格中。

(3) 用函数计算“人数”列数据。

① 选择目标单元格“B23”。

② 单击【编辑栏】处的按钮，弹出【插入函数】对话框。

③ 在打开的【插入函数】对话框中，选择函数“COUNTIF”，单击确定按钮。

④ 在打开的【函数参数】对话框中，单击“Range”输入框右侧的按钮，选择参数范围“B3:B20”。再单击“Criteria”输入框，输入统计条件“"开发部"”，单击确定按钮。

⑤ 选择目标单元格“B24”。

⑥ 在打开的【函数参数】对话框中，单击“Range”输入框右侧的按钮，选择参数范围“B3:B20”。再单击“Criteria”输入框，输入统计条件“"测试部"”，单击确定按钮。

⑦ 选择目标单元格“B25”。当对函数的语法格式比较熟悉后，可以在编辑栏处直接输入“=COUNTIF(B3:B20，"文档部")”，按【Enter】键确定。

⑧ 选择目标单元格“B26”。在编辑栏处直接输入“=COUNTIF(B3:B20，"市场部")”，按【Enter】键确定。

(4) 设置单元格格式。

① 鼠标指针单击“A1”单元格

② 在【开始】选项卡【字体】组中【字体】下拉按钮中选择“仿宋”，在【字号】下拉按钮中选择“20”。

③ 选中“A1:H1”单元格区域，在所选区域上单击鼠标右键，在弹出的快捷菜单中选择【设置单元格格式】命令。

④ 单击【设置单元格格式】对话框中的【对齐】标签，在文本对齐方式中的【水平对齐】下拉列表中选择“跨列居中”命令。

⑤ 单击【字体】组中的下拉按钮，选择单元格底纹为“黄色”；单击下拉按钮，选择字体颜色为“红色”。

⑥ 选择“G3:G20”单元格区域，在所选区域上单击鼠标右键，在弹出的快捷菜单中选择【设置单元格格式】命令，打开【设置单元格格式】对话框，选择【数字】标签，在【分类】下选择“货币”，保留“2”位小数，应用货币符号“￥”，单击确定按钮。单击【对齐方式】工具框中的按钮，设置文字对齐方式为“右对齐”。

(5) 设置表格边框线。对照图 6-30，选择“A2:H20”单元格区域，按住键盘上的【Ctrl】键，同时选择“A22:B26”单元格区域，单击【字体】组中的下拉按钮，选择“所有框线”，为表格设置所有边框线。

(6) 条件格式。

① 选中单元格区域“B3:B20”。

② 选择【样式】组中的【条件格式】下拉列表，选择【突出显示单元格规则】中的【文本包含】选项，如图 6-32 所示。

③ 在该对话框的中第一个空白框中输入“市场部”，在“设置为”对话框下拉列表中选择“自定义格式”，在出现的“设置单元格格式”对话框中单击【填充】标签，选择“背景色”下拉按钮颜色样表中第一排第三个“灰色”，为包含“市场部”三字的单元格添加灰色底纹。

(7) 使用“部门”和对应的“人数”数据在 Sheet2 工作表中创建一个分离型三维饼图。

① 在“职员登记表”工作表中，选择所需用的数据单元格区域“A22:B26”。

② 单击【插入】选项卡中的【图表】组，选择【饼图】下拉按钮“三维饼图”中的“分离型三维饼图”。

③ 图表插入后会自动在选项卡上方出现【图表工具】，单击【布局】选项卡，选择【标签】下拉按钮【数据标签】下拉列表中的“其他数据标签”选项，在【设置数据标签选项】对话框的【标签选项】中勾选“百分比”，为图表添加人数百分比数值，如图 6-33 所示。

图 6-32　条件格式选项示例

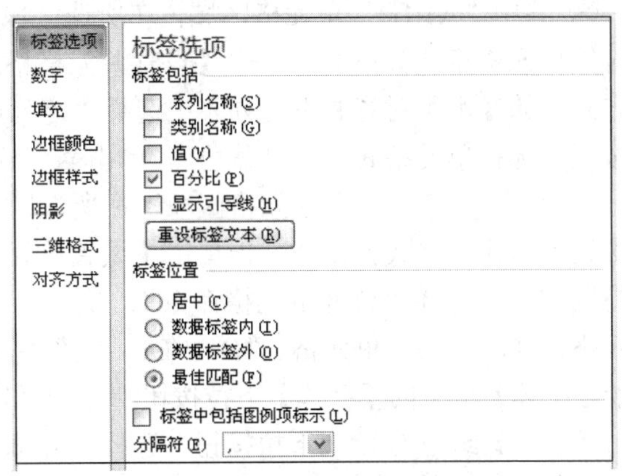

图 6-33　图表数据百分比标签示例

实战 3　制作“费用统计表”和“费用项目比例”图

费用统计表和费用项目比例图效果如图 6-34 所示和图 6-35 所示。

三月份费用统计表						
序号	费用分类	费用项目	明细			所占比率
			费率（元/人）	人数	小计金额	
1	工资	在编人员工资	￥1,500.00	24	￥36,000.00	26.47%
2		临时人员工资	￥800.00	30	￥24,000.00	17.65%
3		退休人员工资	￥1,000.00	22	￥22,000.00	16.18%
		小计			￥82,000.00	
5	福利计费	医疗保险	￥200.00	60	￥12,000.00	8.82%
6		养老保险	￥300.00	60	￥18,000.00	13.24%
7		住房公积金	￥400.00	60	￥24,000.00	17.65%
		小计			￥54,000.00	
合计					￥136,000.00	100.00%

图 6-34 费用统计表

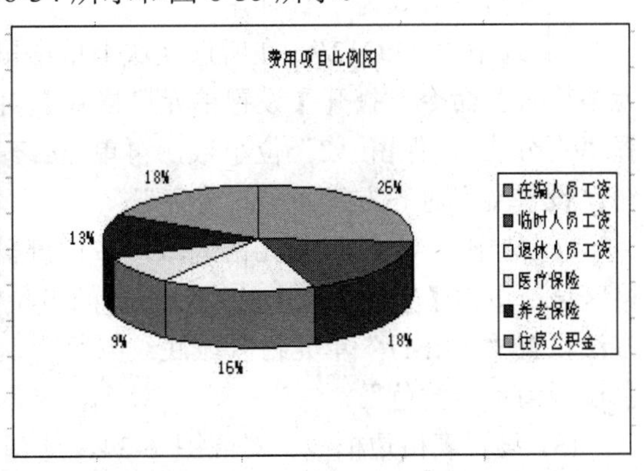

图 6-35　费用项目比例图

操作步骤：

(1) 新建 Excel 工作簿并输入数据。

① 启动 Excel，即创建一个新的 Excel 工作簿。单击快速访问工具栏中的【保存】按钮，在【另存为】对话框中将文件名由“Book1.xls”改为“费用统计表”，在对话框左侧选择“桌面”选项，单击对话框中的保存(S)按钮，将文件保存到桌面。

② 将鼠标指针移到“Sheet1”工作表的标签上，单击鼠标右键，在弹出的快捷菜单中选择【重命名】命令，然后输入新名称“费用统计表”。

③ 鼠标指针单击“A1”单元格，直接输入“三月份费用统计表”，按【Enter】键确认，样式如图 6-34 所示。

(2) 设置单元格格式。

① 鼠标指针单击“A1”单元格。

② 在【开始】选项卡【字体】组【字体】下拉按钮中选择“宋体”，在【字号】下拉按钮中选择“24”。

③ 选中“A1:G1”单元格区域，在所选区域上单击鼠标右键，弹出的快捷菜单中选择【设置单元格格式】命令。单击【设置单元格格式】对话框中的【对齐】标签，在文本对齐方式中的【水平对齐】下拉列表中选择“跨列居中”命令。单击【字体】组中的下拉按钮，选择单元格底纹为“蓝色”。单击A下拉按钮，选择字体颜色为“白色”。

④ 选中“A2，A3”单元格区域，在所选区域上单击鼠标右键，弹出的快捷菜单中选择【设置单元格格式】命令，再单击【设置单元格格式】对话框中的【对齐】标签，在文本控制方式中选择“合并单元格命令”。以相同方法合并“B2，B3”单元格、“C2，C3”单元格、“G2，G3”单元格、“D1，E1，F1”单元格，并输入相应的文字。在【开始】选项卡【字体】组中的【字体】下拉按钮中选择“黑体”，在【字号】下拉按钮中选择“20”。单击【字体】组中的下拉按钮，选择单元格底纹为“黄色”。单击A下拉按钮，选择字体颜色为“黑色”，如图 6-34 所示。

⑤ 选中“D4:D11”单元格区域，按住键盘上的【Ctrl】键，同时选择“F4:F12”单元格区域，在所选区域上单击鼠标右键，在弹出的快捷菜单中选择【设置单元格格式】命令，打开【设置单元格格式】对话框，选择【数字】标签，在【分类】下选择“货币”，保留“2”位小数，应用货币符号“￥”，单击确定按钮。再单击【对齐方式】工具框中的按钮，设置文字对齐方式为“右对齐”。

⑥ 选中“G4:G12”，在所选区域上单击鼠标右键，在弹出的快捷菜单中选择【设置单元格格式】命令，打开【设置单元格格式】对话框，选择【数字】标签，在【分类】下选择“百分比”，保留“2”位小数，再单击确定按钮。单击【对齐方式】工具框中的按钮，设置文字对齐方式为“右对齐”。

⑦ 选中“A4:F7”单元格区域，按住键盘上的【Ctrl】键，同时选择“G4:G11”单元格区域，单击【字体】组中的按钮的下拉箭头，选择单元格底纹为“淡蓝色”，以相同方法设置“A8:F11”单元格区域底纹颜色为 “淡黄色”；“A12：G12”单元格区域底纹颜色设置为“金黄色”。

(3) 设置表格边框线。对照图 6-34，选择“A2:G12”单元格区域，单击【字体】组中的下拉按钮，选择“所有框线”，为表格设置所有边框线。

(4) 用公式计算工资类“小计金额”列数据。

① 选择目标单元格“F4”。

② 在 F4 单元格输入“=D4*E4”。按【Enter】键确认，计算出 F4 单元格的“小计金额”。

③ 鼠标指针指向“F4”单元格的填充柄，当鼠标指针变为+时，单击鼠标并向下拖动到 F6 单元格，将“F4”单元格的公式自动复制到 F6。

(5) 用函数计算工资类 F7 单元格“小计金额”列数据。

① 选择目标单元格“F7”。

② 单击【编辑栏】处的 fx 按钮，弹出【插入函数】对话框。

③ 在打开的【插入函数】对话框中，选择函数“SUM”，单击 确定 按钮。

④ 在打开的【函数参数】对话框中，单击“Number1”输入框右侧的按钮，选择参数范围“F4:F6”，单击 确定 按钮。

(6) 用公式计算福利计费类“小计金额”列数据。

① 选择目标单元格“F8”。

② 在 F8 单元格输入“=D8*E8”。按【Enter】键确认，计算出 F8 单元格的“小计金额”。

③ 鼠标指针指向“F8”单元格的填充柄，当鼠标指针变为+时，单击鼠标并向下拖动到 F10 单元格，将“F8”单元格的公式自动复制到 F10。

(7) 用函数计算福利类 F11 单元格“小计金额”列数据。

① 选择目标单元格“F11”。

② 单击【编辑栏】处的 fx 按钮，弹出【插入函数】对话框。

③ 在打开的【插入函数】对话框中，选择函数“SUM”，单击 确定 按钮。

④ 在打开的【函数参数】对话框中，单击“Number1”输入框右侧的按钮，选择参数范围“F8:F10”，单击 确定 按钮。

(8) 用公式计算 F12 单元格“合计金额”数据。

① 选择目标单元格“F12”。

② 在 F12 单元格输入“=F7+F11”。按【Enter】键确认，计算出 F12 单元格的“合计金额”。

(9) 用公式计算工资类“所占比率”列数据。

① 选择目标单元格“G4”。

② 在 G4 单元格输入“=G4/F12”。按【Enter】键确认，计算出 G4 单元格的“所占比率”。

③ 鼠标指针指向“G4”单元格的填充柄，当鼠标指针变为+时，单击鼠标并向下拖动到 G6 单元格，将“G4”单元格的公式自动复制到 G6。

(10) 用公式计算福利类“所占比率”列数据。

① 选择目标单元格“G8”。

② 在 G8 单元格输入“=G8/F12。按【Enter】键确认，计算出 G8 单元格的“所占比率”。

③ 鼠标指针指向“G8”单元格的填充柄，当鼠标指针变为+时，单击鼠标并向下拖动到 G10 单元格，将“G8”单元格的公式自动复制到 G10。

(11) 用公式计算 G12 单元格“合计金额”数据。

① 选择目标单元格“G12”。

② 在 G12 单元格输入“=G4+G5+G6+G8+G9+G10”。按【Enter】键确认，计算出 G12 单元格的“合计金额”。

(12) 根据“费用项目”与“所占比例”的数据在 Sheet2 工作表中创建一个三维饼图，如图 6-35 所示。

① 在“费用统计表”工作表中，先选择数据区域“C3:C6”，然后按住【Ctrl】键，再选择“C8:C10”“G4:G6，G8:G10”。

② 单击【插入】选项卡中的【图表】组，选择【饼图】下拉按钮“三维饼图”中的“三维饼图”。

③ 图表插入后会自动在选项卡上方出现【图表工具】，单击【布局】选项卡，选择【标签】组【数据标签】下拉列表中的“其他数据标签”选项，在【设置数据标签选项】对话框的“标签选项”中选择“百分比”，为图表添加人数百分比数值，如图 6-35 所示。

④ 双击图表标题，输入标题为“费用项目比例图”。

IF 函数嵌套

IF 函数多层嵌套

项目七

PowerPoint 应用——旅游景点介绍

PowerPoint 2010 是一个功能强大的幻灯片制作与演示程序，它能合理有效地将图形、图像、文字、声音以及视频剪辑等多媒体元素集于一体，把用户想要表达的信息通过幻灯片的方式淋漓尽致地演示出来，使观看者容易理解，而且感觉轻松，不枯燥乏味。

本项目通过对一个旅游景点的介绍，讲述了如何使用 PowerPoint 2010 创建演示文稿，编辑演示文稿，以及在文稿中如何插入图片、表格、SmartArt 图，设置幻灯片外观、幻灯片动画效果、幻灯片切换效果，最后如何打印幻灯片等操作。

项目目标

- 掌握利用 PowerPoint 2010 创建演示文稿的基本过程。
- 掌握演示文稿的基本编辑和操作技巧。
- 掌握演示文稿的动画设置。
- 理解超链接的概念，掌握演示文稿中超链接的应用。
- 掌握演示文稿的放映设置和发布操作。

项目描述

净月潭国家级风景名胜区位于吉林省长春市东南部，距市中心仅 18 公里，总面积 150 多平方公里，其中森林面积 100 多平方公里，森林覆盖率达 96%，潭水面积 430 公顷。以低山、丘陵为主，海拔在 200 米到 385 米之间，有大小山头 110 多个，是长白山山系的余脉。素有台湾日月潭姊妹潭之称，被誉为“亚洲第一大人工林海”。利用 PowerPoint 文字、图形、声音、视频、超链接功能，生动活泼、引人入胜地介绍净月潭国家森林公园。图 7-1 为完成的效果图。

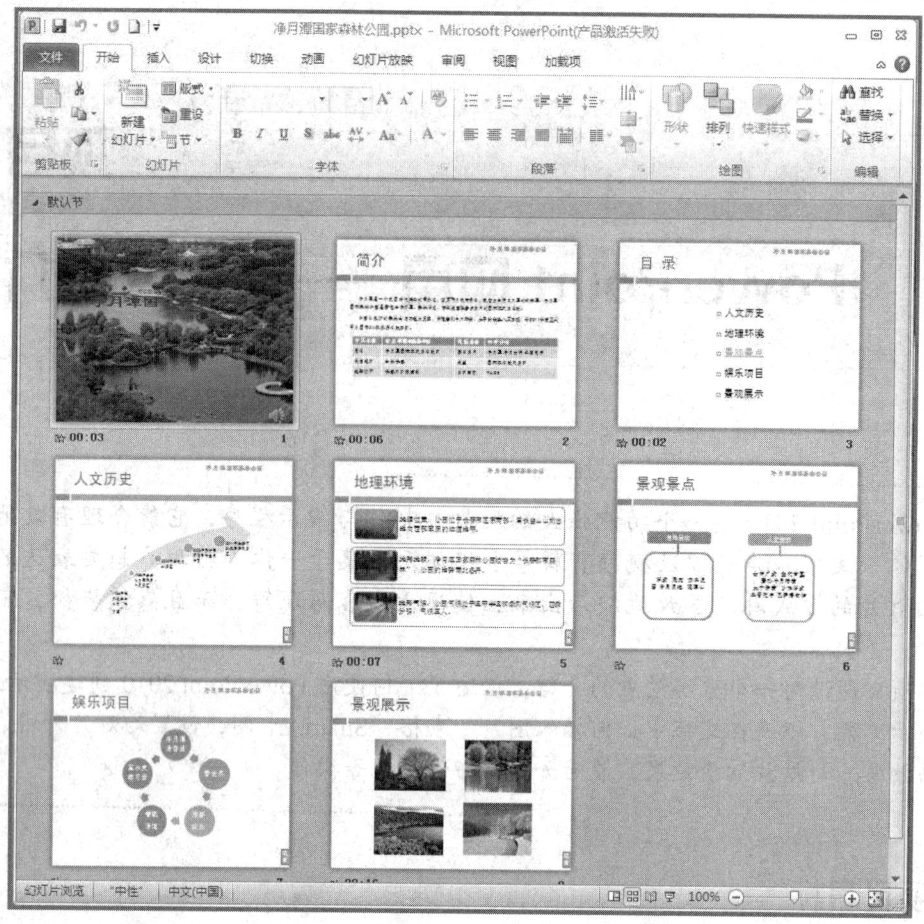

图 7-1　净月潭国家森林公园演示文稿

📖 项目实施

任务一　初识 PowerPoint

【任务内容】*启动 PowerPoint 2010，并自定义快速访问工具栏。*

(1) 启动 PowerPoint 2010。常用的 PowerPoint 2010 启动方式有以下两种。

① 通过开始菜单启动。单击 Windows 任务栏左侧的按钮，选择【程序】→【Microsoft Office】→【Microsoft Office PowerPoint 2010】，即可启动 PowerPoint 2010，如图 7-2 所示。

② 通过桌面快捷方式启动。左键双击桌面上的“Microsoft Office PowerPoint 2010”快捷方式，如图 7-3 所示。

(2) 认识 PowerPoint 2010 界面。PowerPoint 2010 的窗口组成与前面 Word 2010 大致相同，但又有自己的不同之处。启动 PowerPoint 2010 后，即可出现 7-4 所示的窗口画面。

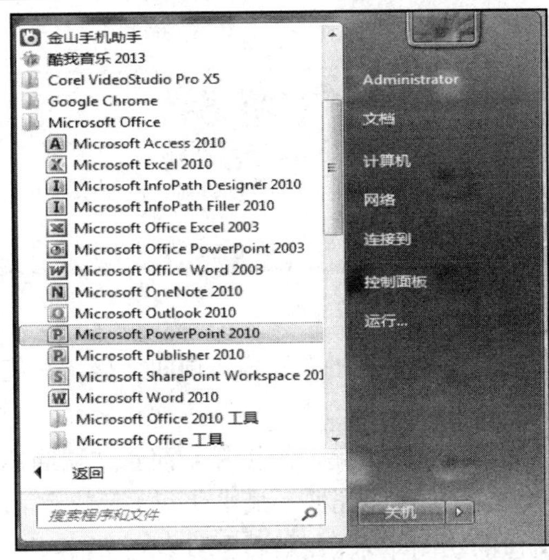

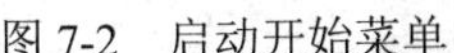
图 7-2 启动开始菜单

图 7-3 启动快捷方式

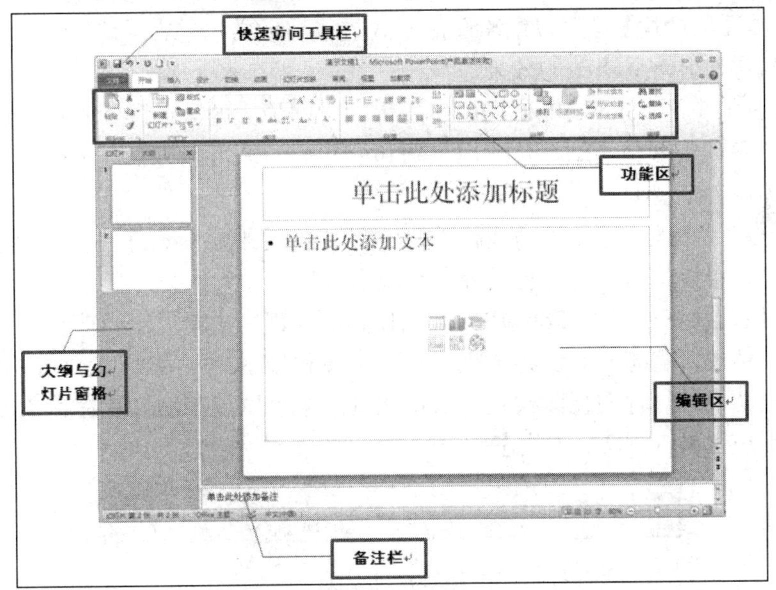

图 7-4 PowerPoint 2010 窗口

① 快速访问工具栏。默认情况下，快速访问工具栏位于 PowerPoint 窗口的顶部，用户可以自行设置快速访问工具栏中的按钮，可将需要的常用按钮显示在其中，也可以将不需要的按钮删除，利用该工具栏可以对最常用的工具栏进行快速访问，如图 7-5 所示。

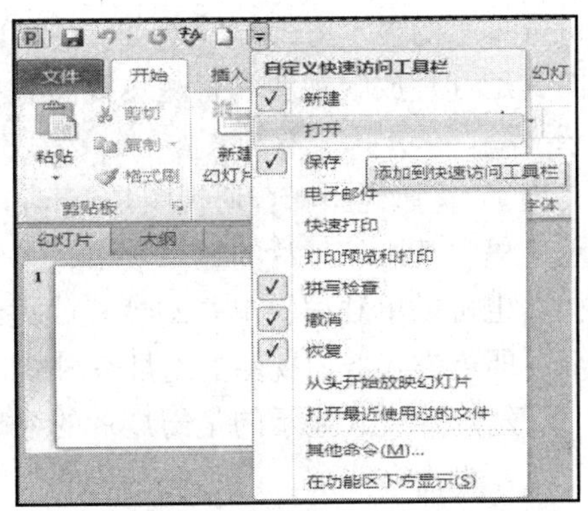

图 7-5 快速访问工具栏

② 功能区和菜单栏。功能区由选项卡、组和按钮三部分组成，如图 7-6 所示，选项卡位于功能区的顶部，选项卡是围绕特定方案或对象进行组织，组位于选项卡中，用于将某个任务细分为多个子任

务控件，并以按钮、库和对话框的形式出现。

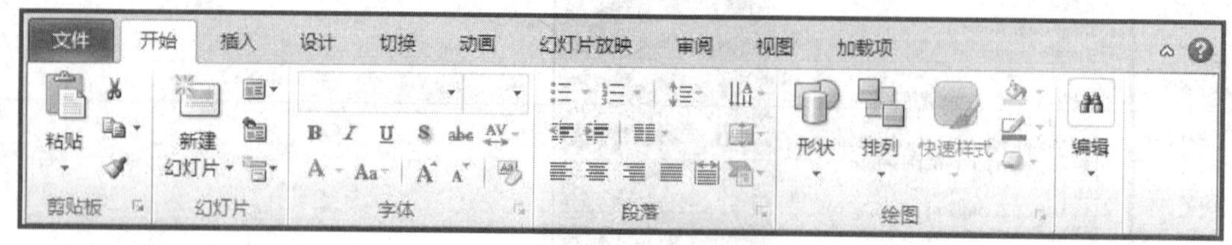

图 7-6　功能区

菜单栏和功能选项卡是对应关系，在菜单栏中单击相应的菜单项即会显示相应的功能选项卡。

③ 标题栏。标题栏位于 PowerPoint 工作界面的顶端，用于显示演示文稿的标题，标题栏最右端有 3 个按钮，分别用来实现窗口的最大化、还原、最小化和关闭操作。

④ 大纲与幻灯片窗格。幻灯片编辑窗口的左侧即为【幻灯片】和【大纲】窗格，在【大纲】窗格中显示的是幻灯片文本，此区域是撰写幻灯片文字内容的主要区域。当切换至【幻灯片】窗格时，【幻灯片】窗格以缩略图的形式显示演示文稿内容，使用缩略图能更方便地通过演示文稿导航并观看更改的效果。

⑤ 幻灯片编辑区。PowerPoint 2010 主界面中间最大的区域即为幻灯片编辑区，用于编辑幻灯片的各项内容，当幻灯片应用主题和版式后，编辑区会出现相应提示信息，提示用户输入相关内容。

⑥ 备注栏。备注栏位于幻灯片编辑窗口的下方，用于显示幻灯片备注信息，方便演讲者使用，用户还可以打印备注，将其分发给观众。

⑦ 状态栏。状态栏位于 PowerPoint 工作界面底部，用于显示当前状态，例如字数、页数及语言等信息，状态栏右侧为“视图切换按钮和显示比例滑杆”区域，通过视图切换按钮可以快速切换幻灯片的视图模式，显示比例滑竿可以控制幻灯片在整个编辑区的显示比例，达到理想效果。图 7-7 为状态栏。

图 7-7　状态栏

(3) 使用 PowerPoint 2010 的 4 种视图方式观看幻灯片。视图是 PowerPoint 文档在计算机屏幕上的显示方式，PowerPoint 2010 提供了 4 种视图模式，即普通视图、幻灯片浏览视图、幻灯片放映视图和备注页视图。在不同的视图中，可以使用相应的方式查看和操作演示文稿。

① 普通视图。普通视图是 PowerPoint 2010 的默认视图，用普通视图可以同时观察演示文稿中某张幻灯片的显示效果、大纲级别和备注内容，普通视图主要用于幻灯片总体结构，也可以单独编辑单张幻灯片或大纲。单击【大纲 / 幻灯片】窗格上的【幻灯片】选项卡，即可进入普通视图的幻灯片模式，如图 7-8、图 7-9 所示。

幻灯片模式显示的是幻灯片的缩略图，在每张图的前面有幻灯片的序列号和动画播放按钮。单击缩略图，即可在右边的幻灯片编辑窗口中进行编辑修改，单击【播放】按钮，可以浏览幻灯片动画播放效果。大纲模式是调整、修饰幻灯片的最好显示模式。

图 7-8　普通视图幻灯片模式

图 7-9　普通视图大纲模式

② 幻灯片浏览视图。在幻灯片浏览视图中，看到演示文稿中所有幻灯片，调整演示文稿的整体显示效果，还可以改变幻灯片的背景设计和调色方案等，并重新排列幻灯片顺序、添加或删除幻灯片、复制幻灯片及制作现有幻灯片的副本等，如图 7-10 所示。

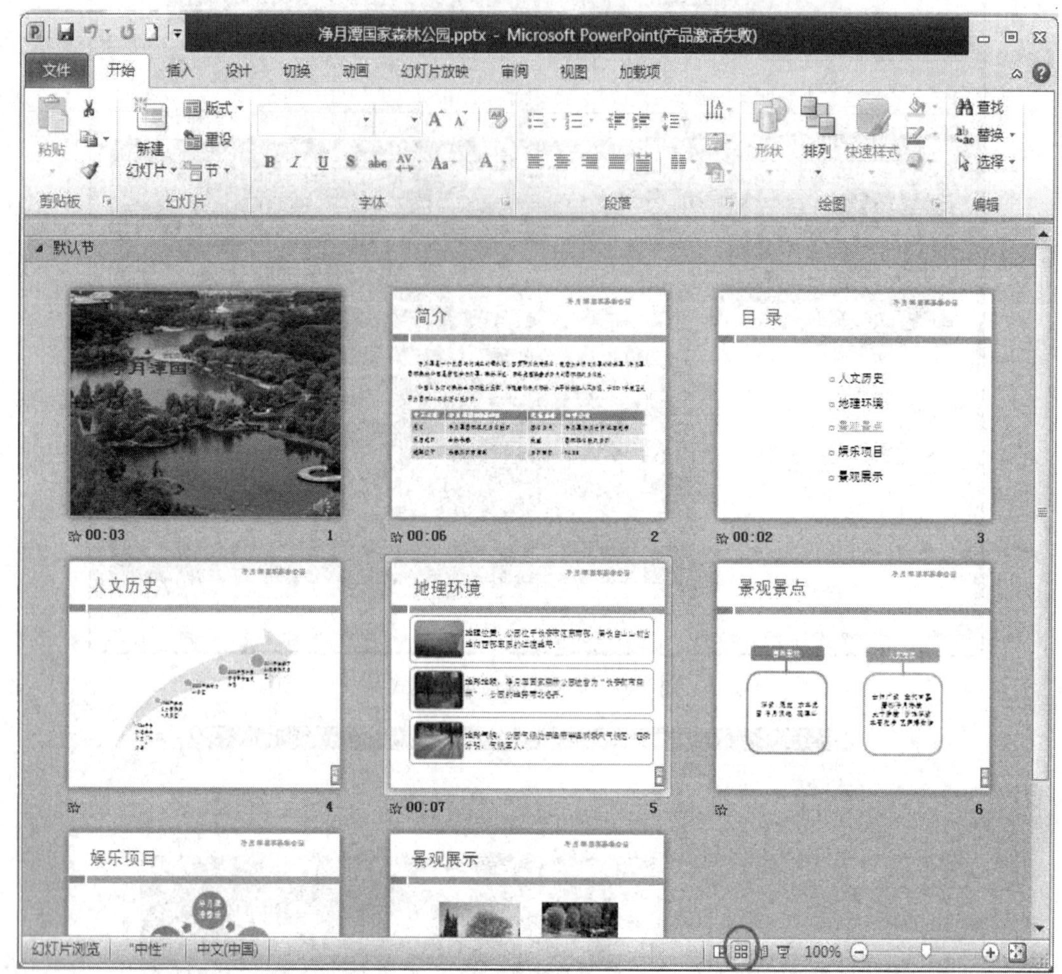

图 7-10　幻灯片浏览视图

③ 幻灯片放映视图。在幻灯片放映视图中，可放映当前演示文稿中的各个幻灯片效果，从中体验到演示文稿中的动画和声音效果。单击状态栏上的【幻灯片放映】按钮，即可进入幻灯片放映视图。

④ 备注页视图。备注页视图用于为演示文稿中的幻灯片提供备注，单击【视图】选项卡中的【演示文稿】组【备注页】按钮，切换到备注页视图，在该视图模式下，可以通过文字、图片、图表和表格等对象来制作备注。

任务二　创建演示文稿

【任务内容】新建 PowerPoint 文档，以“净月潭国家森林公园”命名并保存到桌面上。

(1) 创建空白演示文稿。启动 PowerPoint 2010，系统会自动新建一个默认文件名为“演示文稿 1”的空白演示文稿，如图 7-11 所示。

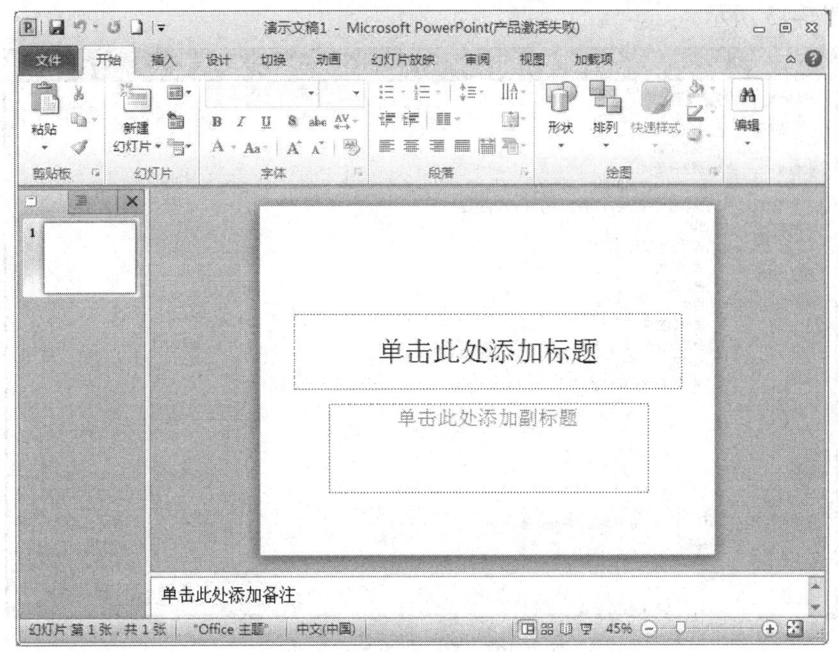

图 7-11　“新建演示文稿”窗口界面

PowerPoint 2010 创建演示文稿主要有以下两种方法。

① 启动 PowerPoint 2010 程序后，系统会自动新建一个名为“演示文稿 1”的空白演示文稿。

② 打开演示文稿，单击【文件】选项卡【新建】命令，在中间的【可用的模板和主题】列表框中单击【空白演示文稿】按钮，再单击【创建】按钮，即可新建一个空白演示文稿，如图 7-12 所示。

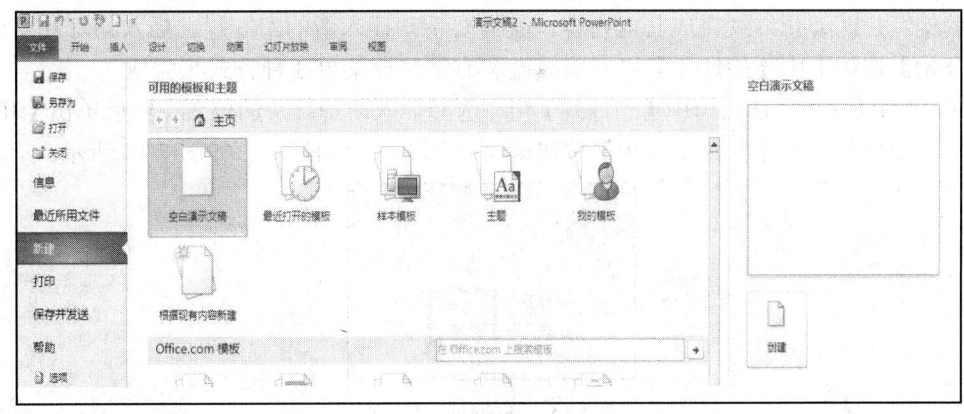

图 7-12　【新建】命令选区

(2) 以“净月潭国家森林公园”命名文档并保存到桌面。

① 单击【常用】工具栏中的【保存】按钮。

② 或者单击【文件】→【另存为】命令，打开【另存为】对话框，在【保存位置】下拉列表框中选择“桌面”选项，在【文件名】中输入“净月潭国家森林公园”，单击 保存(S)

按钮，如图 7-13 所示。

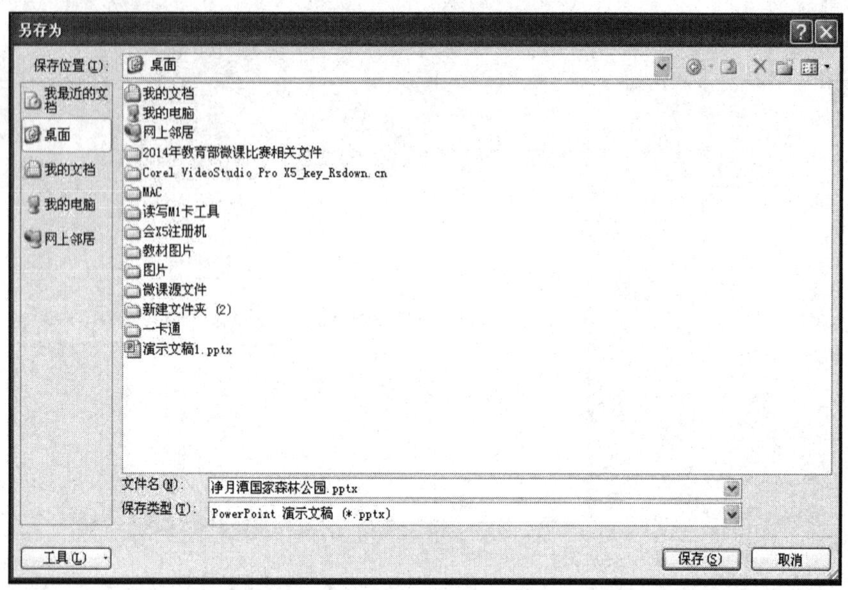

图 7-13 【另存为】对话框

任务三 编辑演示文稿

【任务内容】在“净月潭国家森林公园”演示文稿中插入 8 张幻灯片，用于制作和编辑摘要、目录、表格和 SmartArt 等方面的内容。

(1) 添加幻灯片，并将“中性”主题应用于所有幻灯片，并设置各幻灯片版式。一个完整的演示文稿，通常包含多张幻灯片，但是新建的演示文稿中默认只包含一张输入标题内容的幻灯片。要想继续完成其他内容，就需要手动插入新的幻灯片。插入幻灯片可以通过【开始】选项卡中【幻灯片】组、快捷键和右键快捷菜单 3 种方式来完成。

① 通过【开始】选项卡中【幻灯片】组。选择插入新幻灯片的位置，然后单击【开始】选项卡【幻灯片】组【新建幻灯片】按钮即可添加 1 张新幻灯片，如图 7-14 所示。

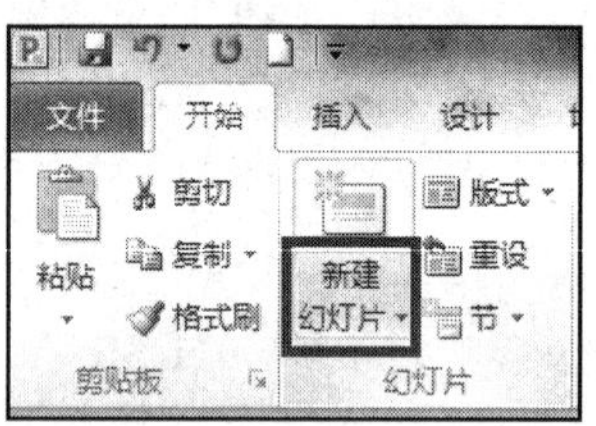

图 7-14 新建幻灯片按钮

② 通过快捷键。选择插入新幻灯片的位置后，将鼠标指针定位于【幻灯片】/【大纲】窗格中的目标位置，按【Enter】键，即可添加 1 张幻灯片。若连续按多次，即可添加多张幻灯片。

③ 通过右键快捷菜单。在【幻灯片】/【大纲】窗格中的目标位置处单击鼠标右键，

在弹出的快捷菜单中选择【新建幻灯片】命令即可添加 1 张幻灯片，如图 7-15 所示。

在标题幻灯片的后面可选用①、②、③中的任意一种方法插入 7 张幻灯片。

④ 在新建的幻灯片正文页中，【开始】选项卡中选择【幻灯片】组【版式】下拉按钮，在弹出的窗口中根据需要选择相应版式，如图 7-16 所示，第 2 页、第 3 页选择【标题和内容】版式其他页选择【仅标题】版式。

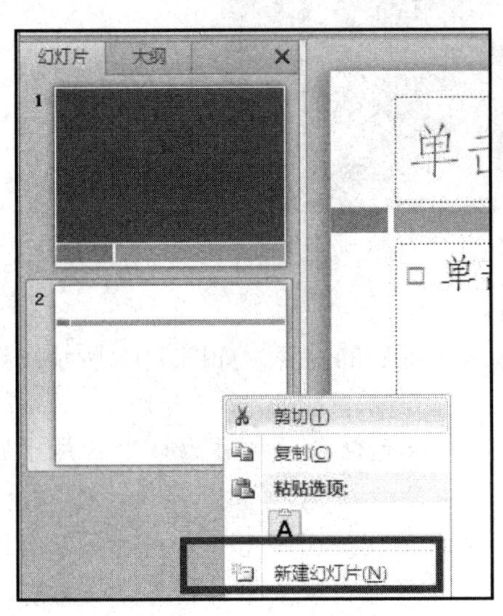

图 7-15　右键新建命令

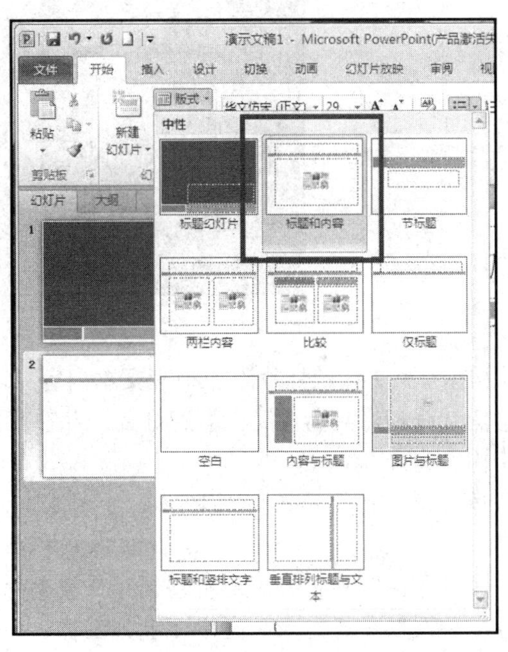

图 7-16　版式窗口

(2) 将“中性”主题应用于所有幻灯片。根据文稿内容选择“中性”主题应用于所有幻灯片。具体操作如下：

① 单击【设计】选项卡【主题】组，选择【中性】样式按钮即可。

② 默认所有幻灯片都已应用了【中性】主题样式。

如果只想应用于某张幻灯片，在【幻灯片】列表中选中指定幻灯片，鼠标右键单击【中性】样式按钮，在弹出的菜单中选择【应用于选定幻灯片】命令。

如果对当前模板中的配色方案、字体、效果不满意，可以自定义主题模板配色方案、字体、效果。具体操作如下：

a. 单击【设计】选项卡。

b. 在【主题】选项组通过【颜色】、【字体】、【效果】按钮来进行更改。

(3) 为第 1 张幻灯片添加相应内容。

① 第 1 张幻灯片为【标题幻灯片】版式。输入演示文稿的题目“净月潭国家森林公园”，格式为“隶书，44 磅”，字体颜色为“红色”。

② 单击【设计】选项卡，在【背景】选项组单击【背景样式】下拉按钮。

③ 在弹出的下拉菜单中，单击【设置背景格式】选项。

④ 在弹出的【设置背景格式】对话框中，【填充】选项下，勾选【图片或纹理填充】单选框，单击【文件】按钮，选择“净月潭风景图片”，单击 关闭 即可。如图 7-17 所示。

图 7-17　幻灯片首页

(4) 为第 2 张幻灯片添加相应文本内容与表格。

第 2 张幻灯片为【简介】幻灯片，并在其中输入提炼后的内容，如图 7-18 所示。具体文字内容为：

净月潭是一个民国时间建立的蓄水池，因其弯月状而得名，被誉为台湾日月潭的姊妹潭。

净月潭国家森林公园是指包含净月潭、森林浴池、东北虎园等诸多景点的国家级风景名胜。公园以良好的森林生态环境为主体，伴随碧松净月塔楼、太平钟楼等人文景观，于 2011 年被正式评为国家 5A 级旅游名胜景区。

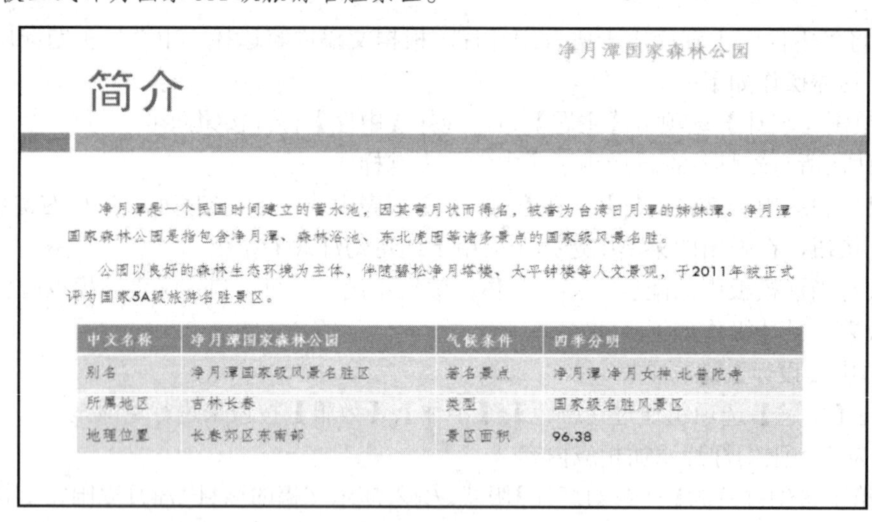

图 7-18　“简介”幻灯片

① 使用幻灯片占位符直接插入文本。新建演示文稿或插入新幻灯片后，在每张幻灯片中都包含两个或多个虚线框。在 PowerPoint 2010 中，这些虚线框称为占位符，幻灯片中显示的文本、图片、表格等对象都通过占位符输入。完成文本输入操作后，还可以设置文本格式。

此外，还可以使用文本框输入文本。

如果幻灯片的占位符不能满足文本输入要求，可以自己插入一个文本框，然后在插入的文本框中输入内容，在输入过程中，文本框的宽度会随着文本的增多而自动增大。单击【插入】选项卡中【文本】组【文本框】按钮，在幻灯片中需要输入文字的位置处单击鼠标，此时文本框中会自动出现一个文本插入点，在其中输入文字即可。

将幻灯片中不需要的项目符号去掉，调整幻灯片中文本的格式、行距等。文本的字体段落可以通过单击鼠标右键的命令选项完成。

② 在幻灯片中插入表格。在【插入】选项卡【表格】组单击【表格】下拉按钮，在弹出的窗口中拖动鼠标选择相应的行列数后，单击鼠标左键，即可插入表格，如图 7-19 所示。或者在弹出窗口中选择【插入表格】命令，在打开的【插入表格】对话框中设置“行数”和“列数”，单击 确定 按钮，插入表格。

图 7-19　插入表格

③ 插入表格后，输入相应内容。可以通过【表格工具】选项卡中【布局】组、【设计】组对表格结构、样式和大小等进行编辑，如图 7-20、图 7-21 所示。

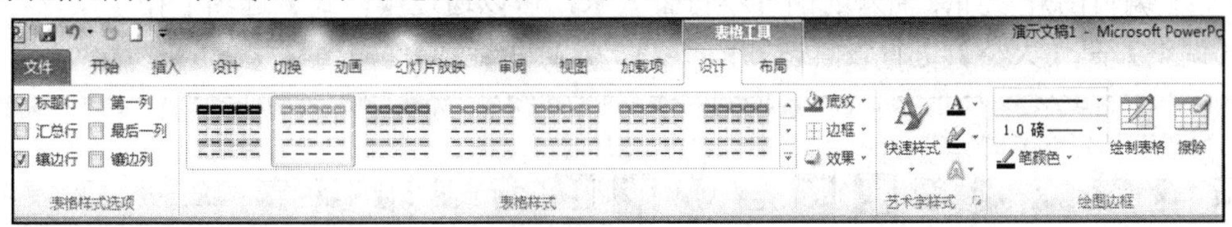

图 7-20　表格工具设计组

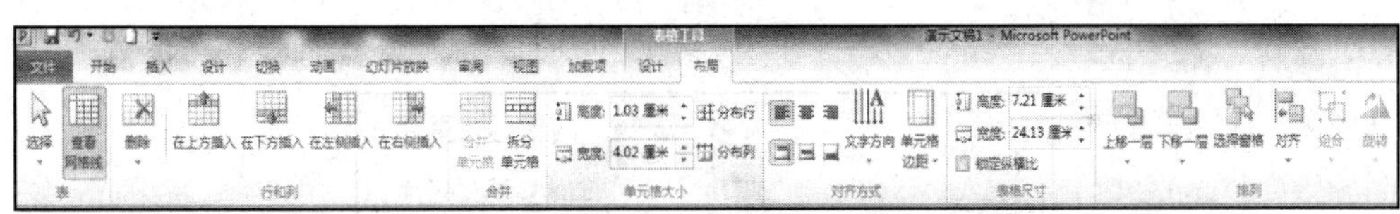

图 7-21　表格工具布局组

(5) 为第 3 张幻灯片添加相应内容。第 3 张幻灯片为目录，在其中输入提炼后的内容，如图 7-22 所示。

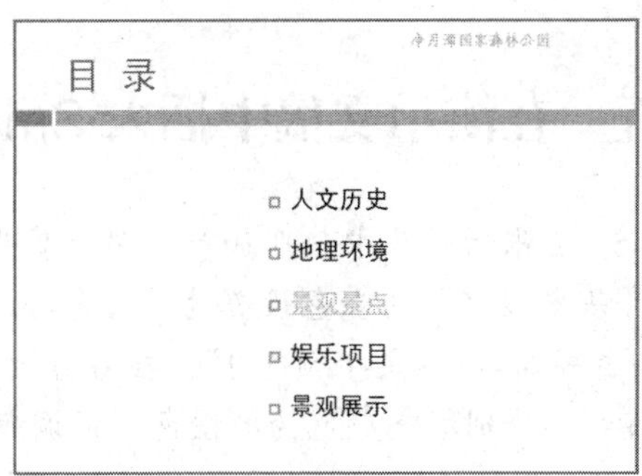

图 7-22　“目录”幻灯片

(6) 在其他幻灯片的标题中分别输入“目录”页中对应的项目。

(7) 初建的幻灯片文稿在结构上和内容上还不能令人满意，需要进一步进行编辑整理，需要删除或移动幻灯片。

① 在普通视图的【幻灯片】窗格下，选中空白或无用的幻灯片，单击鼠标右键，在弹出的快捷菜单中选择【删除幻灯片】命令，即可删除幻灯片。

② 在普通视图的【幻灯片】窗格下，选中要移动的幻灯片，按住鼠标左键并向上或向下拖动鼠标，移至相应位置后释放鼠标。

任务四　在演示文稿中插入图片

【任务内容】在第 8 张幻灯片中插入 4 张图片，按上、下、左、右排列，并将图片设置为相同大小，“矩形阴影”的样式。

为了让景区的风景展示给广大游客，在第 8 张幻灯片中插入图片，具体操作如下：

(1) 插入图片。

① 在选中的幻灯片中，单击【插入】选项卡【图像】组中的【图片】选项。

② 在弹出的【插入图片】对话框中选择需要的图片，单击【插入】按钮即可。

(2) 编辑图片。如果插入的图片不符合要求，可以通过【格式】选项卡在【图片样式】→【调整】→【大小】进行设置，如图 7-23、7-24 所示。

图 7-23　图片/【图片样式】组

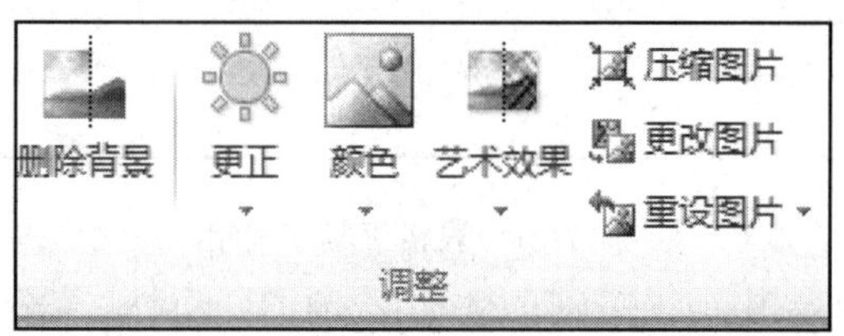

图 7-24　图片/【调整】组

任务五　在演示文稿中插入 SmartArt

【任务内容】在第 4、5、7 张幻灯片中分别加入“向上箭头”“垂直图片列表”“基本循环”SmartArt 图形，将“基本循环”的颜色设置为“彩色-强调文字颜色”，将“垂直图片列表”的颜色设置为“彩色轮廓-强调文字颜色 1”；在 6 张幻灯片中插入如图 7-25 所示的 4 个“圆角矩形”，2 条直线，分别填充颜色为“橙色，强调颜色 2”，“浅绿”；直线宽度与圆角矩形边框宽度均为 6 磅，圆角矩形的大小分别为高 1.13 厘米、宽 6.65 厘米，高 6.84

厘米、宽 7.83 厘米，直线高度为 1.3 厘米。

操作步骤：

(1) 在第 4 页插入“向上箭头”SmartArt 图形。

① 单击【插入】选项卡，在【插图】选项组单击【SmartArt】按钮。

② 在弹出的【选择 SmartArt 图形】对话框中，选择“流程”中“向上箭头”SmartArt 图形，如图 7-25 所示。

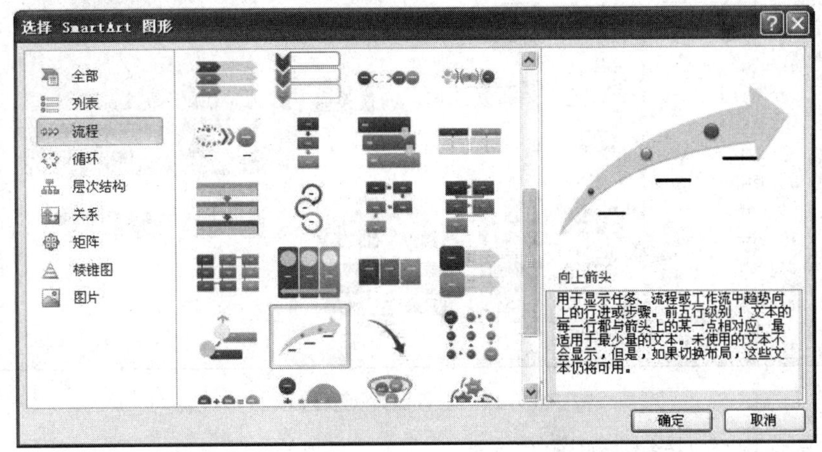

图 7-25　“向上箭头”SmartArt 图形

③ 单击 确定 按钮，如图 7-26 所示，填写具体内容。

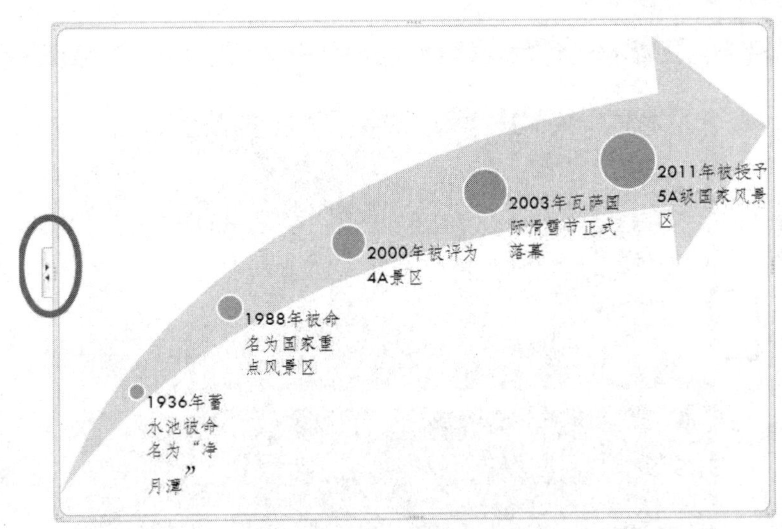

图 7-26　“向上箭头”具体内容

(2) 在“向上箭头”SmartArt 图形中添加结点个数。

① 选择 SmartArt 图形，单击图 7-26 中左侧的左拉按钮。

② 在弹出的文本对话框中，选择最下方文本框，单击【Enter】键即可添加结点，并填写相应内容。

(3) 在第 5 页插入“垂直图片列表”SmartArt 图形。

① 单击【插入】选项卡，在【插图】选项组中再单击【SmartArt】按钮。

② 在弹出的【选择 SmartArt 图形】对话框中，如图 7-27 所示，选择列表中的【垂直图片列表】选项。

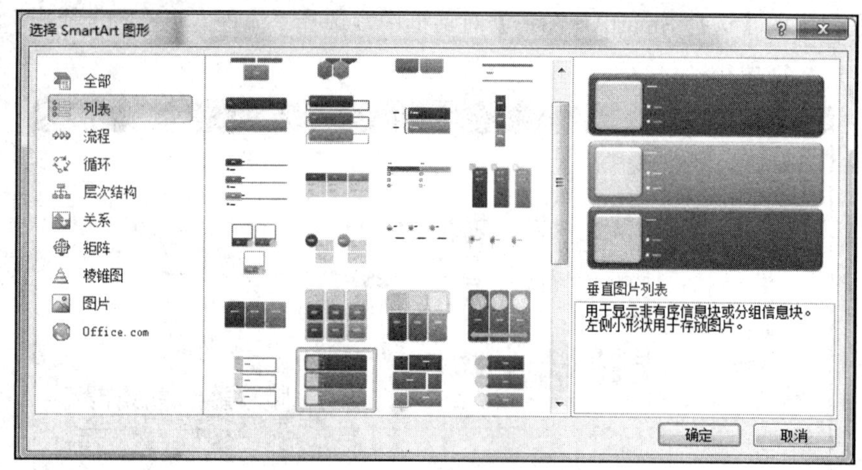

图 7-27　垂直图片列表选项

③ 单击【确定】按钮，如图 7-28 所示。

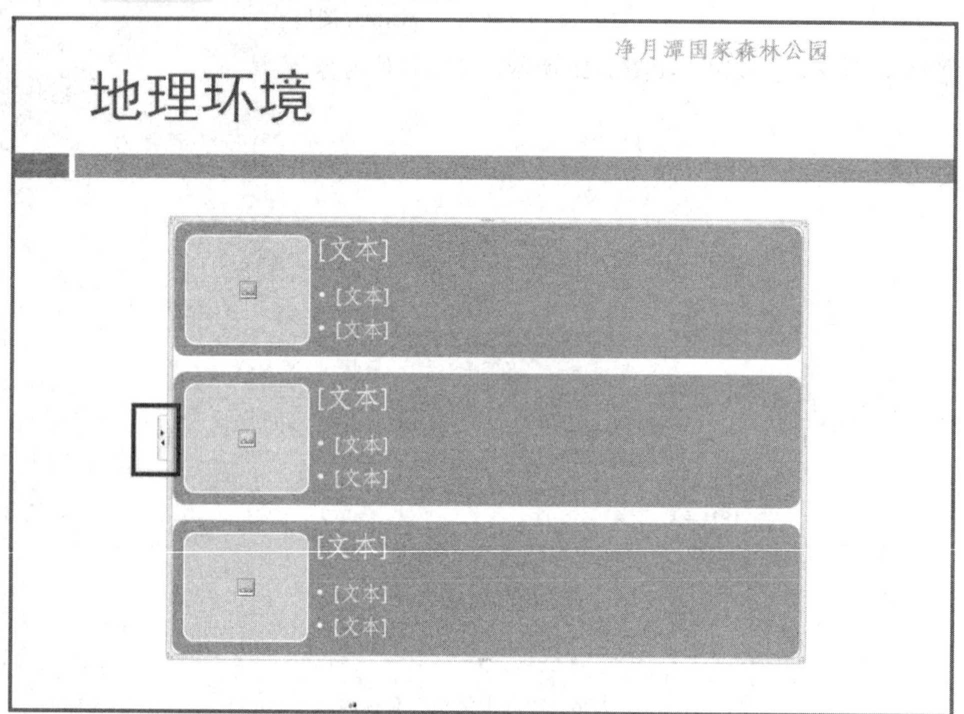

图 7-28　垂直图片列表

④ 选中“垂直图片列表”，单击 SmartArt 工具栏下的【设计】选项卡，如图 7-29 所示，在【SmartArt 样式】组中单击【更改颜色】下拉按钮，选择“强调文字颜色 1”下的“彩色轮廓-强调文字颜色 1”项。

如需添加分支，可在图 7-28 所标示位置，单击其左侧左拉按钮▸或右拉按钮◂，如图 7-30 所示，在其弹出的文本对话框中编辑文本时，单击【Enter】键即可添加分支。

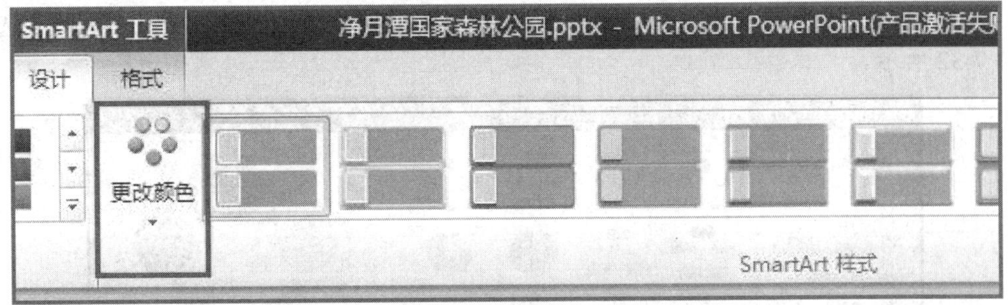

图 7-29 垂直图片列表【更改颜色】按钮

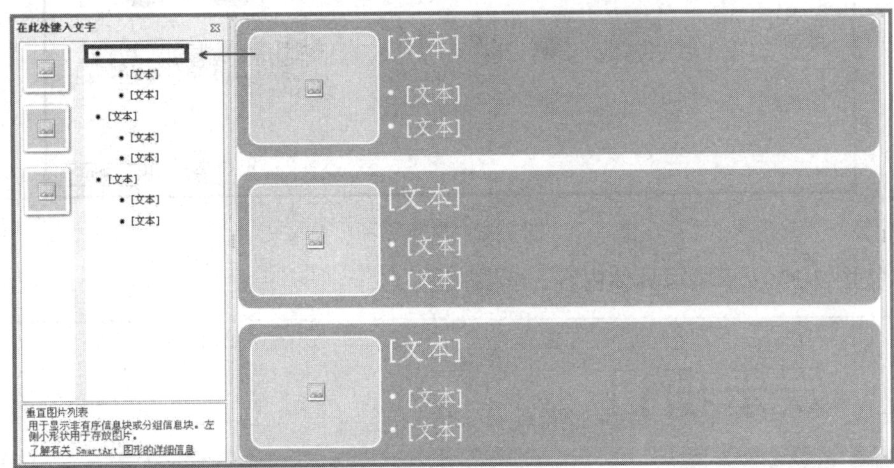

图 7-30 添加分支

⑤ 在左边图片位置插入相关主题的图片，后面输入具体内容，效果如图 7-31 所示。

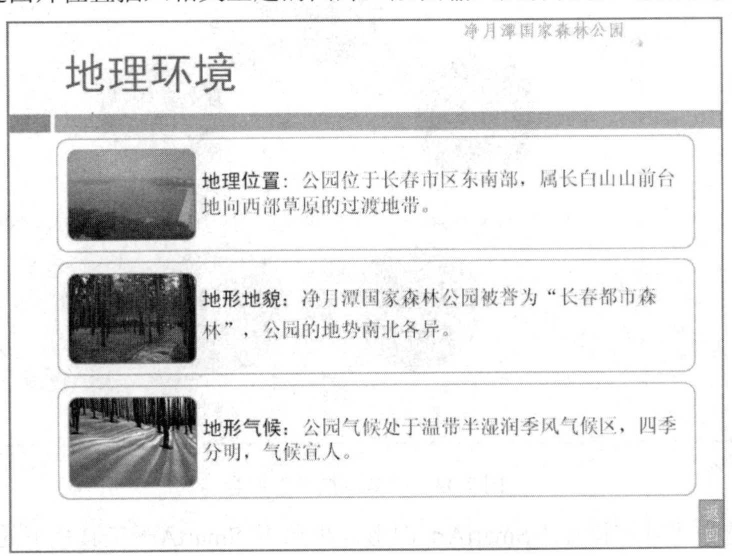

图 7-31 “垂直图片列表”内容

(4) 在第 7 页插入“基本循环”SmartArt 图形。

① 单击【插入】选项卡，在【插图】选项组中再单击【SmartArt】按钮。

② 在弹出的【选择 SmartArt 图形】对话框中，选择“循环”中的【基本循环】选项，如图 7-32 所示。

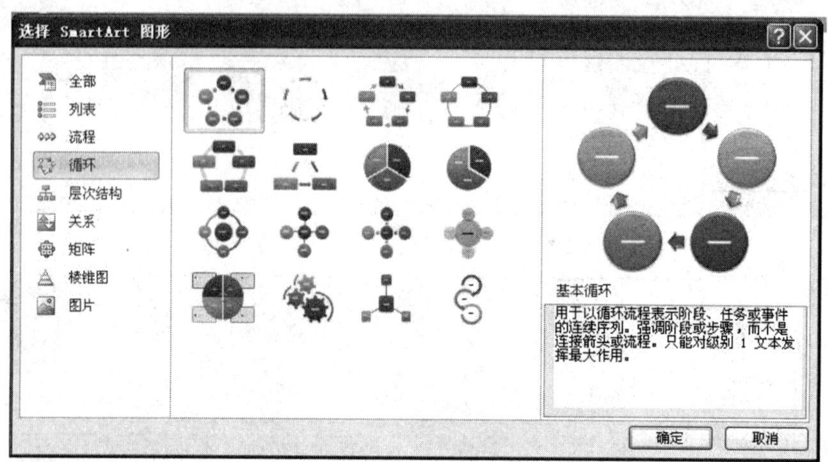

图 7-32　基本循环

④ 按图 7-33 所示填写具体内容。

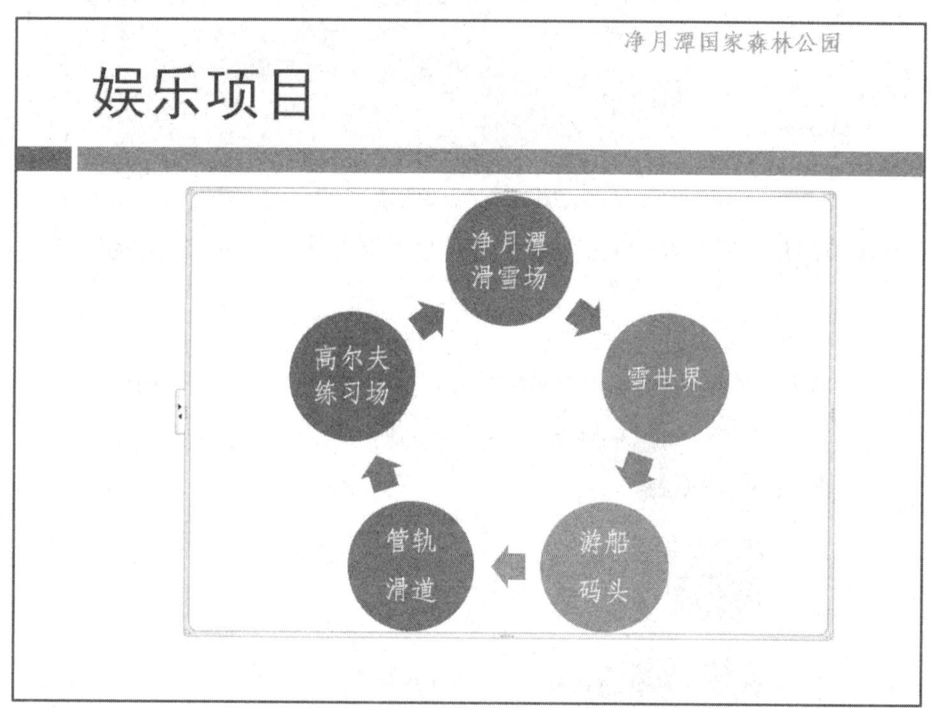

图 7-33　“基本循环”内容

⑤ 单击选中“基本循环”SmartArt 图形，再单击 SmartArt 工具栏下的【设计】选项卡，在【SmartArt 样式】组中单击【更改颜色】下拉按钮，选择“彩色-强调文字颜色”。

(5) 在 6 张幻灯片中插入 4 个“圆角矩形”和 2 条直线，两组圆角矩形的大小分别为高 1.13 厘米、宽 6.65 厘米，高 6.84 厘米、宽 7.83 厘米，2 条直线高度为 1.3 厘米，分别填充颜色为“橙色，强调颜色 2”和“浅绿”；直线宽度与圆角矩形边框宽度为 6 磅。

① 单击【插入】选项卡，在【插图】选项组单击【形状】按钮。

② 在弹出的列表中选择“圆角矩形”。重复此操作，再新建一个圆角矩形。

③ 选中其中一个“圆角矩形”，单击绘图工具【格式】栏下，在【形状样式】组中选择【形状填充】→【主题颜色】→“橙色，强调颜色 2”，在【大小】组中设置高 1.13 厘米、宽 6.65 厘米；选中另外一个“圆角矩形”，在【形状样式】组中选择【形状轮廓】→【主题颜色】→“橙色，强调颜色 2”，在【大小】组中设置高 1.13 厘米、宽 6.65 厘米，如图 7-34 所示。

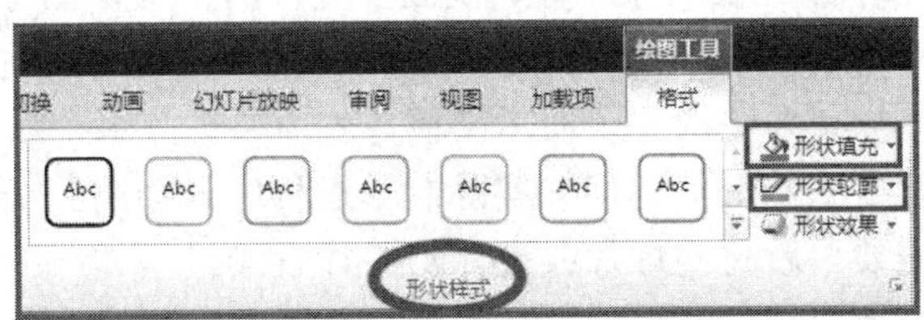

(a) “圆角矩形”的“形状样式”

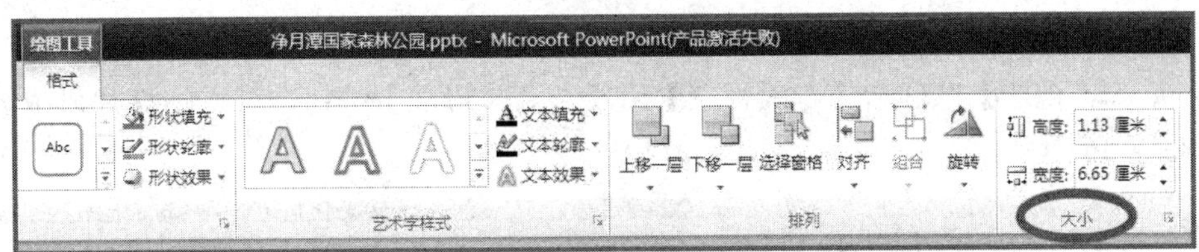

(b) “圆角矩形”的“大小”

图 7-34　圆角矩形

④ 单击【插入】选项卡，在【插图】选项组单击【形状】按钮，在弹出的列表中选择“直线”。

⑤ 选中直线，在【形状样式】组中选择【形状轮廓】→【主题颜色】→“橙色，强调颜色 2”，在【大小】组中设置高为 1.3 厘米。

⑥ 按图 7-35 所示摆放，并添加相应的文字内容。

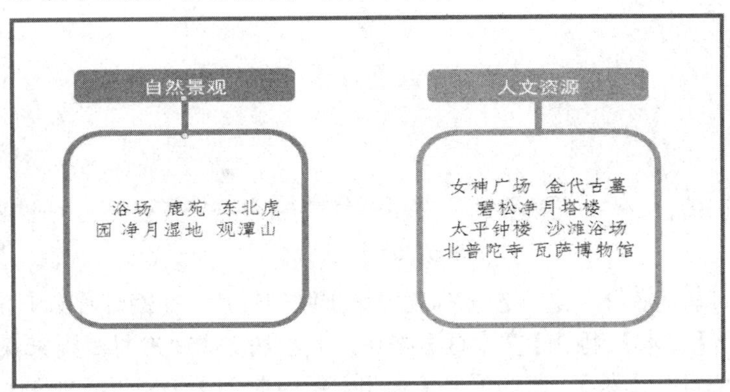

图 7-35　圆角矩形效果

⑦ 按照①～⑤步骤方法完成另外一组的制作。

任务六　设置幻灯片外观

【任务内容】在整个演示文稿的每页上相同位置，添加“净月潭国家森林公园”的字样。

在制作幻灯片的过程中，为了体现所演示内容的整体性，需要演示文稿的幻灯片具有一致的外观。要使演示文稿的风格一致，可以通过母版设置，母版是指为整个演示文稿设置统一版式的一种模板。设计幻灯片母版主要是指更改其中的各种占位符、占位符中的文本格式、主题。这些操作都是在幻灯片母版视图中进行的，只要在母版中设置了样式，对应的幻灯片中相应位置就会随之改变。如果将多个应用模板应用于演示文稿，则将拥有多个幻灯片母版。所以，如果要更改整个演示文稿，就需要更改每个幻灯片的母版。

幻灯片母版中包含多张幻灯片，但在实际制作过程中只会用到个别版式的幻灯片，此外，还可以根据实际需要，新建幻灯片或设计幻灯片版式。

(1) 添加“净月潭国家森林公园”的字样，并使该字样同时出现在模板中的每张幻灯片中。具体操作如下：

① 任选一张基于当前模板的幻灯片。

② 单击【视图】选项卡【母版视图】组【幻灯片母版】按钮，进入幻灯片母版编辑状态，如图 7-36 所示。

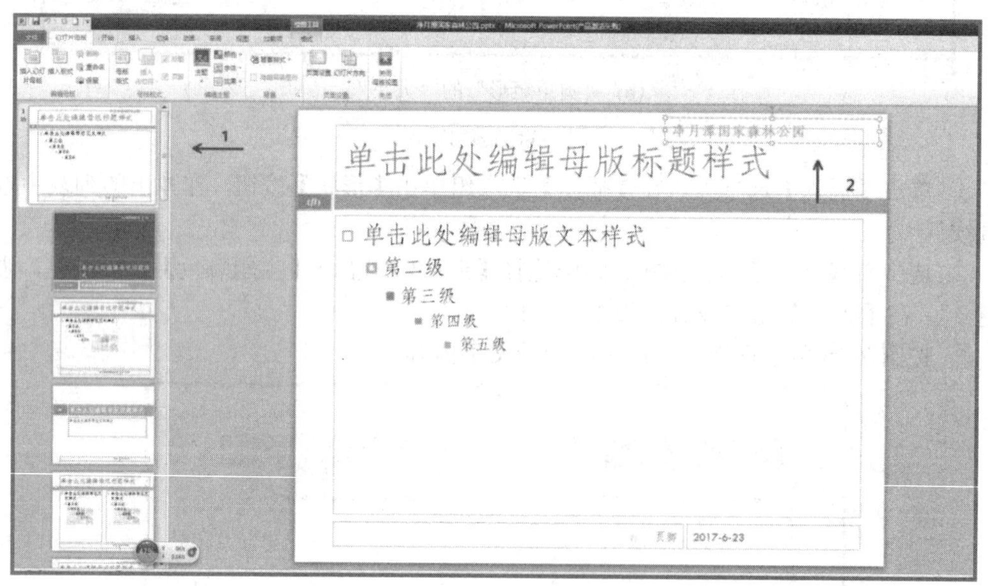

图 7-36　母版视图

③ 在母版编辑状态下，选择左侧列表中第 1 张幻灯片，在幻灯片右上角处，单击【插入】选项卡中的【文本】组中【文本框】按钮，并添加文本“净月潭国家森林公园”。

④ 单击【幻灯片母版】，在选项卡【关闭】组中单击【关闭母版视图】按钮，即返回普通视图。此时，可以看到每页幻灯片的顶端都出现了“净月潭国家森林公园”。

备注母版主要应用于设置幻灯片中备注页的格式，设计备注母版内容包括演示文稿中所有备注信息的字体、页眉、页脚和背景样式等内容。

讲义模板主要是为制作课件或培训类演示文稿时使用的，如果演讲者需要和观众互动或是想提前熟悉演示文稿内容，就可以事先把讲义模板设置好，然后再将其打印出来分发给观众。

任务七　设置幻灯片动画方案

【任务内容】为演示文稿中的幻灯片添加动画方案。为“简介”幻灯片中添加“淡出”动画效果，并设置“风铃”声音效果，设置“随机线条”的切换方式，切换声音为“风铃”，将目录页中的“景观景点”设置超链接，并在“景观景点”页设置返回目录页按钮。

幻灯片的动画设置包括幻灯片之间的切换动画效果，幻灯片中的单个对象进入屏幕和退出屏幕时的动画设置。

动画方案是指幻灯片中的内容在放映时所显示的过渡效果，为幻灯片适当地添加动画方案，可有效地增强演示文稿的生动性，可以利用预置动画方案设置动画效果，也可以自定义动画效果。每个方案通常包括幻灯片的标题效果、应用于幻灯片项目符号和段落效果等。动画方案命令简单直观，但动画效果有限，自定义动画不仅同时可以设置多个对象的动画和声音效果，还可以调整各个对象在放映时顺序、时间等。下面以第 2 页幻灯片为例设置动画方案。

(1) 利用动画方案为“简介”幻灯片添加“淡出”动画效果。

① 选中“简介”幻灯片中要添加动画的对象。

② 单击【动画】选项卡【动画】组中的【淡出】按钮，如图 7-37 所示。

图 7-37　【动画】组【淡出】按钮

③ 更多的动画效果也可以单击【动画】组中的下拉按钮，在弹出的窗口中进行设置，如【更多进入效果】、【更多强调效果】、【更多退出效果】等。

④ 若要删除幻灯片上添加的动画方案，可在【动画】选项卡的【动画】组单击【无】按钮即可。

· 对象在变化过程中，可以添加声音效果。为【淡出】动画方案设置【风铃】声音效果。具体操作如下：

① 打开【淡出】对话框，在【效果】标签中将【声音】设置为【风铃】，如图 7-38 所示。

② 单击 确定 按钮完成所有设置。

· 对象在变化过程中，可以设置选择开始播放动画的时间、指定动画的播放长度和等待动画播放时间三个方面。具体操作如下：

① 单击【动画】选项卡【动画】组右下角的【对话启动器】按钮。

② 打开【淡出】对话框，在【计时】标签中设置【开始】、【延迟】、【期间】、【重复】

等选项，如图 7-39 所示。

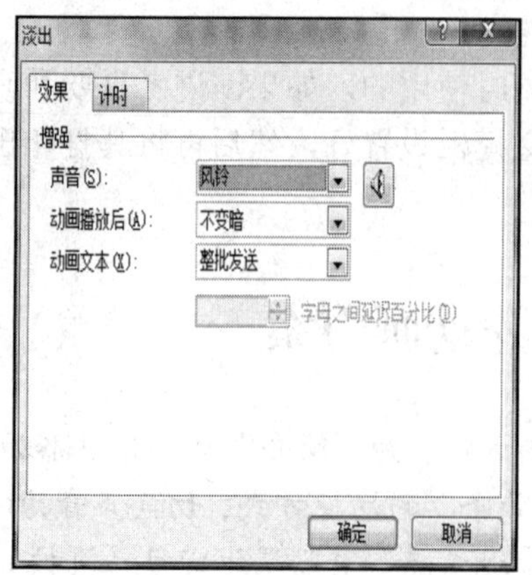

图 7-38　【效果】选项卡

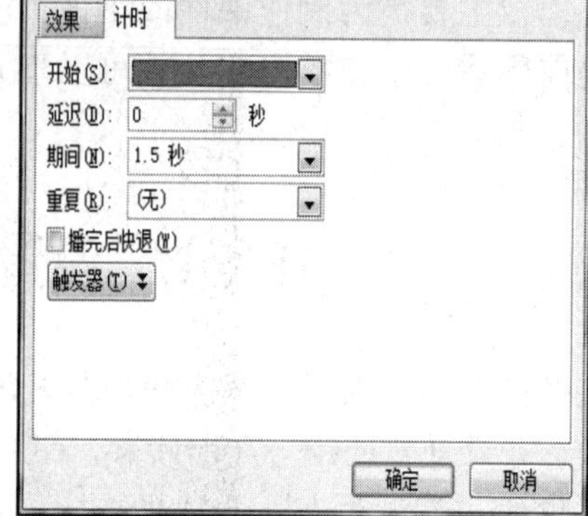

图 7-39　【计时】选项卡

③ 或者通过设置【动画】选项卡【计时】组进行设置。

为了制作出具有感染力的动态演示文稿，也可以在演示文稿中对同一对象应用不同的动画方案，同时可以在【动画】选项卡【动画窗格】组中对不同的动画效果进行高级设置。

动画刷的使用

(2) 设置幻灯片切换方式，为第 2 张幻灯片设置【随机线条】的切换方式，并设置切换声音为“风铃”。幻灯片切换是指在放映幻灯片时，由当前幻灯片切换至下一张幻灯片时的过滤效果。默认情况下，幻灯片之间的切换没有动画效果。具体操作如下：

① 选中第二张幻灯片，单击【切换】选项卡【切换到此幻灯片】组选择【随机线条】切换方案按钮，如图 7-40 所示。

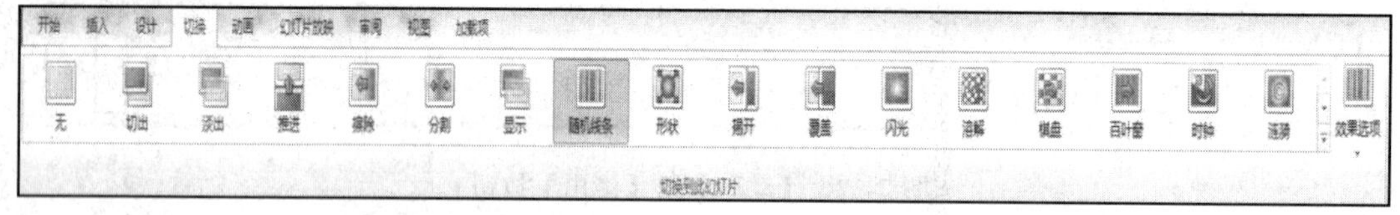

图 7-40　【切换】选项卡的【切换到此幻灯片】组

② 单击【切换】选项卡【切换到此幻灯片】组【效果选项】下拉按钮，在弹出的列表中选择所需的切换方式，如图 7-41 所示。

③ 单击【切换】选项卡【计时】组中的【声音】下拉按钮，选择相应的选项后即可改变幻灯片的切换声音，如图 7-42 所示。

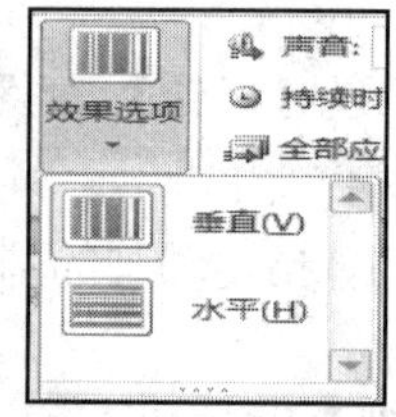

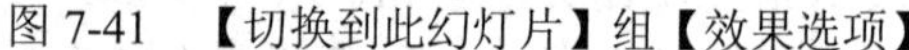

图 7-41　【切换到此幻灯片】组【效果选项】

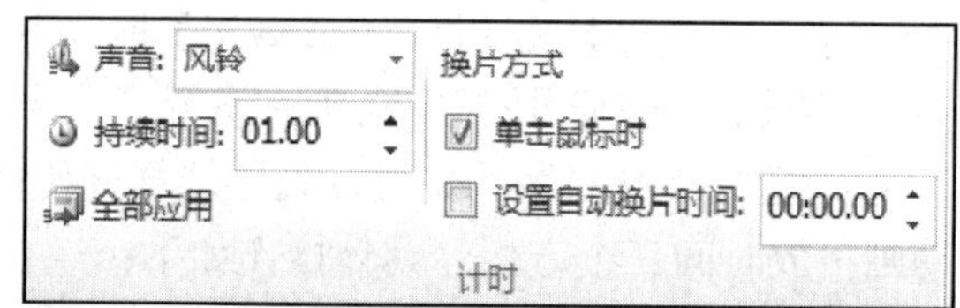

图 7-42　【切换】选项卡【计时】组

④ 还可以通过【切换】选项卡【计时】组【持续时间】按钮改变幻灯片的切换速度，勾选【单击鼠标时】或【设置自动换片时间】复选框可以设置换片方式。

如果想把切换的效果应用到所有幻灯片中，可以单击【计时】组中的【全部应用】按钮。

(3) 将目录页中的“景观景点”设置超链接，并在“景观景点”页设置返回目录页按钮除了设置以上的效果来体现幻灯片的切换效果外，还可以通过超链接、动作设置和动作按钮来实现演示文稿的交互式切换效果。具体操作如下：

① 在“目录”幻灯片中选中文本“景观景点”，单击【插入】选项卡【链接】组中的【超链接】按钮。

② 在弹出的【插入超链接】对话框中，左侧【链接到】列表中选择【本文档中的位置】，在【请选择文档中的位置】列表中选择幻灯片标题“景观景点”，单击 确定 按钮。

③ 播放幻灯片，当鼠标经过具有超链接的文本时，光标会变成手形状，单击文本，幻灯片就会跳到标题为“景观景点”的幻灯片，如图 7-43 所示。

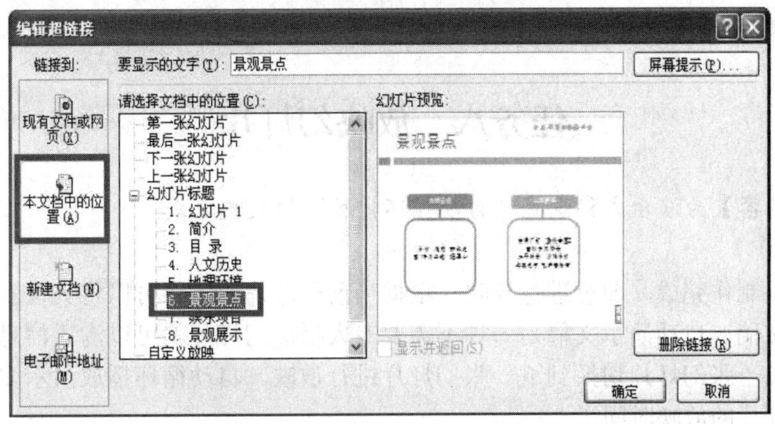

图 7-43　【编辑超链接】对话框

④ 使用同样的方式为其他文本创建超链接，以便在放映的过程中可以跳转到相应标题的幻灯片。

超链接完成后，“自然资源”文本下添加了下划线，且文本颜色发生了改变，表示该文本具有超链接功能。需要注意，超链接只有在幻灯片放映时才有效。为了在当前幻灯片内容演讲完后继续其他内容，需要在幻灯片上添加“返回”的功能。具体操作如下：

① 选择标题为“自然资源”幻灯片，选择【插入】选项卡【插图】组中的【形状】按钮，在弹出的列表底部选择【动作按钮】。按钮样式很多，可以根据需要选择相应的样式，如图 7-44 所示。

② 在幻灯片中，当鼠标变成“十”字形时，可拖动鼠标在适当位置画出按钮，松开鼠标，弹出【动作设置】对话框。在【单击鼠标】标签中勾选【超链接到】单选项，同时在下拉列表中选择“幻灯片”，会弹出【超链接到幻灯片】对话框，在【幻灯片标题】列表中选择【目录】，再单击 确定 按钮，如图 7-45 所示。

③ 为了说明按钮的功能，可以在按钮图标上添加文本。具体操作：单击鼠标右键，在弹出的快捷菜单中选择【添加文本】命令，输入“返回”。文本格式和按钮大小根据需要可以进行调整。

图 7-44　【动作】按钮

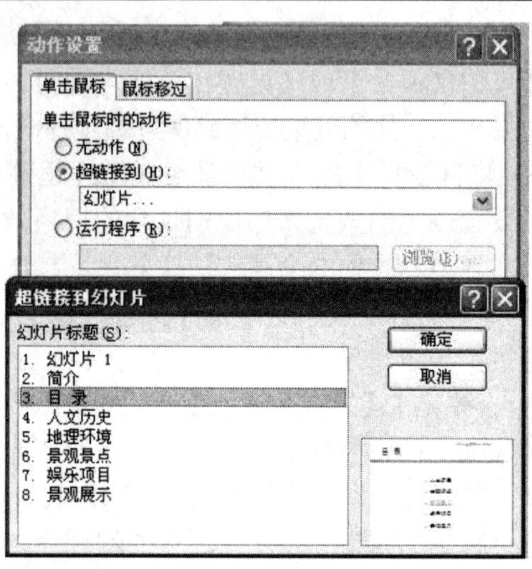

图 7-45　【动作设置】 对话框

任务八　放映幻灯片

【任务内容】为演示文稿设置“自动循环播放”的放映方式。

演示文稿制作完成，即可进行放映。根据当前幻灯片的需要可以将其设置为自动循环播放的演示文稿。自动演示文稿是一种不需要专人播放幻灯片就可以沟通信息的方式，系统会自动由上一张幻灯片切换到下一张幻灯片进行放映。自动循环播放演示文稿的关键是控制每张幻灯片的放映时间。

1．为演示文稿设置“排练计时”

(1) 选择【幻灯片放映】选项卡【设置】组【排练计时】命令，自动切换到第 1 张幻灯片的全屏放映模式状态，并在幻灯片屏幕左上角出现“录制”工具栏，自动记录当前幻灯片的停留时间，如图 7-46 所示。

图 7-46　排练计时

(2) 演示完第 1 张幻灯片后，单击鼠标进入第 2 张幻灯片演示操作，当演示完所有幻灯片后，会弹出提示对话框，显示幻灯片放映的总时间。若单击【是】按钮，则会保留新的幻灯片排练时间，在“幻灯片浏览视图”下可以看到每张幻灯片的下方自动显示放映该幻灯片所需要的时间；若单击【否】按钮，则放弃本次时间设置。

2．设置幻灯片“自动循环播放”

(1) 单击【幻灯片放映】选项卡【设置】组中的【设置幻灯片放映】按钮。

(2) 在弹出的【设置放映方式】对话框中，“放映选项”勾选“循环放映，按 Esc 键终止”复选框，如图 7-47 所示，单击 确定 按钮。

(3) 单击【幻灯片放映】选项卡【开始放映幻灯片】组中的【从头开始】按钮，演示文稿即会自动循环播放，需要停止时，按【Esc】键退出。

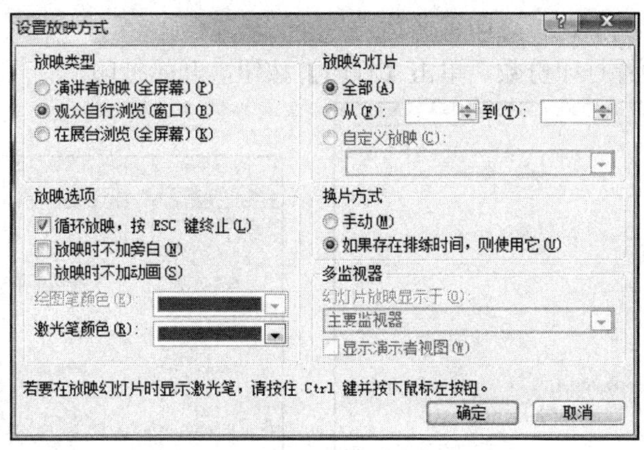

图 7-47　放映方式

由于放映场合不同，在实际放映过程中有时会进行自定义放映操作，即具体指定演示文稿中哪些幻灯片需要放映，哪些不需要放映。可以通过【幻灯片放映】选项卡中【开始放映幻灯片】组中的【幻灯片放映】按钮进行设置。

3. 为演示文稿添加背景音乐

在放映过程中，可以搭配适当的音乐来渲染气氛，增强感染力。

(1) 选择第 1 张幻灯片，单击【插入】选项卡【媒体】组【音频】下拉按钮。

(2) 弹出的列表中选择需要的音频类型——文件中的音频，在【插入音频】的对话框中，选择音频文件，单击 插入(S) 按钮，关闭对话框。

(3) 此时，在幻灯片页面上出现一个“喇叭”图标，右键单击该图标，勾选【播放】选项卡【音频选项】组的【放映时隐藏】、【循环播放，直到停止】复选框，【开始】设置为【跨幻灯片播放】，如图 7-48 所示。

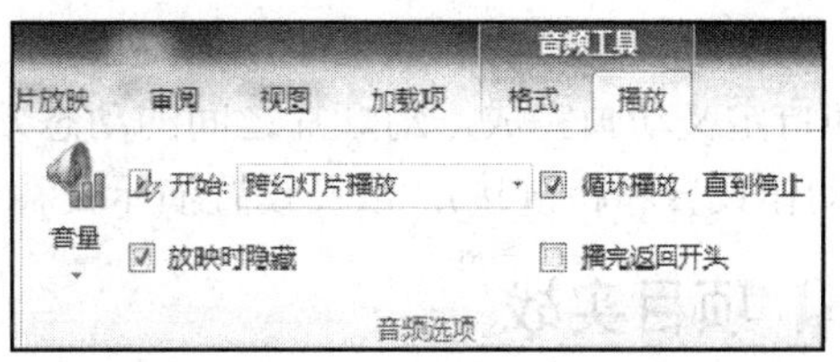

图 7-48　音频选项组

除了插入文件中的音频外，还可以插入剪贴画音频、录制的音频文件，或者视频文件。它们都是通过【插入】选项卡【媒体】组中的【音频】、【视频】按钮来完成。

任务九　打印幻灯片

【任务内容】将“净月潭国家森林公园”演示文稿以“讲义”的形式打印。

演示文稿可以采用多种形式打印，例如“幻灯片”“讲义”“备注页”和“大纲视图”。其中，“讲义”打印形式就是将演示文稿中的若干张幻灯片按照一定的组合方式打印在纸张上，以便发给读者参考。具体操作如下：

(1) 单击【文件】菜单下的【打印】命令，如图 7-49 所示。

(2) 在中间窗格【设置】栏下单击【整页幻灯片】下拉按钮，弹出下拉列表，在【讲义】栏中选择“6 张水平放置的幻灯片”选项，如图 7-50 所示。其他选项也可参阅图 7-50 所示。

(3) 通过【打印机】选择打印机名称。

(4) 根据需要设置打印份数，单击【打印】按钮，开始打印。

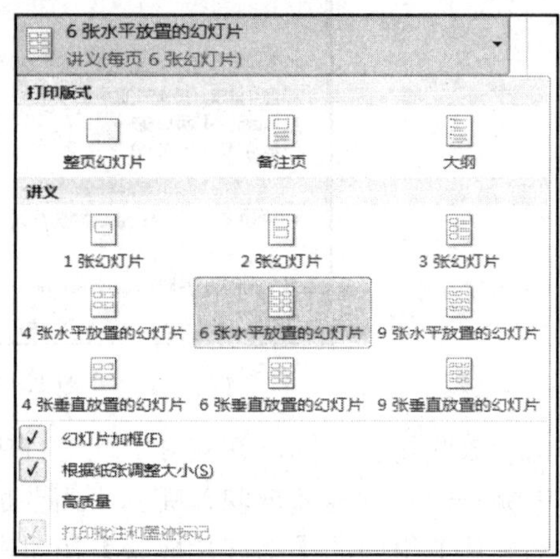

图 7-49　打印设置

图 7-50　幻灯片设置

项目总结

本项目通过制作“净月潭国家森林公园”演示文稿，介绍了创建幻灯片、编辑幻灯片、设置幻灯片的方法。在制作过程中讲述了幻灯片的插入、删除、复制、移动等基本操作，以及幻灯片各种版式的应用、插入和编辑幻灯片上的各种对象(图片、SmartArt、声音、表格等)、幻灯片的格式化等。

演示文稿的动态效果制作主要包括幻灯片中各种对象的动画效果，主要通过动画方案和自定义动画完成。幻灯片之间的动态效果主要通过幻灯片切换、幻灯片之间的交互效果(动作设置和超链接)，以及设置演示文稿的放映方式来实现。

项目实战

实战 1　为某饮料品牌做一个“饮料广告策划案”

资料广告策划案的效果如图 7-51 所示。

为某一饮料品牌做一个“饮料广告策划案”，内容如下：

第一页：标题页输入“饮料广告策划案”。

第二页：目录。

- 前言
- 市场分析
- 广告策略分析
- 广告计划
- 广告预算与分配

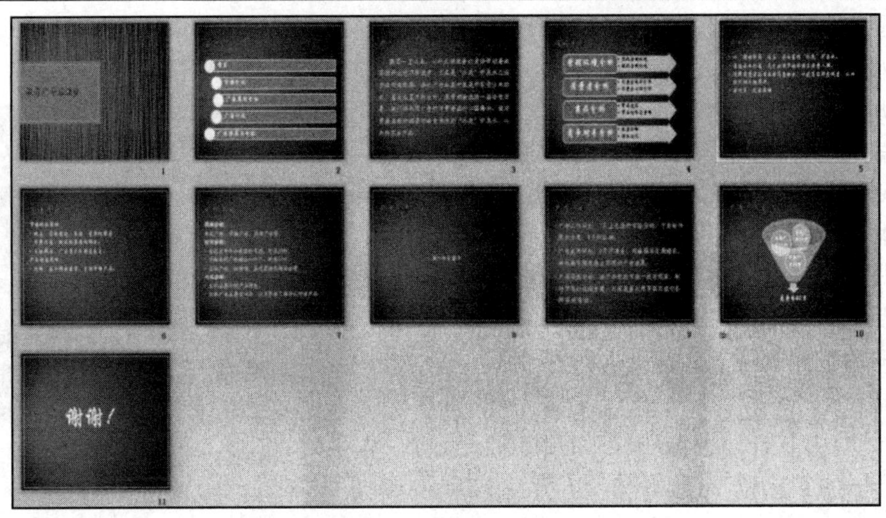

图 7-51 饮料广告策划案

第三页：前言。

集团一直以来，以行业领跑者的身份带领着我国饮料业的不断进步，尤其是“冰爽”矿泉水已逐步迈向成熟期，本次广告主要对象是所有青少年朋友。在炎炎夏日外出时，通常都会选购一些冷饮消暑，我们将利用广告对消费者进行心理暗示，使消费者在面对酷暑时会自动想到“冰爽”矿泉水，从而购买本产品。

第四页：市场分析。

第五页：目标策略。

以“痛快解渴”为点，全面宣传“冰爽”矿泉水。

塑造企业形象，充分挖掘市场的潜在消费人群。

阐释消费者和商品的高度吻合，以提高品牌忠诚度，从而提升指名购买率。

第六页：定位策略。

市场地位策略：

地点：学校周边、车站、繁华地带等。

消费行为：批发和零售相结合。

目标群体：广大青少年朋友为主。

产品信息策略：

价格：各个档次兼有，主推中档产品。

第七页：媒体策略。

媒体分配：电视广告、网络广告、实体广告等。

时间分配：

电视台中午与晚饭时间段，时长 20 秒。

网络电视广告播放一个月，时长 20 秒。

实体广告，如横幅、在校园搞促销活动等。

内容分配：

电视主要介绍产品特色。

实体广告主要宣传产品，让消费者了解并认可该产品。

第八页：广告创意，插入图片。

第九页：广告计划。

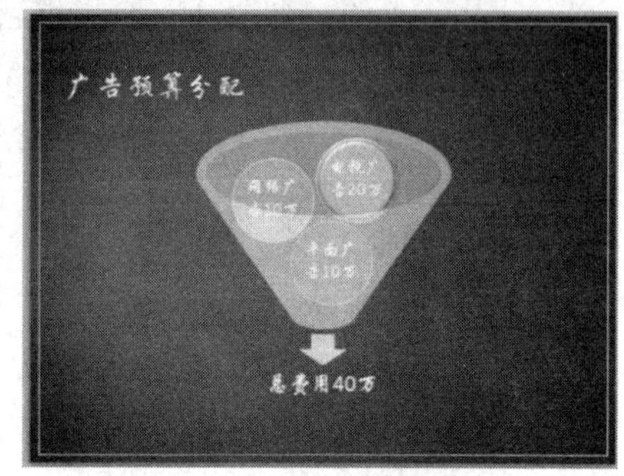

图 7-52　广告预算与分配

广告工作计划：7 月上旬进行市场分析，下旬制作策划方案，8 月初实施。

广告发布计划：9 月前推出，网络媒体定期播放，并根据节假日推出不同的广告效果。

产品促销计划：在产品投放市场一段时间后，制作不同的促销方案，尤其是要利用节假日进行各种促销活动。

第十页：广告预算与分配，如图 7-52 所示。

第十一页：结束，谢谢。

1．幻灯片设计要求

(1) 为幻灯片应用主题样式、颜色和字体方案。

第一页：封面标题页输入“饮料广告策划案”，设置“茅草”主题样式，应用“行云流水”字体方案，应用于所有幻灯片。

(2) 插入并编辑 SmartArt 图形。

第二页：应用“垂直曲形列表”SmartArt 图形，前端圆形填充“茶色，强调文字颜色 6，淡色 60%”，列表应用“蓝-灰，强调文字颜色 1”，如图 7-53 所示。

第四页：插入“垂直箭头列表”SmartArt 图形，左侧列表应用“蓝-灰，强调文字颜色 1”，如图 7-54 所示。

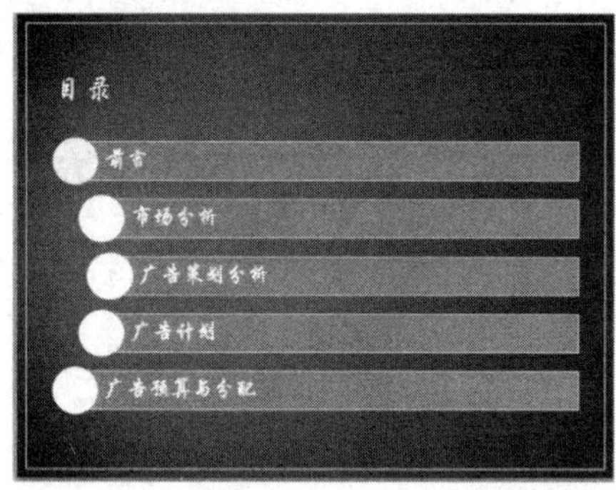

图 7-53　目录

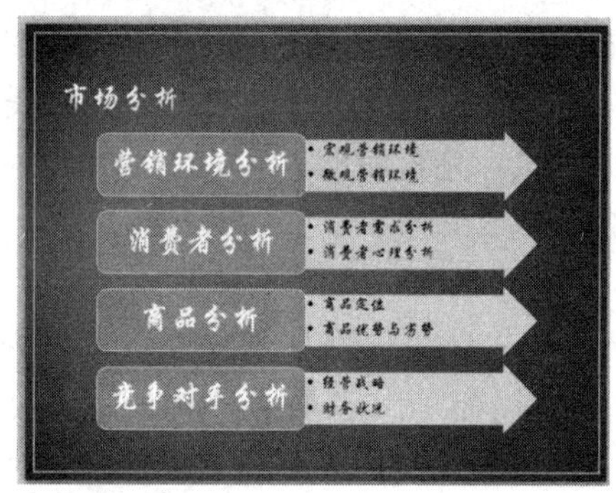

图 7-54　市场分析

第九页：插入与主题相关图片及文字说明。

第十页：插入“漏斗”SmartArt 图形，应用“棱台”效果，设置“艺术装饰”形状样式，填充“强调文字颜色 6 中渐变循环-强调文字颜色 6”，“浮入”动画样式，“逐个”效果选项。

(4) 为全部幻灯片设置切换方式，效果自选

(5) 放映幻灯片。设置【从头开始】放映幻灯片。

2．操作步骤提示

(1) 为幻灯片应用颜色和字体方案。

① 创建“饮料广告策划案”演示后，切换至第 1 张幻灯片。

② 单击【设计】→【主题】组选择“茅草”主题样式，应用于所有幻灯片。

③ 单击【设计】→【主题】组中的【字体】下拉按钮。

④ 在弹出的下拉列表中选择“行云流水”选项。

(2) 插入并编辑 SmartArt 图形。

① 切换至 11 张幻灯片后，单击【插入】→【插图】组中的【SmartArt】按钮。

② 打开【选择 SmartArt 图形】对话框，选择【关系】中的“漏斗”图形。

③ 单击 确定 按钮。

④ 单击插入图形左侧的【文本窗格】按钮，在打开的【在此处键入文字】窗格中输入所需文本。

⑤ 完成文字输入后，单击【文本窗格】右上角【关闭】按钮，将其关闭。

⑥ 选择插入的【漏斗】图形，单击【SmartArt 工具】→【格式】→【形状样式】组【形状效果】下拉按钮，在弹出的下拉列表中选择【棱台】→“艺术装饰”选项。

⑦ 单击【SmartArt 工具】→【设计】→【SmartArt 样式】→【更改颜色】下拉按钮，选择“强调文字颜色 6 中渐变循环-强调文字颜色 6”。

⑧ 单击【动画】组“浮入”动画效果。

⑨ 单击【动画】组【效果选项】下拉按钮，在弹出的下拉列表中选择【序列】中【逐个】选项。

利用相同的方法在第二页插入“垂直曲形列表”，第四页插入“垂直箭头列表”SmartArt 图形，并填写相应文字。

3．放映幻灯片

切换至【幻灯片放映】选项卡，单击【开始放映幻灯片】组【从头开始】按钮。

实战 2 利用 PowerPoint 制作四页幻灯片

第一页：计算机组织结构。

- 计算机系统的组成
- 计算机的硬件系统
- 计算机的软件系统
- 计算机的层次结构

第二页：计算机的硬件系统。

第三页：计算机的软件系统。

第四页：计算机的层次结构。

1．幻灯片设计要求

(1) 幻灯片第一页作为目录页，为第一页的四个标题设置超级链接，以便点击目录中的标题可直接浏览相对应的页面；从第二页到第四页每页在右下角设置“返回”的超链接，以实现跳转回第一页的功能。

(2) 第二页插入计算机内任一图片，位置、大小自行调整。

(3) 第三页内插入 3 行 3 列表格，表格内文字内容不用输入，位置、大小自行调整。

(4) 第四页内插入一个 SmartArt 图形，如图 7-55 所示。

(5) 为每页幻灯片中设置不同的主题，样式自选。

(6) 每页至少有一处动态文字或图片，效果自选。

(7) 为幻灯片添加日期、时间和编号等信息。

(8) 为全部幻灯片设置切换方式，效果自选。

(9) 幻灯片整体效果美观，图片、模板应符合主题。

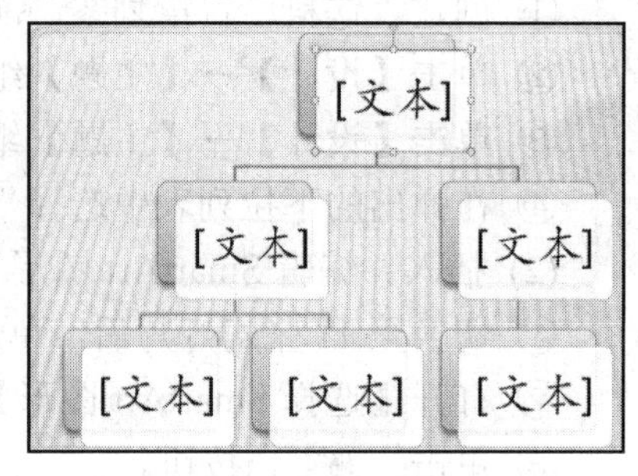

图 7-55　SmartArt 效果

2．操作步骤提示

添加日期、时间和编号等信息，操作步骤如下：

(1) 打开演示文稿，单击【插入】选项卡【文本】组【页眉和页脚】命令，打开【页眉和页脚】对话框。

(2) 在弹出的【页眉和页脚】对话中，勾选【幻灯片编号】、【页脚】复选框，在【页脚】文本框中输入“计算机组织结构”。

模板下载与应用

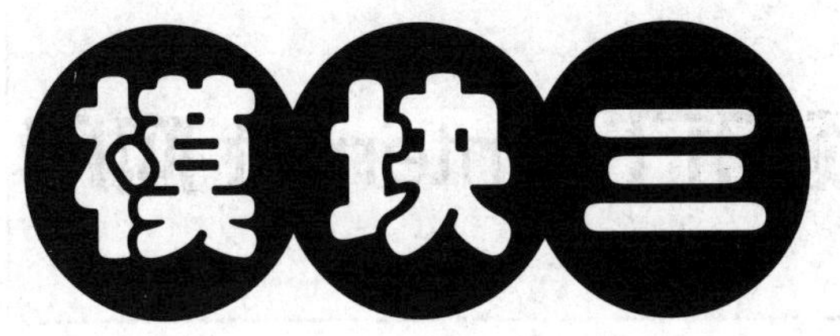

网络基础

计算机网络是指将有独立功能的多台计算机，通过通信设备线路连接起来，在网络软件的支持下，实现彼此之间资源共享和数据通信的整个系统。掌握常用 Internet 应用方法，才能更好地利用资源共享的优势。

本模块主要介绍接入、浏览和搜索 Internet，收发电子邮件等 Internet 应用。

项目八　Internet 应用

随着计算机走进工作、生活以及网络的迅速发展，上网已不仅仅是一种时尚，而且正在逐渐成为人们在现代生活中对信息传递、信息查询、业务来往、情感交流的一种迫切需要。

本项目将从家庭接入 Internet 的上网方式选择入手，解决上网方式的选择、所需硬件的选购与安装、网络的连接与测试以及相关故障等问题，进而实现浏览和搜索互联网、收发电子邮件、网络购物、即时通信等一系列 Internet 应用。

项目目标

- 了解 Internet 的上网方式。
- 了解网络接入的相关设备。
- 熟练掌握搜索引擎的使用方法与技巧。
- 熟练掌握电子邮件的撰写、收发、管理等系统应用。

项目描述

黄小轩大学毕业后就留在了外地工作，他打算和几个同学一起合租房子，共用一条网线合资上网，实现网上浏览、收发邮件、搜索购物、即时通讯以及手机 WiFi 上网，等等。可是他们所学专业与计算机相去甚远，如何实现这些功能，解决技术上的难题，使他们陷入了窘境……

项目实施

任务一　接入 Internet

【任务内容】用比较合适的方法将特定场合的电脑接入 Internet，根据自己的需要来购置网络设备和选择网络提供商，做到经济实惠。

1. Internet 的认知

在接入 Internet 之前，需要对 Internet 的相关知识有一定的了解和认识。

(1) 什么是 Internet。Internet 的中文正式译名为因特网，又叫作国际互联网，它是由那些使用公用语言互相通信的计算机连接而成的全球网络，起源于 20 世纪 60 年代美国国防部的阿帕网(ARPANet)。阿帕网是一个由 4 个节点连接的网络，用以促进计算机网络和分组交换技术的研究。

(2) Internet 的发展。在 1989—1990 年，NSFNet 主干网的速率提高到 1.544 Mb/s，并且成为 Internet 中的主要部分，逐渐取代了 ARPANet 在 Internet 的地位。到了 1990 年，鉴于 ARPANet 的实验任务已经完成，在历史上起过重要作用的 ARPANet 就正式宣布关闭。随着 NSFnet 的建设和开放，网络节点数和用户数迅速增长。以美国为中心的 Internet 网络互联也迅速向全球发展，世界上的许多国家纷纷接入到 Internet，使网络上的通信量急剧增大。

近年来，Internet 的普及推动了全球范围内“三网合一”的进程，即将计算机网络、电信通信网络与有线电视网络合并成一个网络。

2. 认知域名

域名(Domain Name)，即通常所说的网址，是由一串用点分隔的名字组成的 Internet 上某一台计算机或计算机组的名称，用于在数据传输时标识计算机的电子方位(有时也指地理位置)，是互联网上计算机的网络地址，是接入互联网的计算机在网络上的名称。

(1) 域名的构成。完整的域名由三个或三个以上部分组成，有国际域名和国家域名之分。国际域名分为三个部分，各个部分之间用英文句点“.”分隔。在完整的域名中，从右向左依次是：顶级域名、二级域名、三级域名。顶级域名或一级域名分为两类：组织上的和地理上的，除美国以外的国家和地区都采用代表国家或地区的顶级域名；二级域名标识网站性质，为行业、组织、机构名称；三级域名为网站名称；四级域名为主机名。

例如，购够乐网站的域名结构为：www(四级域名：主机名).gogo-le(三级域名：网站名称).com(二级域名：网站性质) (.cn 一级域名：如果存在国家或地区域名后缀的话)

(2) 域名的类型。Internet 协会规定机构性域名有七类，即网站的性质与域名的后缀有关；地理性国别域名，也有对应的国别后缀，详见表 8-1。

表 8-1 域名、部分国别后缀约定

域名后缀	网站性质	国别后缀	国　别
.COM	商业机构	.CN	中国
.EDU	教育机构	.US	美国
.INT	国际机构	.JP	日本
.GOV	政府机构	.FR	法国
.MIL	军事机构	.AU	澳大利亚
.NET	网络机构	.CA	加拿大
.ORG	非赢利机构	.UK	英国

3. IP 地址的认知

(1) 什么是 IP 地址。IP 地址就是给每个连接在 Internet 上的主机分配的一个网络地址。目前有 IPv4 地址和 IPv6 地址。IPv4 地址是类似 A.B.C.D 的格式，它是 32 位，用“.”分成四段，用十进制表示；而 IPv6 地址类似 X:X:X:X:X:X:X:X 的格式，它是 128 位的，用“:”分成 8 段，用十六进制表示。可见，IPv6 地址空间相对于 IPv4 地址有了极大的扩充。

(2) IPv6 地址。

① IPv6 地址类型。在 RFC2373(IPv6 寻址体系结构，IP Version 6 Addressing Architecture)中指出了三种类型的 IPv6 地址，它们分别占用不同的地址空间：

单点传送：这种类型的地址是单个接口的地址。发送到一个单点传送地址的信息包只会送到地址为这个地址的接口。

任意点传送：这种类型的地址是一组接口的地址，发送到一个任意点传送地址的信息包只会发送到这组地址中的一个(根据路由距离的远近来选择)。

多点传送：这种类型的地址是一组接口的地址，发送到一个多点传送地址的信息包会发送到属于这个组的全部接口。

② IPv6 地址表示。对于 128 位的 IPv6 地址，考虑到 IPv6 地址的长度是原来的 4 倍，RFC1884 规定的标准语法建议把 IPv6 地址的 128 位(16 个字节)写成 8 个 16 位的无符号整数，每个整数用 4 个十六进制位表示，这些数之间用冒号(：)分开，例如：3ffe:3201:1401:1:280:c8ff:fe4d:db39。

希望手工管理 IPv6 地址的难度太大了，DHCP 和 DNS 的必要性在这里显得更加明显。为了简化 IPv6 的地址表示，只要保证数值不变，就可以将前面的 0 省略。

RFC2373 中详细定义了 IPv6 地址，按照定义，一个完整的 IPv6 地址的表示法为：XXXX:XXXX:XXXX:XXXX:XXXX:XXXX:XXXX:XXXX。例如：2001:0000: 1F 1F:0000: 0000:0100:11A 0:ADDF。

为了简化其表示法，RFC2373 提出每段中前面的 0 可以省略，连续的 0 可省略为“::”，但只能出现一次。例如：

1080:0:0:0:8:800: 200C: 417A 可简写为 1080::8:800: 200C : 417A；

FF01:0:0:0:0:0:0:101 可简写为 FF01::101；

0:0:0:0:0:0:0:1 可简写为::1；

0:0:0:0:0:0:0:0 可简写为::。

③ IPv6 地址分配。RFC 规定，IPv6 地址空间的管理必须符合 Internet 团体的利益，必须是通过一个中心权威机构来分配。目前，这个权威机构就是 IANA(Internet Assigned Numbers Authority，Internet 分配号码权威机构)。IANA 会根据 IAB(Internet Architecture Board)和 IEGS 的建议来进行 IPv6 地址的分配。

目前，IANA 已经委派以下三个地方组织来执行 IPv6 地址分配的任务：欧洲的 RIPE-NCC(www.ripe.net)、北美的 INTERNIC(www.internic.net)、亚太平洋地区的 APNIC(www.apnic.net)。

IPv6 目前使用于教育网，外网是无法使用的。首先要安装 IPv6 协议，在 XP 下可以运行-cmd-输入 IPv6 Install 即可；在 Vista 或是 Windows 7 下自带 IPv6 协议。用 ipconfig /all 查看 IP 地址。

(3) IPv4 地址。每个 IPv4 地址包括两个标识码(ID)，即网络 ID 和主机 ID。同一个物理网络上的所有主机都使用同一个网络 ID，网络上的每一个主机(包括网络上的工作站、服务器和路由器等)都有一个主机 ID 与其对应。

Internet 委员会定义了 A～E 五种 IP 地址类型以适合不同容量的网络。其中，A、B、C 三类由 InternetNIC 在全球范围内统一分配，D、E 类为特殊地址。

① A 类 IP 地址。A 类 IP 地址是指在 IP 地址的四段号码中，第一段号码为网络号码，其他三段号码为本地计算机的号码。如果用二进制表示 IP 地址，A 类 IP 地址就由 1 字节的网络地址和 3 字节主机地址组成，网络地址的最高位必须是“0”。A 类 IP 地址中网络的标识长度为 8 位，地址范围为 1.0.0.1～126.255.255.255，子网掩码为 255.0.0.0；主机标识的长度为 24 位。每个网络支持的最大主机数为 $2^{24}-2$ 台。

② B 类 IP 地址。B 类 IP 地址是指在 IP 地址的四段号码中，前两段号码为网络号码。如果用二进制表示 IP 地址，B 类 IP 地址就由 2 字节的网络地址和 2 字节的主机地址组成，网络地址的最高位必须是“10”。标识长度为 16 位，地址范围为 128.1.0.1～191.255.255.255，子网掩码为 255.255.0.0；主机标识的长度为 16 位，每个网络所能容纳的计算机数为 $2^{16}-2$ 台。

③ C 类 IP 地址。C 类 IP 地址是指在 IP 地址的四段号码中，前三段号码为网络号码，剩下的一段号码为本地计算机的号码。如果用二进制表示 IP 地址，C 类 IP 地址就由 3 字节的网络地址和 1 字节主机地址组成，网络地址的最高位必须是“110”，C 类网络地址数量较多，地址范围为 192.0.1.1～223.255.255.255，子网掩码为 255.255.255.0；主机标识的长度为 8 位，适用于小规模的局域网络，每个网络最多只能包含 254 台计算机。

④ 特殊 IP 地址。IP 地址中凡是以“11110”开头的 E 类 IP 地址都保留用于将来和实验使用。“1110”开始的地址都叫多点广播地址。因此，任何第一个字节大于 223 小于 240 的 IP 地址(范围为 224.0.0.1～239.255.255.254)是多点广播地址。

IP 地址中的每一个字节都为 1 的 IP 地址(255．255．255．255)是当前子网的广播地址；每一个字节都为 0 的地址(0.0.0.0)对应于当前主机。

IP 地址中不能以十进制“127”作为开头，该类地址中数字 127.0.0.1 到 127.1.1.1 用于回路测试。例如：127.0.0.1 可以代表本机 IP 地址，用“http://127.0.0.1”就可以测试本机中配置的 Web 服务器。

(4) IPv4 和 IPv6 地址关系。IPv4 中规定 IP 地址长度为 32，即有 $2^{32}-1$ 个地址；而 IPv6 中 IP 地址的长度为 128，即有 $2^{128}-1$ 个地址。二者地址对应关系和区别如表 8-2 所示。

表 8-2　IPv4 和 IPv6 地址对应关系和区别

IPv4 地址	IPv6 地址
组播地址(224.0.0.0/4)	IPv6 组播地址(FF00::/8)
广播地址	无，只有任播(anycast)地址
未指定地址为 0.0.0 .0	未指定地址为 ::
回路地址为 127.0.0.1	回路地址为 ::1
公用 IP 地址	可汇聚全球单播地址
私有地址(10.0.0 .0/8、172.16.0.0/12 和 192.168.0.0/16)	本地站点地址(FEC0::/48)
Microsoft 自动专用 IP 寻址自动配置的地址(169.254.0.0/16)	本地链路地址(FE80::/64)
表达方式：点分十进制	表达方式：冒号十六进制式(取消前置零、零压缩)
子网掩码表示：以点阵十进制表示法或前缀长度表示法(CIDR)	子网掩码表示：仅使用前缀长度表示法(CIDR)

(5) 域名与 IP 间的对应关系。域名与 IP 地址间有一种对应关系，这种对应关系通过 DNS(域名解析服务)来完成。如百度网站的域名为“www.baidu.com”,而百度的网站的 IP 地址是“61.135.169.125”。一般而言，可以用域名访问某网站，也可以用与该域名相对应的 IP 地址访问该网站。但通过百度域名和 IP 地址的比较可知，IP 地址很难记忆，因此，互联网组织又用代表一定意义的字符串来表示主机地址，提供了域名服务。图 8-1 是通过在地址栏中输入域名访问相应网站，大家可以尝试使用 IP 地址访问百度。

图 8-1　用百度的域名访问百度网站

任务二　浏览和搜索 Internet

【任务内容】浏览器有很多种，而 Windows 在安装时默认安装了 IE 浏览器。有了浏览器就可以浏览 Internet 资源，并学会搜索互联网了。

1. 对 IE 浏览器进行常规设置

选择 IE 主菜单【工具】中的【Internet 选项】，打开【Internet 选项】对话框，通过【常规】选项卡对 IE 浏览器进行一些常规的设置，包括主页设置、Internet 临时文件设置、历史记录设置以及网络文本的颜色、字体等的设置。

(1) 设置主页。

① 使用当前页设置。单击【使用当前页】命令按钮，设置当前打开的网页为以后每次打开 IE 浏览器时打开的页面，即起始页。如想要设置起始页为百度首页，可以先启动 IE，在其地址栏中输入“http://www.baidu.com”，单击“使用当前页”按钮；也可以通过在图 8-2 中的主页地址栏中输入“http://www.baidu.com”来实现。

② 使用默认页设置。单击【使用默认页】命令按钮，可以设置打开 IE 浏览器时的起始页面为 IE 浏览器默认页面，即微软公司主页。

③ 使用空白页设置。设置 IE 浏览器打开时的起始页面为空白页，即不打开任何页面，这样在启动 IE 浏览器时，可以快速启动。

(2) 设置 Internet 临时文件。

① 删除浏览的历史记录。单击图 8-2 上的【删除】按钮，打开【删除浏览的历史记录】

对话框，勾选要删除的选项，单击【删除】按钮进行删除，如图 8-3 所示。

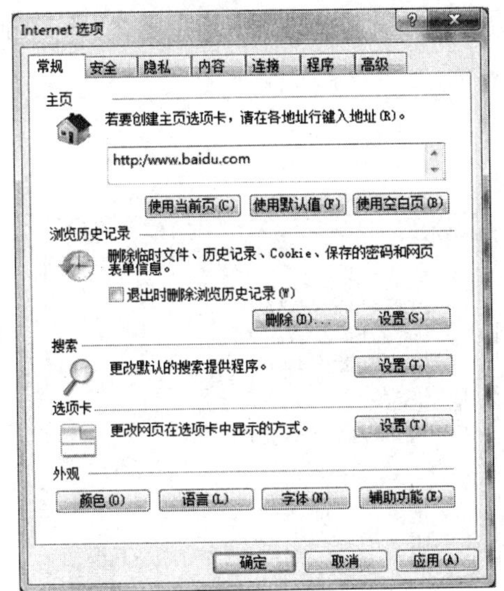

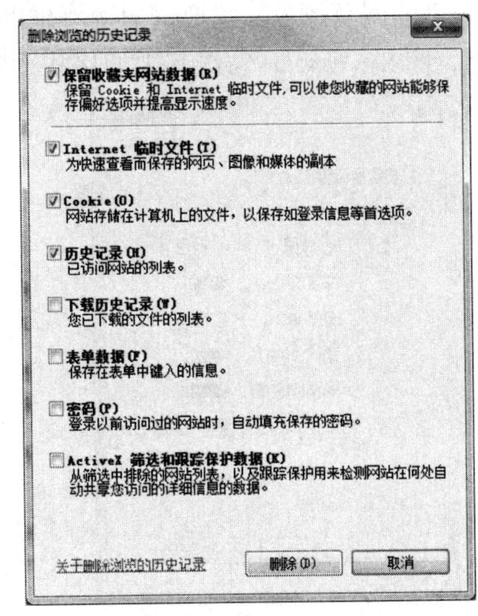

图 8-2　Internet 选项对话框　　　　图 8-3　删除历史记录

② 设置浏览的历史记录。单击图 8-2 浏览历史记录的【设置】按钮，系统弹出如图 8-4 所示的对话框，设置临时文件所用磁盘空间以及位置，网页保存在历史记录中的天数。点击【查看文件】和【查看对象】按钮，可以查看临时文件夹中保存的文件、对象。通过查看这些文件和对象，可以知道访问者浏览了网上的哪些内容，以及使用网络的时间。

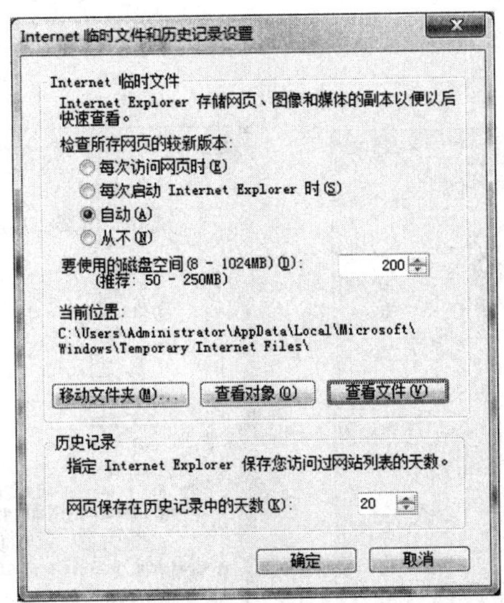

图 8-4　设置临时文件和历史记录

IE 历史记录文件夹记录了最近一段时间内浏览过的网站的内容，系统默认是 20 天，几乎所有的操作都会被系统自动记录下来，因此从 History 文件里可以监视到本机上的所有操作。

勾选图 8-2 中的【退出时删除浏览历史纪录】可以清除本次访问过网页的全部历史记录；若要让 IE 不记录访问历史，也可以将网页保存在历史记录中的天数从默认的 20 改成 0。

③ 常规选项中的其他设置。【颜色】设置所浏览网页的文本、背景以及链接的颜色。使用自定义的网页颜色，需要同时对“辅助功能”选项卡中的“格式”进行设定才能生效，如图 8-5、图 8-6 所示，勾选其中的格式设置。

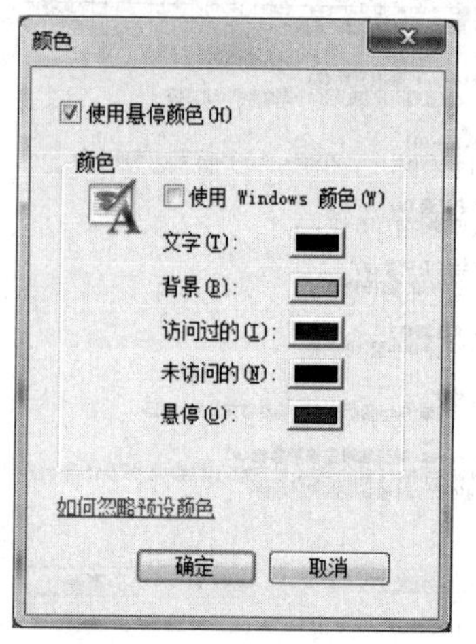

图 8-5　【颜色】对话框

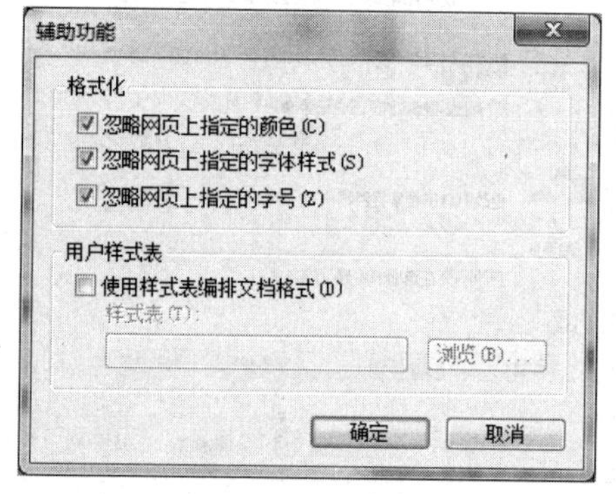

图 8-6　【辅助功能】对话框

字体：设置所浏览页面的文本的字体样式。

语言：设置浏览网页所使用的语言，系统默认只有一种语言，即“中文(中国)”。有些网站提供了多种语言文字的内容，如果需要可以单击【添加】按钮进行添加。

2. 对 IE 浏览器进行安全设置

在 Internet 选项→【安全】选项卡中，可以设定 Internet、本地 Intranet、受信任的站点、受限制的站点，如图 8-7 所示。

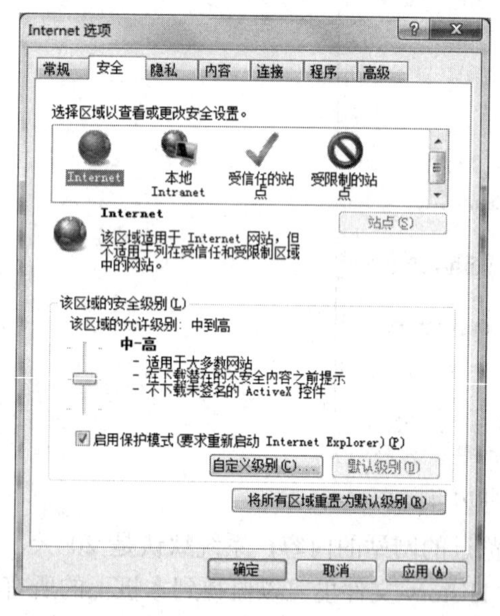

图 8-7　Internet 安全选项

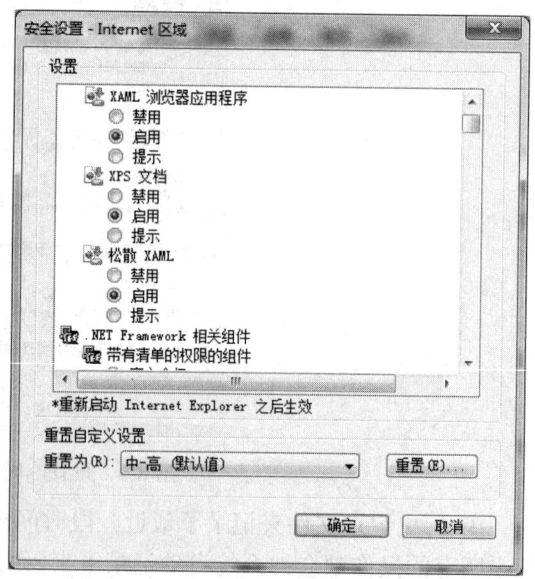

图 8-8　自定义安全级别

(1) 设置 Internet。默认情况下，该区域包含了不在你的计算机和 Intranet 上以及未分配到其他任何区域的所有站点。Internet 区域的安全级为“中”。

(2) 设置本地 Interanet。该区域通常包含按照系统管理员的定义不需要代理服务器的所有地址。包括在【连接】选项卡中指定的站点、网络路径(\\server\share)和本地 Intranet 站点。也可以将站点添加到该区域，本地 Intranet 区域的设置默认安全级为“中”。

(3) 设置受信任的站点。该区域包含可信任的站点，相信可以直接从这里下载或运行文件，而不用担心会危害用户的计算机或数据，可将站点分配到该区域，可信站点区域的默认安全级别为“低”。

(4) 设置受限制的站点。该区域包含不信任的站点，不能肯定是否可以从这里下载或运行文件，而不损害用户的计算机或数据，可将站点分配到该区域，受限站点区域的默认安全级别为“高”。此外，已经存储在本地计算机上的任何文件都被认为是最安全的，它们被设为最低的安全级别。

(5) 自定义安全级别。如果需要，可以更改某个区域的安全级别。例如，可以将本地 Intranet 区域的安全级别设置为“低”，也可以自定义某个区域中级别的默认选项。单击图 8-7 的【自定义级别】按钮使用高级设置，能更有效地设置全部安全选项，如图 8-8 所示。

3. 对 IE 浏览器进行内容设置

在 Internet 选项的【内容】选项卡中，可以控制可查看的 Internet 内容，具体包括设置分组审查、证书和个人信息等方面的内容，如图 8-9 所示。

(1) 内容分级设置。在图 8-9 中【内容审查程序】选项区域中，单击【启用】按钮，弹出【内容审查程序】对话框，如图 8-10 所示。通过拖动滑块来设置各项内容的查看级别，分别对暴力、毒品、赌博等方面的显示级别进行设置。

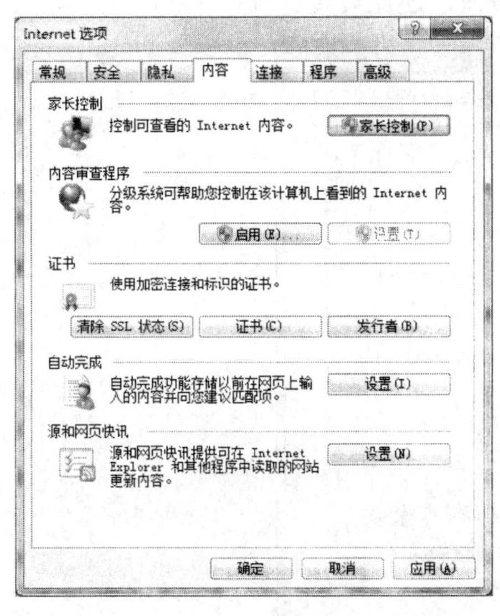

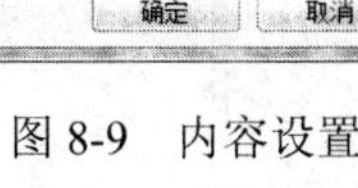

图 8-9　内容设置

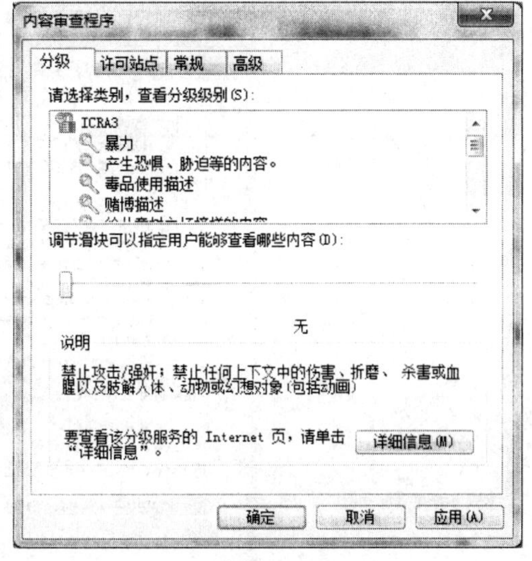

图 8-10　内容审查设置

(2) 设置许可站点。在【许可站点】选项卡中，在【允许该网站】文本框中输入允许访问的网址，单击【添加】可添加到允许列表中，创建随意查看的站点列表和不可查看的站点列表，如图 8-11 所示。

(3) 设置常规选项。在这里可以设置用户站的相关选项、监护人的密码和分级系统等项内容，如图 8-12 所示。单击【创建密码】按钮可以创建监护人密码。

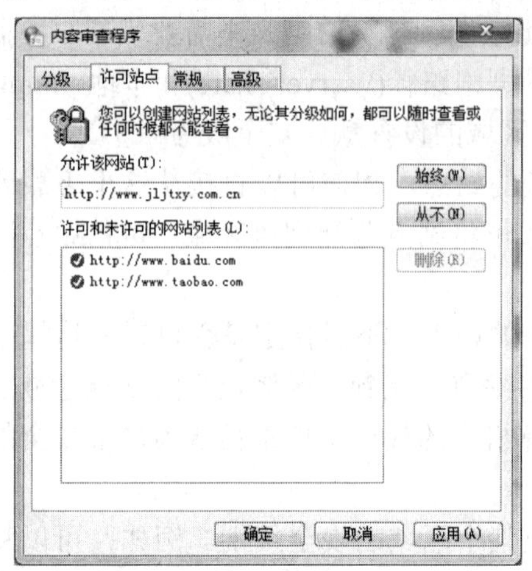

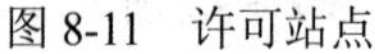
图 8-11 许可站点

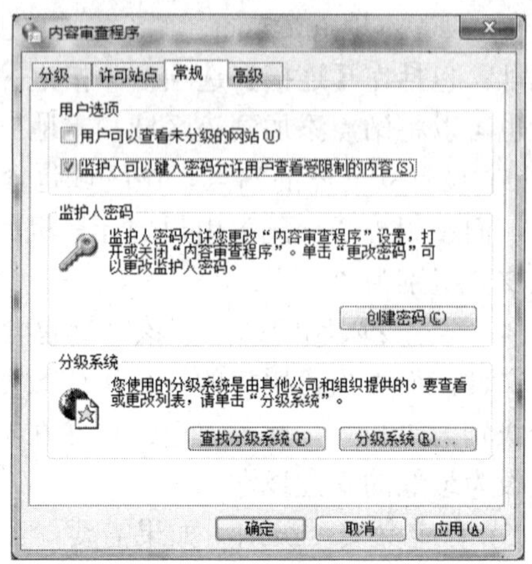

图 8-12 内容审查程序的常规选项卡

(4) 更改监护人密码。当密码被创建后，【创建密码】按钮变为【更改密码】按钮，单击【更改密码】按钮，打开【更改监护人密码】对话框，输入旧密码、新密码以及提示信息，单击【确定】按钮，完成设置。

4. Internet 选项的高级设置

通过 Internet 高级选项卡，可以根据用户的需要对 IE 菜单、Internet 选项、IE 右键菜单和 IE 附加地址栏进行全面设置，如图 8-13 所示。在【设置】列表中进行设置，出现问题 IE 不能正常使用时，可单击【还原默认设置】按钮，还原设置选项。

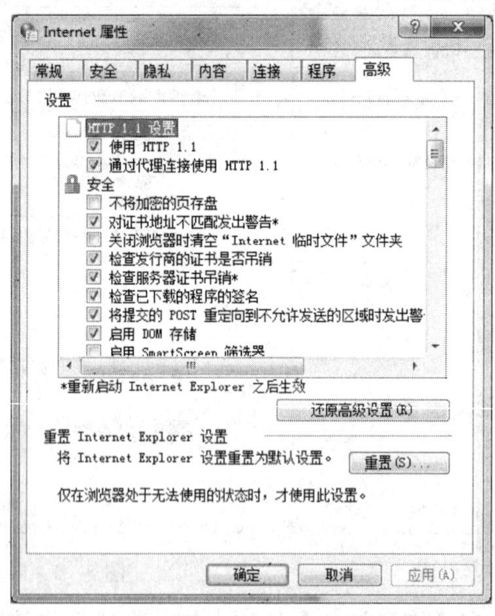

图 8-13 Internet 高级设置

5. 浏览网页

(1) 浏览指定网页。访问吉林交通学院网，网址为 http://www.jjtc.com.cn/。在 IE 地址栏中直接输入要浏览的网页地址，按【Enter 键】或单击【转到】按钮打开相关页面进行浏览，在打开的网页上存在着超链接，当鼠标指针变成手形指针时单击，可以跳转到其对应页面进行浏览。大部分的网页是“www.×××.com”的形式，当打开这样的网页时可以先在地址栏中输入“×××”，然后按住【Ctrl】＋【Enter】组合键即可浏览该网站。

(2) 使用历史记录浏览网页。以 IE9 为例，点击浏览器窗口右上角的星形按钮，打开【历史记录】列表，查找最近几天访问过的 Web 页，如图 8-14 所示。其中包含了本机在最近几天或几周内访问过的 Web 页和站点的链接，单击某一站点的链接可以浏览其链接页面。

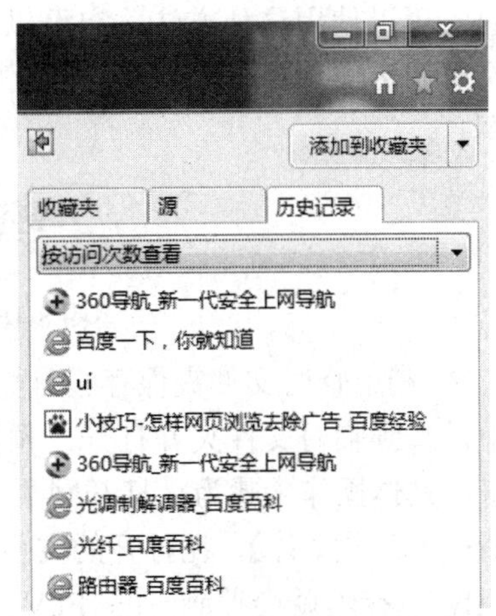

图 8-14　查看历史记录浏览访问过的网页

(3) 快速缩放浏览页面。IE 内核的浏览器都支持用【Ctrl+】鼠标滚轮上下滚动可快速调整显示比例，如果想将修改后的网页快速恢复 100%，直接按下【Ctrl】+0 就可以了。

(4) 无痕浏览页面。在用 IE9 浏览器上网前按下快捷键【Ctrl】+【Shift】+P，IE9 将自动切换到一个名为 InPrivate 的特殊浏览模式。在该模式下，任何网址、账号、个人信息都不会被系统保存。

6. 保存与收藏网页

(1) 选择保存一般网页。使用 IE 自身的保存功能，保存网页的全部。打开需要保存的网页，按快捷键【Ctrl】+S 自动保存网页文件。

(2) 保存网页为图片。当一个网页很有用，想复制下来格式又不对，网页的排版、文字说明等要按原来的进行复制下来很麻烦，这时将整个网页保存为图片格式，就可以保存网页原来的风格以及网页原有的布局，没有数据丢失。以 360 浏览器为例，打开想要保存的网页，单击窗口右上解的【打开菜单】→【保存网页为图片】，打开如图 8-15 所示的【另存为】对话框，设置图片保存类型，可以选择保存为 PNG、JPEG、BMP 文件类型。

图 8-15　网页另存为图片

(3) 保存网页上的图片与视频。

① 利用鼠标右键菜单保存。在要保存的图片上单击鼠标右键，在弹出的菜单中选择【图片另存为】，然后选择要保存的路径和文件名就可以了。

② 利用文件菜单保存。利用文件菜单中的【另存为】保存。当网页中要保存的图片太多时，可以使用这种方法。它可以把当前网页和同名图片文件夹保存起来，打开保存下来的网页同名文件夹，即可获取网页中的图片。如图 8-16 所示，双击文件夹，可找到要保存的图片。

图 8-16 另存后的网页与同名文件夹

③ 利用临时文件夹保存。浏览网页后，网页中的大量信息通常都会被保存在临时文件夹中，找到临时文件夹并打开，预览里面的图片，然后把想要保存的图片或视频文件复制出来。具体操作步骤为：打开网页中【工具】→【Internet 选项】→【临时文件夹】→【设置】→【查看文件】，在打开的文件夹中搜索，要精确地搜索，查找视频文件，输入文件名“*.flv”，接着就会搜到一些 FLV 文件，复制到电脑中，再用播放器播放即可。如果要保存图片，就去查找 PNG、GIF、JPEG 等文件。

④ 保存网页上加密的图片。网页中有些图片是经过加密处理过的，不能直接通过鼠标右键来下载，也不能把网页保存到硬盘中，有的甚至连工具栏都没有。这样的加密图片该怎么保存呢？只要先后打开两个 IE 窗口，其中一个用来显示你要下载图片的网页，另一个用来保存图片。用鼠标左键按住想要保存的图片不放，往另外一个 IE 窗口中拖动，图片就会到那个 IE 窗口中了，然后就可以使用鼠标右键的“图片另存为”功能，这样就得到加密图片了。

⑤ 网页收藏。我们在浏览网页时，会发现好多网页都很有特色或者对自己很有用，很值得收藏，方便下次浏览，那么到底该如何收藏网页呢？首先，找到浏览器上方的【添加】，打开【添加到收藏夹】对话框，选择创建位置，并点击【添加】按钮，完成收藏，如图 8-17 所示。

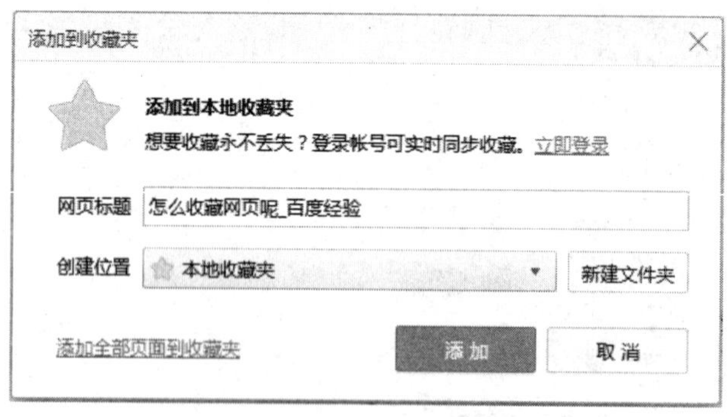

图 8-17 添加收藏

7. 运用搜索引擎

(1) 认识搜索引擎。搜索引擎是指根据一定的策略、运用特定的计算机程序从互联网上搜集信息，在对信息进行组织和处理后，为用户提供检索服务，将用户检索相关的信息展示给用户的系统。搜索引擎包括全文索引、目录索引、元搜索引擎、垂直搜索引擎、集合式搜索引擎、门户搜索引擎与免费链接列表等。百度和谷歌等是搜索引擎的代表。

(2) 搜索引擎的分类。

① 目录式搜索引擎。这类搜索引擎又称为被动式搜索引擎，它是以人工方式或半自动方式搜集信息，由编辑人员查看信息后，人工形成信息摘要，并将信息置于事先确定的分类框架中，如中文 Yahoo!，国外的 LookSmart、Ask Jeeves、Open Directory 等。

② 机器人搜索引擎。这类搜索引擎又称为主动式搜索引擎，它是由一个称为蜘蛛(Spider)的机器人程序以某种策略自动地在 Internet 中搜集和发现信息，由索引器为搜集到的信息建立索引，由检索器根据用户的查询输入检索索引库，并将查询结果返回给用户，如国内的中文 Google，国外的 AltaVista、Excite、Infoseek、Lycos 等。

③ 元搜索引擎。元搜索引擎一般都没有自己的网络机器人及数据库，它们的搜索结果是通过调用、控制和优化其他多个独立搜索引擎的搜索结果并以统一的格式在同一界面集中显示，如 Bbmao 搜索引擎、北斗搜索、Xooda 元搜索引擎、Seekle 元搜索引擎等。

(3) 搜索网站的标题中含有“吉林交通”字样的网页。把查询内容中特别关键的部分，用“intitle:”领起来(此处的“:”为英文半角的冒号)。要查找网站的标题中含有“吉林交通”字样的网页时，可以在搜索引擎对话框输入“intitle:\吉林交通”，按图 8-18 所示进行搜索查询。

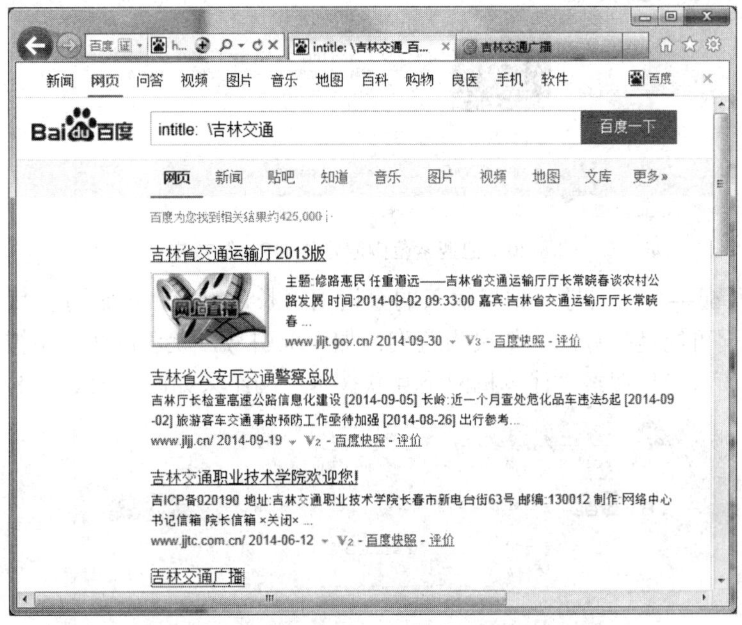

图 8-18　把搜索范围限定在网页标题中

(4) 把搜索范围限定在特定站点中。有时，我们知道某个站点中有自己需要找的东西，就可以把搜索范围限定在这个站点中，提高查询效率。使用的方式，是在查询内容的后面，加上“site:站点域名”。在如图 8-19 所示的对话框中输入“新闻 site:www.sina.com”，表示只在新浪网搜索新闻。

图 8-19　在指定网站中搜索

特别注意：“site:”后面跟的站点域名不要带“http://”；另外，site:和站点名之间不要带空格。

(5) 把搜索范围限定在 URL 链接中。在含有“jiqiao”的 URL 中搜索关于“网页保存”的技巧，可在搜索对话框中输入“网页保存 inurl:jiqiao”，如图 8-20 所示。点击找到的一个链接项，查看打开的网页 URL 是否包含“jiqiao”。使用时注意，inurl:语法和后面所跟的关键词，不要有空格。

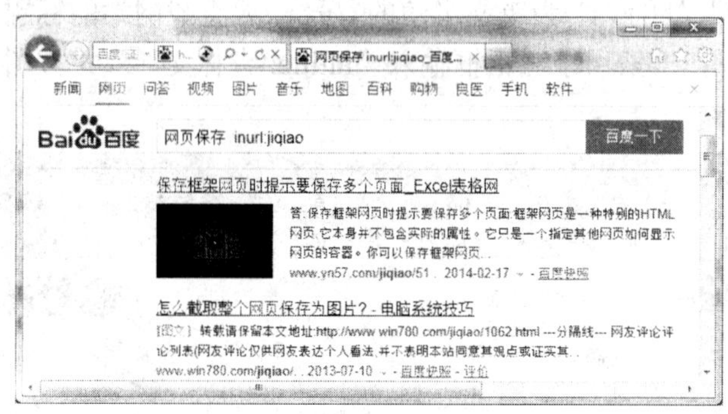

图 8-20　把搜索范围限定在 URL 链接中

(6) 精确匹配——双引号。如果输入的查询词很长，百度在经过分析后，给出的搜索结果中的查询词可能是拆分的。如果为查询词加上双引号，就可以达到不被拆分的效果。加双引号和不加双引号搜索“计算机网络互联技术”的结果如图 8-21、图 8-22 所示。

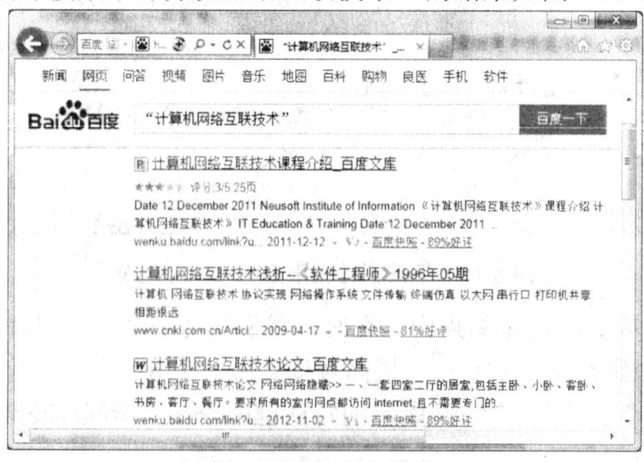

图 8-21　加引号搜索

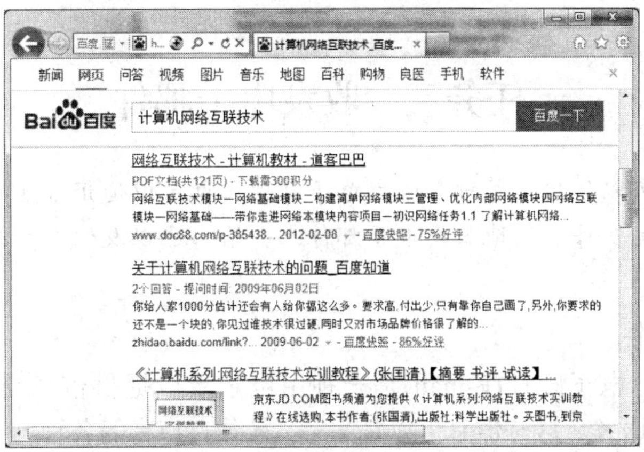

图 8-22　不加引号搜索

(7) 带书名号查询。书名号查询是百度独有的一个特殊查询语法。在其他搜索引擎中，书名号会被忽略，而在百度中，中文书名号是可被查询的。加上书名号的查询词有两层特殊功能：一是书名号会出现在搜索结果中；二是被书名号扩起来的内容，不会被拆分。书名号在某些情况下特别有效果。例如，查名字很通俗和常用的那些电影或者小说，效果很好，如图 8-23 所示。

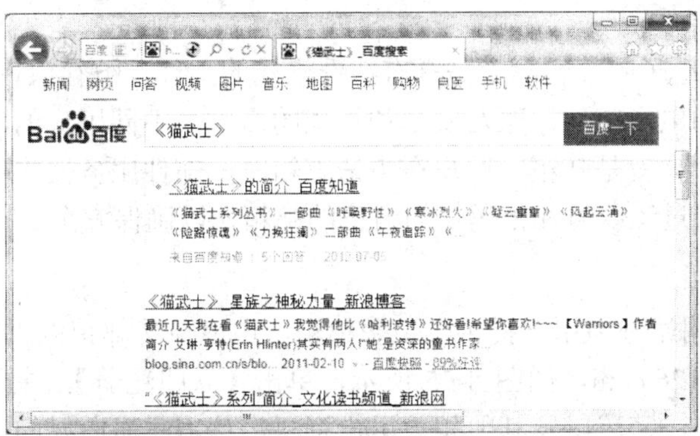

图 8-23　用书名号精确匹配关键词

(8) 要求搜索结果中不含特定查询词。用减号语法可以去除含有特定关键词的链接。例如，搜索 “计算机”而不包括“网络”，结果如图 8-24 所示。

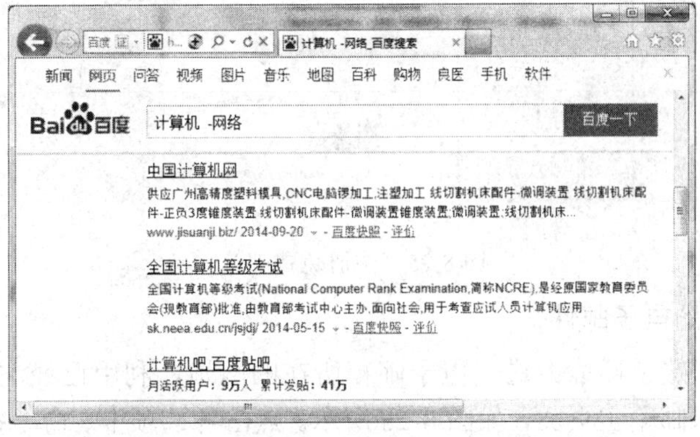

图 8-24　要求搜索结果中不含特定查询词

任务三　收发电子邮件

【任务内容】可以使用免费邮箱收发电子邮件，也可以使用专业工具收发电子邮件。能够使用不同的工具软件顺利地收发电子邮件，会给自己以及他人的工作、生活带来很大的方便。

1. 认识电子邮件

(1) 电子邮件。电子邮件(E-mail)是一种用电子手段提供信息交换的通信方式，是Internet应用最广的服务。这些信息可以是文字、图像、声音等各种方式，通过网络的电子邮件系统，以廉价、方便、快捷的方式与世界上任何一个角落的网络用户联络。

(2) 电子邮件服务协议。POP(Post Office Protocol)——邮件办公协议，目前发展到了第三个版本即 POP3；它负责从 POP3 服务器上获取邮件，发送到用户的计算机中；SMTP(Simple Mail Transfer Protocol)——简单邮件传输协议，规定应该如何把邮件传输到目的地；IMAP(Internet Message Access Protocol)——Internet信息访问协议，提供了一个服务器上管理邮件的手段，它与 POP 相似，但功能比 POP 要多，可以从邮件服务器上提取邮件传递到目的地。

(3) 电子邮箱。电子邮件实际上是具有特殊格式的文件，被存放在邮件接收服务器上。为了区分不同用户的电子邮件，顾及安全和管理的需要，不同用户的邮件被放置在不同的文件夹下，这种文件夹就是邮箱。用户在申请邮箱时，邮件服务器将提供给用户一个邮件账号和密码，用户通过该账号和密码访问自己的邮箱，以确保安全。

2. 申请免费邮箱

Internet上很多网站都为用户提供了免费邮箱，申请免费邮箱以“126网易免费邮”为例，登录网站 www.126.com，如图 8-25 所示，单击【立即注册】，进入邮箱注册页面。在对话框中输入用户名、密码以及其他相关用户资料，单击注册向导的【下一步】按钮，逐步进行设置，最终完成免费邮箱的注册申请。

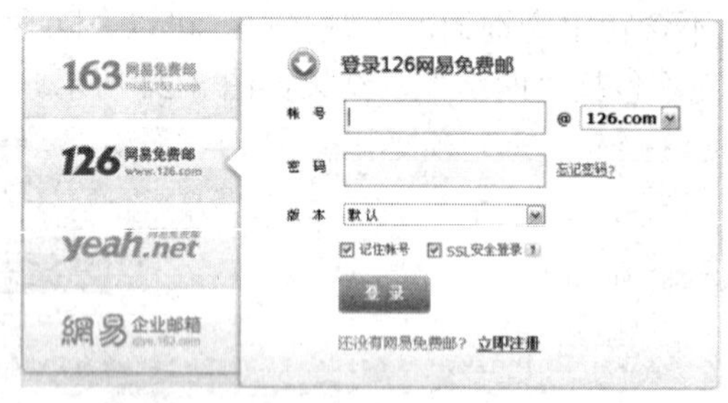

图 8-25　注册免费邮箱

3. 发送带签名的电子邮件

(1) 登录邮箱，熟悉环境。进入电子邮箱所在的网站，利用已经注册的账号、密码登录自己的邮箱，进入邮箱主页面，如图 8-26 所示。点击各选项卡、命令按钮熟悉邮箱环境。

图 8-26　网易邮箱主页面

(2) 撰写邮件。单击【写邮件】按钮，进入邮件编辑页面；在收件人对话框输入收件人的 E-mail 地址，在主题对话框中输入邮件主题；单击【信纸】按钮，选择信纸样式；在邮件正文编辑区域撰写邮件正文；单击【添加附件】按钮，在打开的【选择文件】对话框中选择要附带的文件，单击【打开】按钮，附件添加完成。如图 8-27 所示。

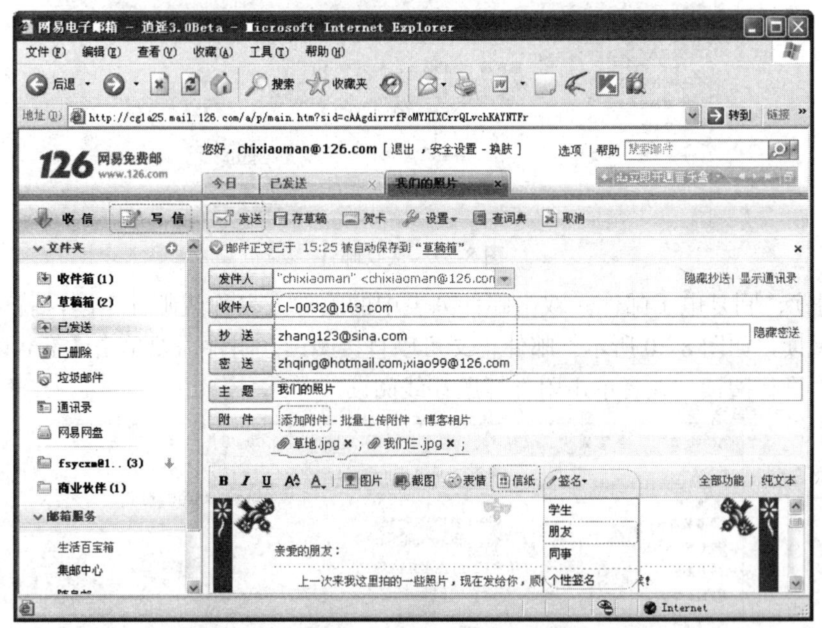

图 8-27　撰写邮件

(3) 设置签名。单击【设置】→【邮箱设置】→【基本设置】→【签名设置】→【添加签名】，打开签名设置页面。签名设计如图 8-28 所示，也可以单击【随机选取】随机选取签名，设置完毕单击 确定 按钮。

另外，签名添加完成后，还可以再单击【编辑】进行更改；也可以单击【删除】进行删除。如果想在每一封邮件中都加入同一个签名，只需要把该签名设置为默认签名即可。

图 8-28　添加签名

(4) 发送邮件。在邮件撰写完成之后，确定是否加入个性签名，之后单击【发送】按钮，出现【邮件发送成功】页面，确认邮件已发送。

4. 查收并管理电子邮件

(1) 接收电子邮件。登录邮箱后，单击【收信】或者【收件箱】打开收件箱页面，如图 8-29 所示。在收件箱邮件列表中，可以看出带有信封图标的是未读邮件，其他为已读邮件。

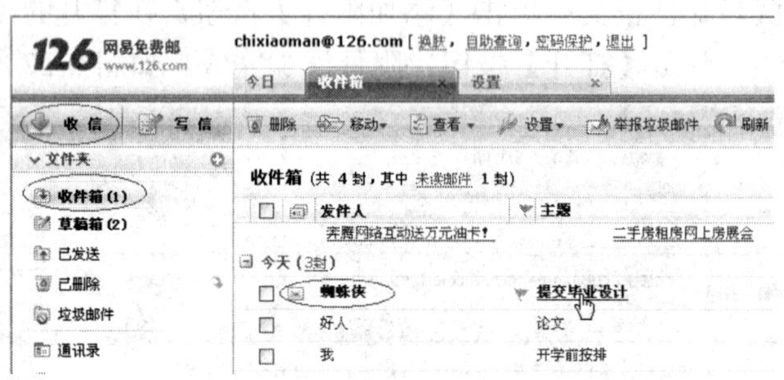

图 8-29　接收邮件

(2) 阅读、回复电子邮件。双击邮件列表中的收件人名称或邮件主题，就可以打开该邮件进行阅读，如图 8-30 所示。邮件正文可以直接阅读，附件需要单击【下载附件】按钮下载到本地进行阅读，或者单击附件标题在线阅读。

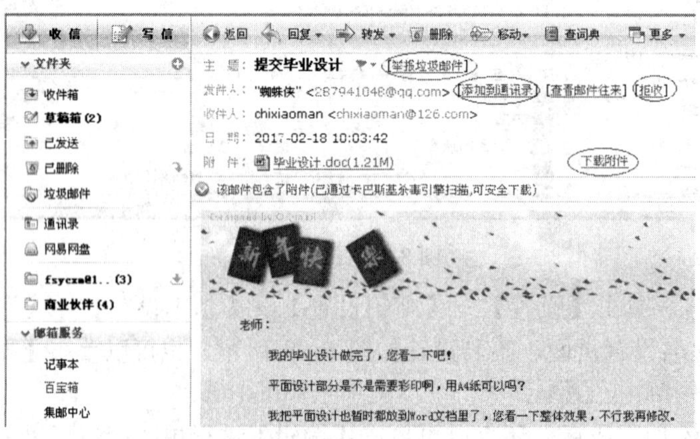

图 8-30　阅读邮件

需要回复邮件时，只需单击【回复】按钮，打开邮件编辑页面，直接撰写邮件内容，而这时收件人地址以及邮件主题都已经存在，单击【发送】按扭，邮件发送成功，回复任务就完成了。

(3) 添加通讯录。通讯录用于记录联系人的邮箱地址及其相关信息，只要有邮件往来，在发邮件或收邮件时都可以把联系人的地址添加到通讯录。添加到通讯录的联系人可以进行分组，以便于查找和使用。在阅读邮件时，单击【添加到通讯录】可以把当前邮件的地址直接保存到通讯录，如图 8-30 所示。

(4) 转发电子邮件。邮件转发有两种形式，一种是直接转发，一种是作为附件转发。单击【转发】→【直接转发】，在打开的发送页面收件人地址栏中输入收件人的邮件地址，单击【发送】即完成转发。

选择【作为附件转发】则在收件人地址栏中输入收件人的邮件地址，再单击【发送】即可将该邮件以附件的形式转发出去，如图 8-31 所示。

图 8-31　邮件转发

(5) 删除邮件。打开收件箱，勾选邮件列表中要删除的电子邮件，单击【删除】按钮，邮件就从收件箱中消失了，而这时邮件只是被暂时存放到了【已删除】列表中，如图 8-32 所示。

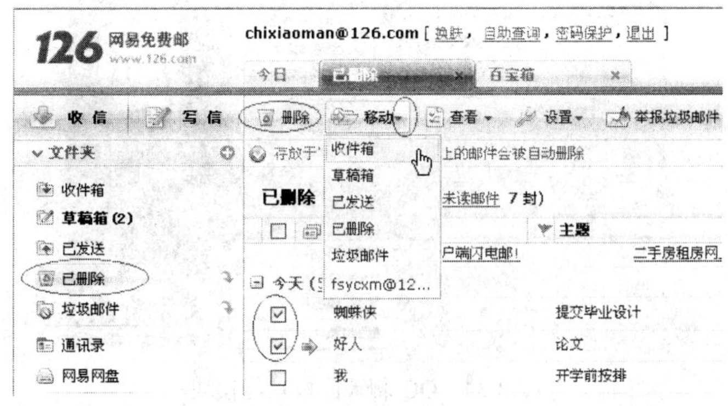

图 8-32　删除邮件

暂存于已删除列表中的邮件，还没有被彻底删除，可以进行恢复。勾选要恢复的邮件，单击【移动】下拉按钮，选择邮件还原的去处，邮件就会从已删除列表中消失，恢复到指定位置。如果不进行恢复，7 天后邮件会自动删除；若要立即删除，则勾选要删除的邮件，单击【删除】按钮，被选中的邮件即被彻底删除，将无法进行恢复。

任务四　了解 Internet 其他服务

1. 网络即时通讯

即时通讯软件除了可以实时交谈和互传信息，很多还集成了数据交换、语音聊天、在线视频、网络会议、电子邮件的功能，而这些功能往往是我们工作、生活中非常有力的工具。

(1) 使用 QQ 聊天。QQ 在腾讯网站可直接下载，安装、启动、添加好友后，双击好友头像打开聊天面板，在输入框中输入文字、表情、截图等，如图 8-33 所示。点击【发送】按钮，就可以互相发送信息进行交流、在线聊天了。

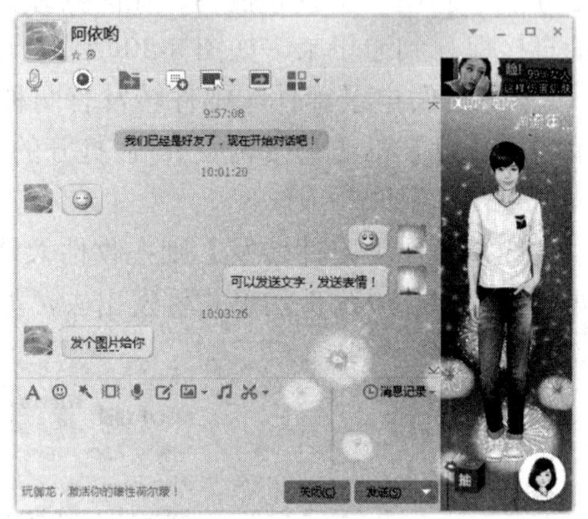

图 8-33　QQ 聊天面板

(2) 使用 QQ 的语音、视频功能。QQ 具有强大的语音和视频聊天功能，在网络顺畅时语音聊天效果比电话还好。视频聊天能够真实地看到好友的状态。

① 语音会话。双击好友头像，在弹出的聊天面板中，单击图 8-34 所示图标的下拉按钮，选择【开始语音会话】则开始连线网络好友。作为受邀方，系统会弹出通知【接受】对话框，单击【接受】按钮，则可建立语音聊天的连接；若不想与好友进行语音聊天，则单击【拒绝】按钮，即可结束语音聊天。

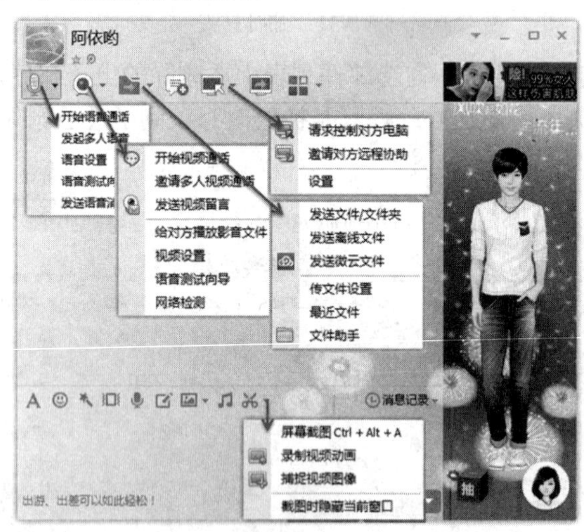

图 8-34　QQ 聊天面板功能模块

② 视频聊天。在聊天对话框中单击摄像头图标的下拉按钮，如图 8-50 所示，选择【开始视频通话】，系统将会弹出对话框，等待好友接受邀请。作为受邀方，单击【接受】按钮，则可建立视频聊天的连接；若不想与好友进行视频聊天时，则单击【拒绝】按钮，

即可结束视频聊天。

选择【邀请多人视频会议】则可组建一个网络视频会议，多人同时视频。

(3) 使用 QQ 传送文件。使用 QQ 传送文件也是比较常用的功能，此功能可以和好友传送各种格式的文件，如图片、文档和影音文件等。

单击图 8-34 所示图标【发送文件/文件夹】，直接发送选定的文件或文件夹，即时传送。如果接收方此时不在线，可以选择【发送离线文件】进行传送，传送的文件可以暂时存储在服务器上，对方上线时再进行接收。但是离线文件在服务器上只会保存 7 天，接收方应在 7 天内接收文件。

(4) 远程协助。任何人都可以利用一技之长通过远程控制技术为远端电脑前的用户解决问题，如安装和配置软件、绘画、填写表单等协助用户解决问题。当你远方的朋友电脑出现问题，而他又不知道怎么去解决，使用远程协助是最简单有效的方法。

单击图 8-34 所示图标的下拉按钮，选择【邀请对方远程协助】，对方就可以收到如图 8-34 所示的邀请远程协助的请求，对方点击【接受】或【拒绝】来选择是否同意进行远程协助。单击图 8-34 所示图标的下拉按钮，选择【请求控制对方电脑】，出现如图 8-35、图 8-36 所示请求提示信息，对方接受请求就会成功控制对方电脑，并显示远程桌面。

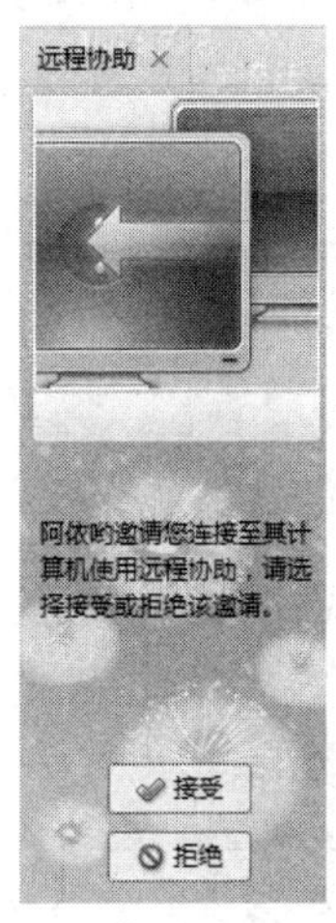

图 8-35　远程协助邀请

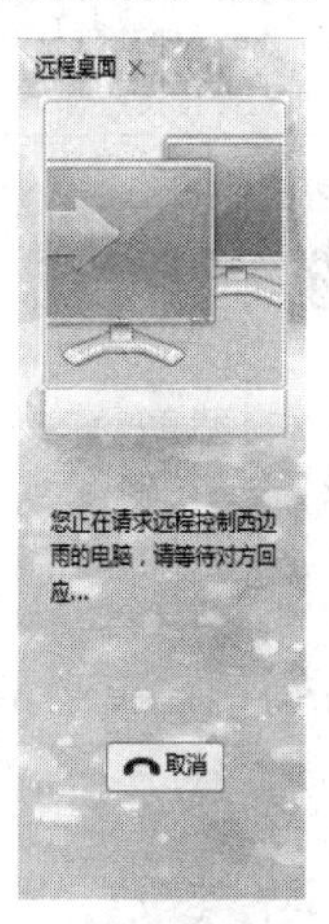

图 8-36　请求远程控制

2. 网上购物

利用网上购物网站，通过互联网检索商品信息，并通过电子订购单发出购物请求，通过银行转账、在线汇款、第三方支付等方式完成网上购物。例如，选择一购物网站购买田连元播讲的评书《水浒传》，购买电子版图书是不需快递的。

(1) 注册新用户。在图 8-37 所示的购物网站中选择亚太地区较大网络零售网站——淘宝网进行注册。登录淘宝网 http://www.taobao.com，单击首页右侧的按钮，填写个人注册信息，即可完成免费注册，拥有自己的淘宝账户，并以该账户登

图 8-37　购物网站

录。

(2) 查找商品。在淘宝网首页的搜索对话框中，输入要购买的宝贝商品名称，如图 8-38 所示，然后单击【搜索】按钮。

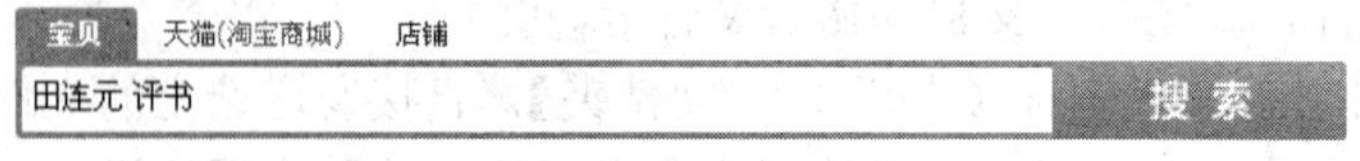

图 8-38　搜索商品

(3) 在打开的如图 8-39 所示的搜索结果列表的页面中选择感兴趣的商品，注意该商家的信誉度，是否有“消费者保障”和“七天退换”的标志。

(4) 单击超链接可弹出该商品的详细信息，如图 8-40 所示，单击图中箭头标注的位置，可以查看宝贝详情、评价详情、成交记录以及设置购买数量。如果想以后再下订单或者还要购买其他商品，可点击【加入购物车】按钮，否则点击【立刻购买】按钮。

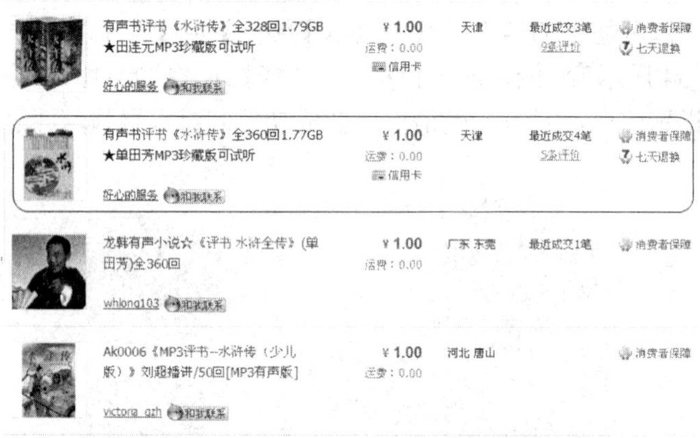

图 8-39　选择商品

图 8-40　查看详情和确定购买

(5) 购买商品。提交订单。点击【立刻购买】后，接下来就需要进行电子订单确认、付款等操作。通过第三方支付的软件，也就是我们常说的支付宝进行付款。在弹出确认购物信息页面，首先填写“确认您的收货地址”栏，接着填写购买的数量、运送方式，最后填写个人信息，然后单击如图 8-41 所示的【提交订单】按钮，完成认购。

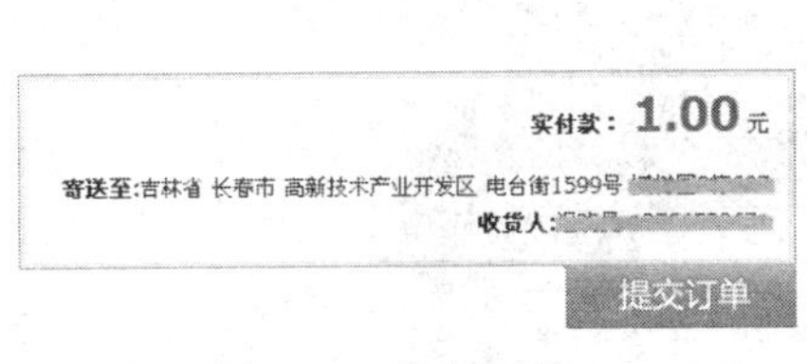

图 8-41　提交订单

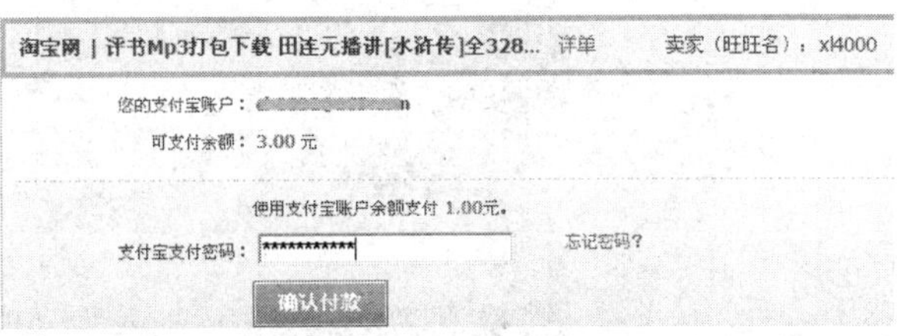

图 8-42　从支付宝付款

② 网上付款。如果支付宝账户有存款，则直接从支付宝支付，如图 8-42 所示；如果支付宝账户没有存款，则需要登录你所签约的网上银行付款到支付宝。然后再从支付宝进行支付。

在网银页面付款成功后，即可完成支付宝付款了。支付宝会通知卖家发货，买家注意查收货物，收到货物后，点击【确认收货】付款给卖家，并对商品进行评价。在自己的交易管理页面可查看到交易记录。

项目总结

本任务从家庭接入 Internet 的上网方式选择入手，细致地分析了网络接入的方法，认识了简单网络设备，并对所需硬件的选购与安装、网络的连接与测试以及相关故障等问题进行了说细说明。实现了浏览和搜索互联网、收发电子邮件、网上购物，能够灵活运用网络即时通讯工具进行在线交流和勾通。

项目实战

实战 1　使用百度识图找图片

有时候我们在一些网站看到一张喜欢的图片，但是又不是高清或者图片大小不符合自己的需求，这时就可用百度识图方便快捷地找到原图。

操作步骤：

(1) 把想要查找的图片(不是高清或者图片大小不符合自己的需求)下载到本地，这里将图片文件保存为 guorong.jpg，如图 8-43 所示。

图 8-43　guorong.jpg 文件

(2) 打开百度图片首页(http://image.baidu.com)，单击【百度一下】左侧的上传图片按钮，如图 8-44 所示。

图 8-44　百度上传本地图片

(3) 点击如图 8-45 所示的【本地上传】按钮，在本地文件夹中找到 guorong.jpg，百度即开始进行识图操作，列出搜索结果，如图 8-46 所示。

图 8-45　百度上传本地图片

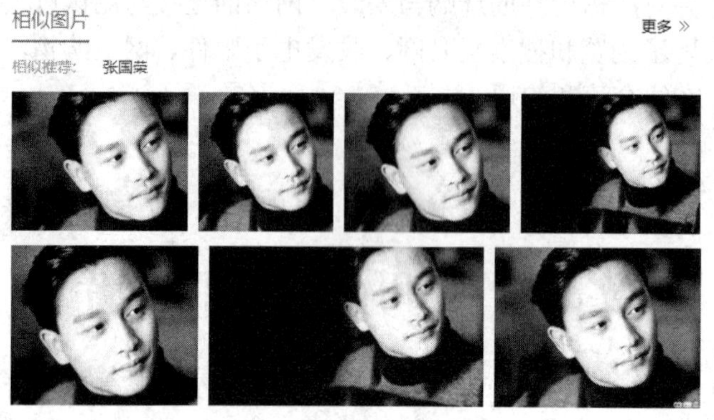

图 8-46　相似图片

实战 2　电子邮件群发

电子邮件作为正常的商业邮件往来，大规模邮件群发的需求越来越突出，比如银行、电信、证券增值服务，会员群发通知、企业信息电子杂志的邮件投递，针对性招聘类企业网上发送简历，以及产品打折促销、新产品发布等各类行业的群发应用。本项目就是要利用电子邮件群发技术，广泛发送自己的求职简历。

操作步骤：

(1) 邮件群发软件的安装。在网上搜索免费电子邮件群发软件，下载到本地进行安装。这里要安装的邮件群发软件是“新星邮件速递专家”。安装后启动该软件，主界面如图 8-47 所示。

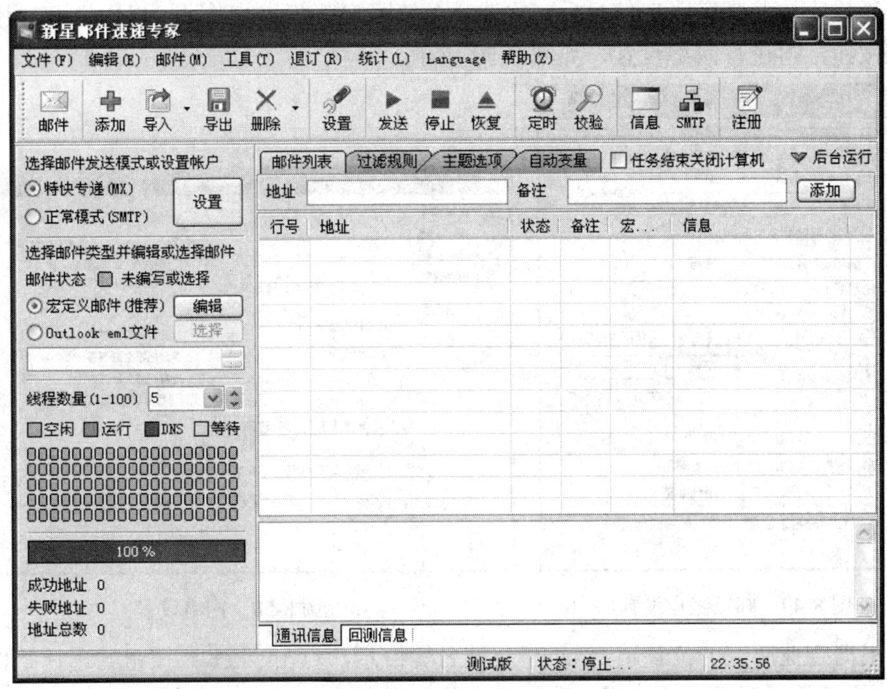

图 8-47 新星邮件速递专家主界面

(2) 邮件群发软件的设置。

① 在群发电子邮件之前，首先要对该软件进行一些必要的设置。单击主界面中的“设置”按钮，出现设置界面，如图 8-48 所示。

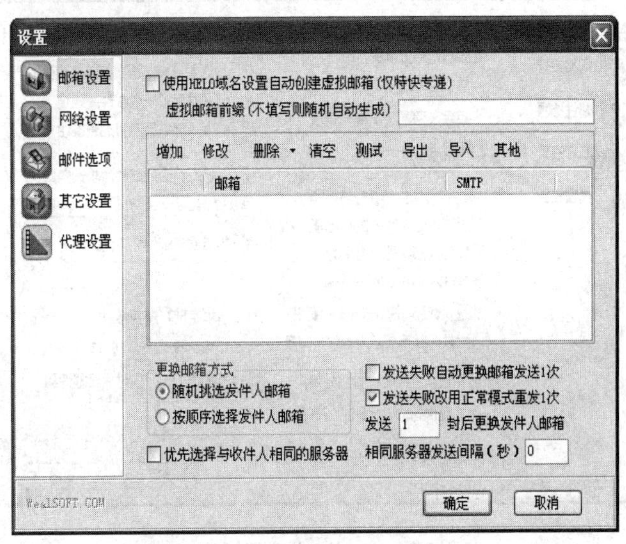

图 8-48 邮件群发软件的设置界面

② 在设置界面中要进行邮箱设置、网络设置、邮件选项、代理设置和其他设置等一系列的设置，只有设置正确，才能顺利地进行邮件群发。单击【增加邮箱】→【增加】，出现设置邮箱账户界面，填写好基本信息，如图 8-49 所示。

③ 当提交这些邮箱账户信息后，软件会对该账户邮箱进行验证，以保证其可用。单击 确定 按钮，再进行网络设置，如图 8-50 所示。

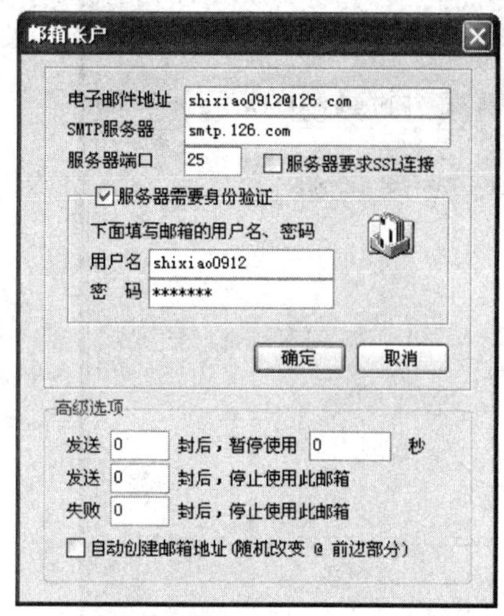

图 8-49　邮箱账户设置

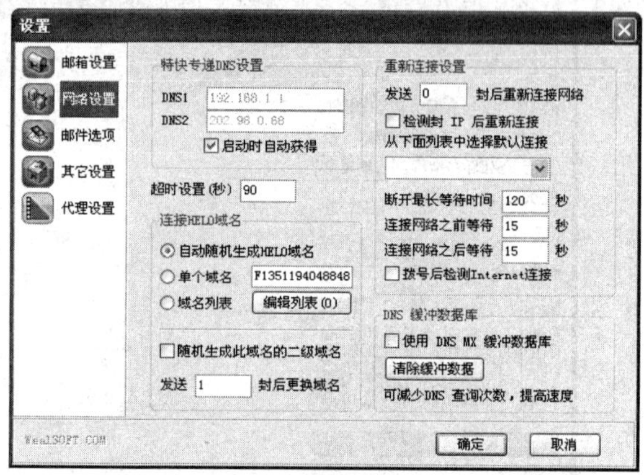

图 8-50　网络设置

④ 根据企业所在的位置填写 DNS 及域名等信息，点击 确定 按钮。选择邮件选项，对邮件选项进行设置。在这一步，我们可以指定发件人的姓名、发件人的邮箱、指定收件人回复的固定邮箱等信息，如图 8-51 所示。此时返回主界面，只要有邮件地址就可以实现群发功能了。

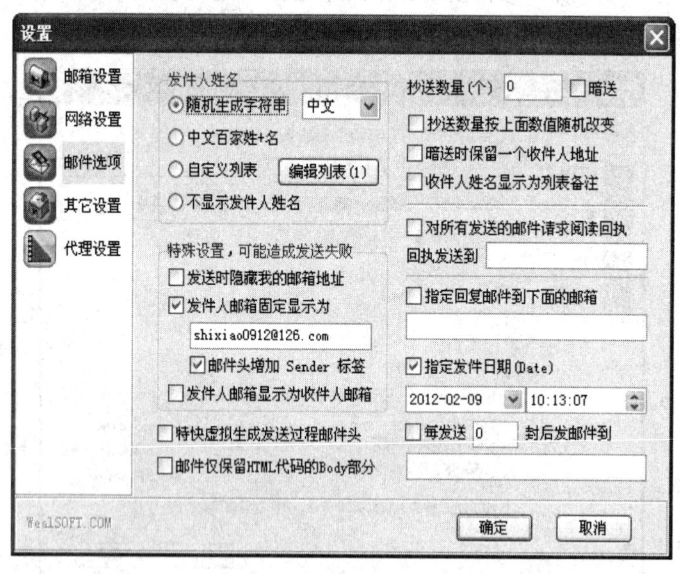

图 8-51　邮件选项设置

(3) 导入电子邮件地址列表。邮件地址可以有两种方式产生：一种是逐个添加到主界面右下部的地址表格中，一种是以文本文件的形式一次性导入多个电子邮件地址。一般而言，逐个添加邮件地址可以保证邮件地址的有效性，而以文本文件的形式导入多个电子邮件地址，可能会有相当一部分电子邮件地址无效。

选择一个已经存在的存储电子邮件地址列表的文件(注：此处所用的电子邮件地址列表文件中的电子邮件地址均为试用地址，而非真实的电子邮件地址，以防产生垃圾邮件)。单击【导入】→【从文件导入】，结果如图 8-52 所示。

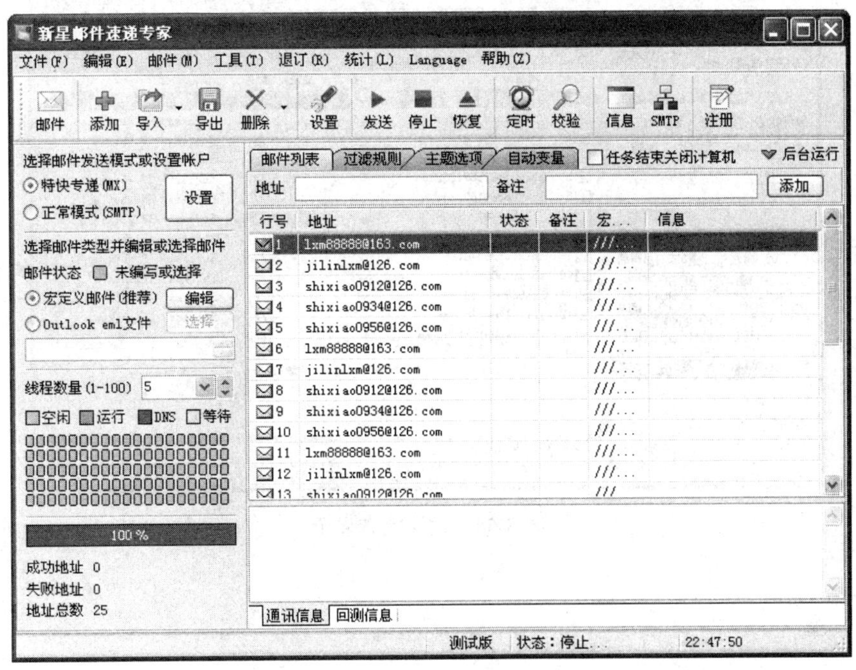

图 8-52　成功导入电子邮件地址

(4) 编辑邮件内容并发送。点击【编辑】按钮，在弹出的邮件编辑窗口中编写邮件正文，其方法与普通电子邮件的编辑方法相同，也可以在该邮件中挂带附件，找到自己的个人求职简历。完成后点击【发送】按钮，在弹出的如图 8-53 所示的【发送前提示】对话框中，勾选【发送失败自动转正常模式重发 1 次】，这样可以在一些邮箱发送失败后，再重发一次。如果仍有部分邮箱显示为发送失败，可以选择【恢复】按钮，将这些发送失败的邮箱恢复为正常模式后，再重发一次，就实现邮件群发了。

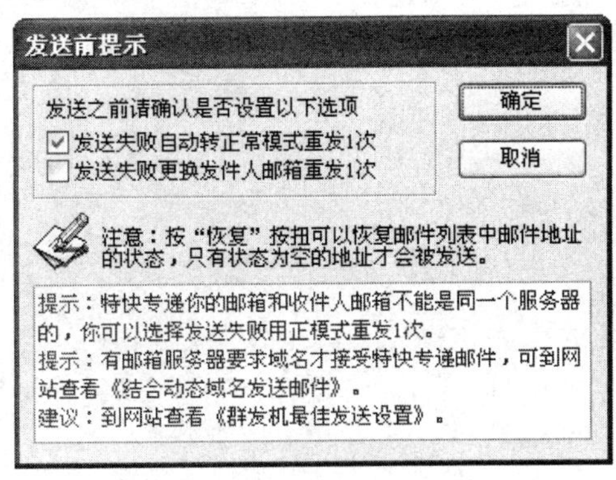

图 8-53　邮件发送前提示框

(5) 查看群发状态。邮件地址总数为 25 个，其中成功发送的邮件状态为“√”，而发送失败的邮件状态为“×”，如图 8-54 所示。

新星邮件速递专家
文件(F) 编辑(E) 邮件(M) 工具(T) 退订(R) 统计(L) Language 帮助(Z)
邮件 添加 导入 导出 删除 设置 发送 停止 恢复 定时 校验 信息 SMTP 注册
选择邮件发送模式或设置帐户
特快专递(MX)
正常模式(SMTP)
设置
选择邮件类型并编辑或选择邮件
邮件状态 大小：2.62KB
宏定义邮件(推荐) 编辑
Outlook eml文件 选择
线程数量(1-100) 5
空闲 运行 DNS 等待
100 %
成功地址 25
失败地址 0
地址总数 25
邮件列表 过滤规则 主题选项 自动变量 任务结束关闭计算机 后台运行
地址 备注 添加
行号 地址 状态 备注 宏... 信息
1 lxm88888@163.com Success. {F:shixia...
2 jilinlxm@126.com Success. {F:shixia...
3 shixiao0912@126.com Success. {F:shixia...
4 shixiao0934@126.com Success. {F:shixia...
5 shixiao0956@126.com Success. {F:shixia...
6 lxm88888@163.com Success. {F:shixia...
7 jilinlxm@126.com Success. {F:shixia...
8 shixiao0912@126.com Success. {F:shixia...
9 shixiao0934@126.com Success. {F:shixia...
10 shixiao0956@126.com Success. {F:shixia...
11 lxm88888@163.com Success. {F:shixia...
12 jilinlxm@126.com Success. {F:shixia...
250 Mail OK queued as smtp5,jtKowEC5BkUwvX1PSMg1DQ--.34S2 1333378352
QUIT
221 Bye
通讯信息 回测信息
测试版 状态：停止 22:52:40

图 8-54　发送状态显示